Rahim Taghizadegan

Helden, Schurken, Visionäre

Rahim Taghizadegan

Helden, Schurken, Visionäre

Entrepreneure
waren gestern –
jetzt kommen die
Contrepreneure

FBV

Bibliografische Information der Deutschen Nationalbibliothek
Die Deutsche Nationalbibliothek verzeichnet diese Publikation in der Deutschen Nationalbibliografie; detaillierte bibliografische Daten sind im Internet über **http://d-nb.de** abrufbar.

Für Fragen und Anregungen:
info@finanzbuchverlag.de

1. Auflage 2016

ein Imprint der Münchner Verlagsgruppe GmbH
Nymphenburger Straße 86
D-80636 München
Tel.: 089 651285-0
Fax: 089 652096

Redaktion: Matthias Michel
Korrektorat: Verena Schnapp
Umschlaggestaltung: Yvonne Andreas
Umschlagabbildung: Shutterstock/Copyright by sidmay
Satz: Satzwerk Huber, Germering
Druck: GGP Media GmbH, Pößneck
Printed in Germany

ISBN Print 978-3-89879-931-7
ISBN E-Book (PDF) 978-3-86248-775-2
ISBN E-Book (EPUB, Mobi) 978-3-86248-776-9

Inhalt

Einleitung

Die einen halten Unternehmer für Schurken, die als unerträgliche Chefs ihre Untergebenen ausbeuten, und als Opportunisten keine Möglichkeit zur Profitmaximierung auslassen. Die anderen sehen im Unternehmer einen Helden, der ohne Dank Arbeitsplätze und Wohlstand schafft und durch seine Initiative und seinen Mut eine bessere Zukunft hervorzubringen hilft. Manche lassen Unternehmer gänzlich kalt, sie halten sie für Durchschnittsmenschen, die sich bloß selbständig gemacht haben, weil ihnen bessere Jobmöglichkeiten verbaut waren oder sie aus persönlichen Gründen keine andere Wahl hatten. Wenige ahnen, wie spannend und paradox die Geschichte des Unternehmertums ist.

Wer sind diese Menschen, die von der herkömmlichen Wirtschaftswissenschaft weitgehend ignoriert werden? Aufbauend auf einer historischen und ökonomischen Analyse versucht dieses Werk eine frische Interpretation des Unternehmertums, die zahlreiche überraschende Einsichten zutage fördern wird. Dabei wird nicht nur der Schleier um die historische Figur des Unternehmers gelüftet, sondern es lassen sich auch zahlreiche unangenehme Lehren für heutige Unternehmer ziehen. Denn die Schattenseiten sollen nicht ausgespart werden. Muss man wahnsinnig sein, um in Europa heute noch Unternehmer zu werden? Oder waren Unternehmer immer schon die Wahnsinnigeren?

Manchen erscheinen Unternehmer als gerissene Profitmacher, die den Konsumismus mit immer neuem Ramsch befeuern. Die einen träumen von der Selbständigkeit, die anderen warnen vor einem neuen Prekariat von Scheinselbständigen. Unternehmer selbst klagen über immer engere Spielräume. Was ist los auf den Märkten? Welche Fehler machen Unternehmer und warum? Wozu gibt es überhaupt Unternehmen? Wie wird man zum Unternehmer und wie bleibt man es? Welchen Sinn kann Unternehmertum heute noch haben?

Doch zuerst zur Grundfrage: Was ist Unternehmertum überhaupt? Die Frage nach einem Begriff, der keine konkrete, angreifbare Sache bezeichnet, sondern ein geistiges Konzept, läuft oft ins Leere oder blendet. Begriffe haben meist eine wechselvolle Geschichte und bilden lose Assoziationswolken, durchsetzt von widersprüchlichen Definitionen. Warum sollte man abstrakten Begriffen also überhaupt Aufmerksamkeit schenken? Eine Auseinandersetzung lohnt dann, wenn hinter den Begriffen relevante Konzepte stehen. Konzepte sind geistige Ordnungs- und Deutungsversuche, die für uns relevant und damit wertvoll sind, wenn sie helfen, reale Phänomene besser zu verstehen. Relevante Konzepte können sehr komplex, sogar paradox sein, und dennoch neue Deutungsebenen der Realität erschließen. Unternehmertum wäre dann ein relevantes Konzept, wenn es eine zugrunde liegende Klasse realer Phänomene in sinnvoller Weise gruppiert, ordnet und verständlich macht.

Der Begriff des Unternehmertums vernebelt im allgemeinen Sprachgebrauch mehr als er erhellt. Dennoch entstammt er realen Phänomenen menschlichen Handelns. Die bei diesen Phänomenen erkennbaren Muster sind allerdings hochkomplex und teilweise widersprüchlich. Man könnte es sich einfach machen und mit einer willkürlichen Definition beginnen. Doch die Komplexität und Widersprüchlichkeit bei der Thematik des Unternehmertums ist besonders relevant für das Verständnis, weil die zugrunde liegenden Phänomene eben besonders komplex sind und die Widersprüche von realer Bedeutung. Daher kann nur eine Begriffsfindung, die diese Umwege nimmt, zu einem wirklichen Verständnis der Phänomene führen.

Rahim Taghizadegan im April 2016

Eine Geschichte des Unternehmertums

Es gibt zwei Wege zu einem möglichen Erfassen der Phänomene. Der eine Weg ist der theoretische. In diesem Fall wäre es der Versuch, mittels ökonomischer Theorie eine stimmige Definition der Unternehmerfunktion abzuleiten. Im Bereich der Unternehmertheorie hat sich eine Tradition besonders verdient gemacht: die Wiener oder Österreichische Schule der Ökonomik. Eine Auseinandersetzung mit dieser Tradition ist die Voraussetzung zu einem tieferen Verständnis des Unternehmertums. Doch heute wird gemeinhin übersehen, dass diese Tradition ursprünglich in ein interdisziplinäres Umfeld im alten Wien eingebettet war. Das bedeutet, sie ist unentbehrliches Hilfsmittel der Erkenntnis in enger Kooperation mit anderen Disziplinen, aber kein geschlossenes Lehrgebilde, das für sich genommen die Welt erklärt. Der theoretische Weg läuft stets ein wenig ins Leere, wenn er sich nicht immer wieder an den Widersprüchen und Paradoxien der Realität reiben muss.

Dieses Reiben an der Realität eröffnet die zweite Möglichkeit, herauszufinden, was Unternehmertum eigentlich bedeutet, nämlich der historische Weg. Es handelt sich dabei um den systematischen Versuch, bisherige Erfahrungen und Dokumente menschlichen Handelns nach Besonderheiten zu untersuchen, die eben auf ein besonderes Phänomen hinweisen: das Unternehmertum. Der erste Ansatzpunkt ist stets der spracharchäologische, die Überprüfung, welche Erfahrungen, Beobachtungen und Ideen eine bestimmte Begriffsbildung motiviert haben. Der historische Erkenntnisweg verleitet jedoch zu einer gewissen Blindheit; die Vielfalt und Widersprüchlichkeit der Fakten blendet. Daher muss sich der historische Weg stets an theoretischen Erklärungsversuchen reiben, die Versuche darstellen, den Sinn hinter den dokumentierten Worten und Taten der Menschen zu erschließen.

Was also ist Unternehmertum? Weder Theorie noch Geschichte können, losgelöst voneinander, diese Frage zufriedenstellend beantworten. Theorie bietet in der Engführung nur die leere Tautologie, dass eine Definition eben genau das enthält, was man ihr willkürlich zugeschrieben hat. Geschichte bietet in der Engführung nur die blinde Sammlung willkürlich ausgewählter Dokumente, Daten und Zitate. Noch schlimmer ist die heute beliebte Zeitgeschichte: Diese betrachtet überhaupt nur aktuelle »Erfolgsgeschichten«, mediale Happen und persönliche Anekdoten. Die typische Unternehmerzeitgeschichte auf den Bestsellerlisten sieht so aus: Wähle momentan erfolgreich scheinende Unternehmer und Unternehmen und zeichne deren Wege nach, um sie als allgemein gültige Erfolgsrezepte zu verkaufen. Dabei unterläuft meist ein Irrtum, der als Halo-Effekt bekannt ist. Diesen Effekt entdeckte der amerikanische Psychologe Edward Thorndike während des Ersten Weltkriegs. Er untersuchte, wie militärische Vorgesetzte ihre Untergebenen bewerteten. Dabei erkannte er, dass positive Kriterien wie charakterliche Eignung, körperliche Kondition, Intelligenz oder Eignung für Führungsaufgaben miteinander korrelierten. Offiziere, die Soldaten in einer Hinsicht gut bewerteten, etwa aufgrund ihres körperlichen Eindrucks oder ihres intelligenten Aussehens, schrieben ihnen auch in allen anderen Bereichen positive Eigenschaften zu. Thorndike bezeichnete dieses Phänomen als Halo-Effekt.

Auch beim Vergleich von Unternehmer und Unternehmen greift oft der Halo-Effekt, wie Phil Rosenzweig in seinem Buch zu diesem Phänomen aufzeigte. Momentaner Unternehmenserfolg wird mit den überlegenen Eigenschaften des jeweiligen Unternehmens assoziiert. Doch jede Langzeitbeobachtung von Erfolgsunternehmen ist ernüchternd. Wie gewonnen, so zerronnen. Von den 500 Unternehmen aus dem S&P 500 des Jahres 1957 waren vierzig Jahre später nur noch 74 Teil des Index, der Rest war inzwischen verdrängt, aufgekauft oder aufgelöst worden. Von den überlebenden Unternehmen hatten sich dabei nur 12 besser entwickelt als der Index. Rosenzweig zitiert Studien, die zeigen, dass der jeweils eigene Stil von Führungspersönlichkeiten in puncto Investitions- und Finanzpolitik bzw. die jeweiligen Managementmethoden mit bloß vier bis zehn Prozent in die Varianz der Unternehmensperformance einfließen. Der Halo-Effekt von Spitzenmanagern und ihren Erfolgsrezepten täusche daher:

> Die Verwechslung von Ursache und Wirkung kann uns dazu verleiten, die vermeintlichen Erfolgsrezepte einiger außergewöhnlich erfolgreicher Unternehmen blindlings zu kopieren, ohne uns zu vergegenwärtigen, dass diese Rezepte zugleich mit einem erhöhten Risiko des Fehlschlags verbunden sind, was die durchschnittlichen Erfolgschancen eher noch mindert. [...] In ihrer Summe entlarven diese Punkte den fiktiven Kern vieler Wirtschaftsbücher, wonach es in der Macht eines jeden Unternehmens stehe, unabhängig vom Verhalten des Marktumfelds und allein durch Befolgen bestimmter Regeln in die Riege der Spitzenunternehmen aufzusteigen. Damit sind wir nicht weit entfernt von einer Ratgeberliteratur, die ihren Lesern erzählt, es stünde jedem von ihnen frei, in fünf einfachen Schritten zum Millionär zu werden, binnen zwei Wochen zehn Kilo abzunehmen oder die Macht der inneren Seelengröße zu entdecken.[1]

Der Schluss liegt nahe, dass die meiste Unternehmerliteratur in den Mülleimer gehört. Doch dieser Schluss ist übertrieben. Rosenzweigs Untersuchungen können nicht ausschließen, dass die Unternehmen, deren Erfolgsgeschichte zu einem Ende gelangte, von den eigenen Prinzipien abgekommen waren. Um ein Unternehmen wach zu halten, ist laufende Wachsamkeit nötig, ansonsten neigen alle menschlichen Institutionen dazu, mit der Zeit zu schläfrigen Riesen zu werden, die vergessen, wozu sie eigentlich da sind. Dennoch liegt Rosenzweig mit seiner Grundbotschaft wohl richtig, die etwas Bescheidenheit lehrt.

Der Halo-Effekt ist im Kern ein statistischer Irrtum. Ein einfaches Beispiel sollte dagegen wappnen: 1300 Personen würfeln mehrmals hintereinander, um ihr Würfelglück zu vergleichen. Eine schafft unglaubliche vier Mal hintereinander einen Sechser und erweist sich damit als echtes Würfeltalent. Jede der anderen 1299 Personen versucht nun, das Erfolgsgeheimnis des Würfeltalents zu kopieren, stellt Fragen oder Beobachtungen an und setzt die Erkenntnisse bei einer nächsten Würfelrunde in die Praxis um. Das scheint relativ schwierig zu sein, da keine Einigkeit vorherrscht, worauf zu achten sei. Viele verbessern in der zweiten Runde ihr Würfelglück, und einer Person gelingt es sogar, nach nur einer Runde die erfolgreiche Würfelmethode zu erlernen und korrekt anzuwenden, denn sie würfelt nun, nach mangelndem Erfolg in der Vorrunde, problemlos vier Sechser. Beeindruckt von dieser schnellen, unglaublichen Verbesserung bemühen sich alle anderen, vom offensichtlich besten Schüler des Würfelmeisters zu lernen. Sie hören sich seine Ratschläge an und versuchen es erneut. Einige verbessern wieder ihre Resultate, und einer Person gelingt es nun, beim dritten Mal, die Reihe von vier Sechsern fortzusetzen. In jeder Runde, so stellt sich heraus, wird ein neuer Würfler durch Übung und achtsame Imitation ein Meister und bietet Hoffnung und Ansporn für die übrigen, die bislang scheiterten. Der Leser weiß natürlich, dass das Würfeln (näherungsweise) ein unabhängiges Zufallsergebnis ist. In der realen Welt abseits der Spiele sind Zufälle aber nicht so leicht zu erkennen. Je länger die historische Perspektive, desto eher lassen sich Muster im Chaos der Zufälligkeiten und Unfälle erkennen.

Die längste Perspektive bietet meist die »Spracharchäologie«, das etymologische Nachverfolgen der Begriffe, bis man auf jene Phänomene stößt, die Menschen zur Bildung neuer Konzepte bewegten. Diese Begriffsgeschichten sind fast immer widersprüchlich, inkonsistent und manchmal sogar irreführend. Doch sie eröffnen ein Spektrum realer Eindrücke und Interpretationen, auch wenn erstere verzerrt und letztere oft falsch sind. Wörter wechseln zwar oft ihre Bedeutung, doch lernt man so zumindest etwas über die Ursprünge und Wandlungen eines Begriffs.

Das Wort »Unternehmer« sieht im Deutschen täuschend einfach und natürlich aus, erscheint es doch als bloße Zusammensetzung zweier gängiger Grundwörter. Dieser Eindruck täuscht, denn das Wort ist in dieser Verwendung viel jünger – überraschenderweise nämlich nur wenige Jahrhunderte alt. Das ist ein erster Hinweis darauf, dass das Phänomen des Unternehmertums erst mit Entwicklung einer besonderen wirtschaftlichen Dynamik auffiel, die nicht schon immer vorhanden war. Diese Zunahme an Dynamik wird von den meisten Beobachtern der Geschichte unterschätzt. Tatsächlich wurden mehr als 97 Prozent des materiellen messbaren Wohlstands (Einkommen hinsichtlich Güterkaufkraft und Güterauswahl) der Menschheit in den letzten 0,01 Prozent der Menschheitsgeschichte geschaffen.

Dass Begriffe von neuen Bedeutungen überlagert werden, kommt häufig vor. Oft hat man es mit sogenannter »Volksetymologie« zu tun, wo ähnlich klingende Begriffe verwechselt oder zusammengelegt werden. Wenn man vor der Neuzeit vom »unternehmen« sprach, so hatte dies eine bloß wörtliche Bedeutung. Ein Beispiel, das die Gebrüder Grimm in ihrem Wörterbuch anführen, ist etwa:

zwai starcke sper si under namen
Zwei starke Speere nahmen sie unter [die Arme].

Der Begriff Unternehmer jedoch leitet sich nicht von dieser Zusammensetzung ab. Das Wort fand erst später über einen Umweg ins Deutsche Eingang. Im Französischen gibt es ein ähnliches Wort: *entreprendre*. Wörtlich bedeutet es allerdings nicht *unter*nehmen, sondern *zwischen*nehmen. Auch das französische Wort ist allerdings eine falsche Bedeutungszuschreibung. Die Bedeutung »etwas zwischen die Hände nehmen« wurde in jüngerer Vergangenheit als synonym für »etwas unternehmen« angesehen, im Sinne von etwas in die Hände nehmen, sich ein Vorhaben vornehmen, etwas bewerkstelligen.

Der Unternehmer kam erst durch die Ökonomie vom französischen *entrepreneur* und vom englischen *undertaker* ins Deutsche. Das erscheint zunächst sehr rätselhaft. Gab es nur in Frankreich Unternehmer? Und warum tauchte der englische *undertaker* auf, um kurz darauf zu verschwinden und vom französischen Wort ersetzt zu werden? Denn heute spricht man im Englischen ausschließlich vom *entrepreneur*. Bizarr wird die Sache, wenn man weiß, dass *undertaker* nur noch einen ganz bestimmten Unternehmer benennt, nämlich den Bestatter oder Totengräber, der einen unter die Erde bringt. Hat sich der Unternehmer etwa sein eigenes Grab geschaufelt? Auf diese Fragen gibt es schlüssige, aber sehr unangenehme Antworten.

Zunächst zur Etymologie des französischen Wortes: *Entreprendre* lässt sich zwar wörtlich übersetzen, täuscht aber genauso wie der deutsche Begriff. Es ist nicht nur volksetymologisch falsch gedeutet, sondern eigentlich eine Fehlübersetzung. Das Wort, das schließlich zur Bezeichnung für den Unternehmer wird, ist nämlich gar keine Zusammensetzung von *entre* und *prendre*, sondern entstand als Nachbildung eines ähnlich klingenden lateinischen Wortes. Genauso geschah es beim deutschen Zeitwort »unternehmen« in seiner modernen Bedeutung: Es imitierte den französischen Begriff.

Entreprendre im modernen Wortsinn ist eine Entsprechung des lateinischen *imprehendere*, weil das *em* im älteren *emprendre* dem französischer klingenden *entre* wich. *Imprehendere* bedeutet »(eine Festung) einnehmen«. *Entreprendre* hatte daher auch auf Französisch zunächst die Bedeutung »attackieren«, »beschuldigen« und den interessanten übertragenen Sinn: »durch Schmeichelei einnehmen«, »verführen«. Das lateinische Wort blieb auch in anderen romanischen Sprachen erhalten. Auf Spanisch spricht man noch von der *empresa* (Unternehmen), und über das Italienische kam auch der *Impresario* ins Deutsche und meint dort nur noch einen besonderen Unternehmer: nämlich den Kontraktor, der in Italien bis zum Ende des 19. Jahrhunderts die Sänger für Opernhäuser organisierte und anheuerte.

Im 16. Jahrhundert war der *entrepreneur* im Allgemeinen ein Glücksritter. Der Schriftsteller Jean Lemaire de Belges nannte Anfang des 16. Jahrhunderts etwa den trojanischen Helden Hektor einen *entrepreneur*. Nur jene werden so bezeichnet, die Leben und Vermögen in besonders großem Stil riskieren; keinesfalls bloß selbständige Handwerker und Händler. Letztere stellten im damaligen Sprachgebrauch schon nahezu das Gegenteil der *entrepreneurs* dar. Konkret dachte man vor allem an jene, die Söldner anheuerten und ihre Dienste für unterschiedliche Zwecke anboten – unter anderem, um eine feindliche Stellung einzunehmen (*imprehendere*). Dieses »militärische Unternehmertum« lag in den Händen des Adels. Zunächst machten sich hier die Italiener einen Namen, man sprach von *condottieri*. Adelige mieteten zum Schutz ihrer Ländereien Söldnertruppen, die einen Soldvertrag abschlossen, den man *condotta* nannte. Die Truppe selbst galt als *compagnia di ventura;* etymologisch ist hier sowohl die *company* als auch *venture* vorweggenommen. Der Führer eines solchen Unternehmens war der erwähnte *condottiero*. Im 15. Jahrhundert traten tschechische Söldnerführer auf, im 16. und 17. Jahrhundert folgten schottische und deutsche Kriegsunternehmer. Das berühmteste Beispiel für letztere ist Wallenstein. Durch Lieferverträge und Spekulation wurde er einer der reichsten Männer seiner Zeit und Hauptkreditgeber des Kaisers.

Unternehmer als Krieger

Der Unternehmerbegriff ist also, ob es uns gefällt oder nicht, von seinen Ursprüngen her befleckt. Raub, Gewalt, Privilegien durchziehen seine Frühgeschichte. Doch genauso gut ließe sich eine Geschichte erzählen, die Unternehmer als Helden rühmt. In dieser Analyse soll es weder um Verteufelung noch um Apologie gehen, sondern um ein tieferes Verständnis der Paradoxa des Unternehmertums. Wir werden sehen, dass diese Paradoxa noch tiefer reichen. Zeichnen wir die Geschichte nochmals ein wenig nach, um den schmalen Grat zwischen Heldentum und Schurkerei auszumessen. Je weiter wir in die dunkleren Tiefen der Geschichte zurückreisen, desto näher an der Gewalt reist der Abenteurer; er setzt sein eigenes Gesetz um und das wenn nötig mit dem Schwert.

Der Pirat ist bis heute von einer Aura umgeben, die mehr ist als bloße Romantisierung des Verbrechens. Die meisten Seefahrervölker betrieben bis in die Neuzeit hinein Piraterie. Die Amerikaner folgten dem Beispiel der Briten, und selbst die Handelsmetropole New York war ein Piratennest. Solange es Menschen gibt, gab es friedlichen Tausch und mörderischen Konflikt. Doch die meiste Zeit blieben beide verwoben, und die schöne Auftrennung von Handel und Gewalt, die heute das Bild bestimmt, ist weniger beständig und klar als sie scheint. Manchmal sind bloß die Kosten der Gewalt diffus verteilt. Einst musste man sie direkter und unmittelbarer tragen.

Freilich ist Gewalt der große Gegenpol zu friedlichem Handel, Raub der Gegenpol zur Produktion. Die offene (damit oft ehrlichere) Gewalt der Vergangenheit als Hinweis für die Unmoral der Händler und Unternehmer heranzuziehen, ist ein klassischer Irrtum ideologischer Historiker. Einst war das menschliche Handeln in jedem Bereich näher an der Gewalt, zumal Täuschung und institutionelle Gewalt noch weniger ausgereift waren.

In Zeiten offenerer Gewalt sieht das Reisen gänzlich anders aus. Es wird nicht durch fehlende Visa, durch Boykotte, Sanktionen, Linien auf Karten aufgehalten, sondern durch die Gefahr, dass die Kommunikation mit den Fremden misslingt und diesen Raub einfacher und gewinnbringender als Handel scheint. Der Handelsreisende muss also gewappnet sein. Das Handelsschiff ist vom Piratenschiff nicht zu unterscheiden. Und ein Beruf alleine hebt selten die Moral, sodass diejenigen, die vorwiegend vom Handel leben, nicht unbedingt der Gewalt entsagen, wenn diese im Moment lohnender scheint. Bei stabilen, weitreichenden Handelsbeziehungen ist das kaum jemals der Fall. Doch im Dunkel der Geschichte boten sich gewiss solche Gelegenheiten, in denen der Händler an Waffen überlegen und der Fremde nicht kaufbereit war.

So darf es nicht überraschen, dass der Kaufmann, der Abenteurer und der Seeräuber manchmal ein und dieselbe Person waren. Die Entdeckungsfahrten hatten teils Handelsabsicht, teils Kolonialabsicht, teils Raubabsicht. In jedem Fall handelt es sich um ungewisse Projekte, und es erscheint naheliegend, sie als unternehmerisch zu bezeichnen. Werner Sombart beschreibt die Persönlichkeit, die Piratenkapitänen, Fernhändlern und Entdeckungsreisenden gemeinsam war:

> Männer, in denen sich eine abenteuerliche Phantasie mit größter Tatkraft paarte; Männer voller Romantik und doch mit hellem Blick für die Wirklichkeit; Männer, die heute eine Raubflotte befehligen und morgen ein hohes Amt im Staate verwalten; die heute mit gieriger Hand nach Schätzen graben und morgen eine Weltgeschichte zu schreiben anfangen; Männer mit leidenschaftlicher Lust am Leben, mit starkem Sinn für Pracht und Luxus und doch imstande, monatelang die Entbehrungen einer Seefahrt ins Ungewisse hinein auf sich zu nehmen; Männer mit den höchsten Fähigkeiten zur Organisation und voll kindischen Aberglaubens. Mit einem Worte: Renaissancemenschen.[2]

Auch das Unternehmen als Rechtsperson ist von Piraterie befleckt. Schiffe waren die ersten Kapitalgesellschaften, die Finanzierung ihrer Fahrten erfolgte gemeinschaftlich und unternehmerisch zugleich. Die Investoren, manchmal in Würdigung ihrer unternehmerischen Mitleistung *adventurers* genannt, waren am Erfolg der Fahrt beteiligt. Dieser Erfolg war überwiegend Handelserfolg, aber in die damalige Gewinn- und Verlustrechnung gingen auch Kaperei und Seeraub ein.[3]

Das Handelsschiff war also oft Eigentum mehrerer Händler (oder Freibeuter), man sprach von der Handelsreise *communiter* (auf gemeinsame Rechnung). Die Schiffsgesellschafter teilten sich den Laderaum für ihre Waren und stimmten sich gemeinsam auf einer Gesellschafterversammlung ab. Zunächst fuhren sie noch mit an Bord und übernahmen gemeinsam (unter Unterstützung ihrer jeweiligen Angestellten – anfangs nur ein einzelner »Diener«) die mit der Reise verbundenen Aufgaben. Die Gesellschafter wählten einen Kapitän und zahlten ihm gemeinsam den Lohn. Mit der wachsenden Größe der Schiffe und steigenden Schwierigkeit der Handelsrouten blieben die Gesellschafter zunehmend an Land und wurden so zu Aktionären: Das Schiffsunternehmen wurde in der Regel in 24 Anteile aufgeteilt, die mit einem Dividendenanspruch verbunden waren. Auf diese Weise besaß beispielsweise ein reicher Engländer im 17. Jahrhundert Anteile an 67 Schiffen – hatte also ein breites Anlageportfolio.[4]

Der »Unternehmer« als Söldnerführer, Pirat, Abenteurer entspricht dem Archetyp des Kriegers. Der Grat zwischen Held und Schurke ist beim Krieger besonders schmal. Sein Ehrgeiz hält sich nur selten an die Grenzen des Guten und Rechten. Schon Adam Smith erkannte hier allerdings eine Essenz des Unternehmergeistes:

> Diese Rührigkeit, dieser Eifer bildet den Unterschied zwischen einem Menschen, der Unternehmungsgeist besitzt, und einem Manne von geistloser Mittelmäßigkeit. Jene großen Ziele der eigennützigen Neigungen, jene Güter, deren Verlust oder Erwerb die ganze Stellung des Menschen verändern kann, bilden die Ziele derjenigen Leidenschaft, die man im eigentlichen Sinn als Ehrgeiz bezeichnet; einer Leidenschaft, die, sofern sie sich innerhalb der Grenzen der Klugheit und Gerechtigkeit hält, immer und überall in der Welt bewundert wird, und diese sogar dann mitunter eine gewisse, jeder Regel spottende Größe an sich trägt, welche unsere Einbildungskraft blendet, wenn sie die Schranken dieser beiden Tugenden überschreitet und nicht nur ungerecht, sondern auch unsinnig und übertrieben ist. Daher stammt die allgemeine Bewunderung für Helden und Eroberer und sogar für Staatsmänner, deren Pläne sehr kühn und umfassend, oft zwar ganz und gar jeder Rechtlichkeit bar waren, wie etwa diejenigen der Kardinäle von Richelieu und von Retz. Die Ziele der Habsucht und des Ehrgeizes unterscheiden sich voneinander nur durch ihre Größe. Ein Geizhals ist ebenso versessen auf einen halben Penny, wie ein Mann, der von Ehrgeiz erfüllt ist, auf die Eroberung eines Königreiches.[5]

Kann es überhaupt gute Krieger geben? Heute assoziieren wir das Kanonenfutter von Wehrpflichtigenarmeen mit Kriegern, doch ein bloßer Befehlsempfänger ist damit nicht gemeint. Das Ideal der Ritterlichkeit mag stets mehr romantische Vorstellung als Realität gewesen sein, doch sind Archetypen wie der des Kriegers Ideale, die allenfalls Orientierung und Maßstäbe bieten können. Ein solcher »Beschützer von Witwen und Waisen«, das könnte ein guter Krieger sein. Die meisten Traditionen kennen auch ein Bild des Kriegers, bei dem nicht das Töten im Vordergrund steht, sondern der eigene Umgang mit dem Tod. Der gute Krieger ist dabei der Inbegriff der Rittertugend der *fortitudo*, der Tapferkeit.

In der Idealisierung erscheint der Unternehmer wie der Krieger als Inbegriff der Vitalität und Lebenskraft. Archetypisch steht der Krieger im Gegensatz zum Priester und Bauern, zum Gelehrten und Selbständigen kleinen Stils. Auch der frühe Unternehmer wird in einem ähnlichen Gegensatz wahrgenommen. Werner Sombart übertreibt diesen Eindruck ein wenig:

> Einer reichen Ausstattung mit den Gaben des »Intellekts« muss entsprechen eine Fülle von »Lebenskraft«, »Lebensenergien« oder wie wir sonst diese Veranlagung nennen wollen, von der wir nur soviel wissen, dass sie die notwendige Voraussetzung allen »unternehmerhaften« Gebarens ist: dass sie die Lust an der Unternehmung, die Tatenlust schafft und dann für die Durchführung des Unternehmens sorgt, indem sie die nötige Tatenkraft dem Menschen zur Verfügung stellt. Es muss etwas Forderndes in dem Wesen sein, etwas, das die träge Ruhe auf der Ofenbank zur Qual werden lässt. Und etwas Starkknochiges – mit dem Beil Zugehauenes – etwas Starknerviges. Wir haben deutlich das Bild eines Menschen vor Augen, den wir »unternehmend« nennen. Alle jene Unternehmereigenschaften, die notwendige Bedingungen eines Erfolges sind: die Entschlossenheit, die Stetigkeit, die Ausdauer, die Rastlosigkeit, die Zielstrebigkeit, die Zähigkeit, der Wagemut, die Kühnheit.[6]

Im Kolonialzeitalter tritt der frühe »Unternehmer« geradezu als Repräsentant besonderer Stärke und Vitalität des Abendlandes hervor, wie der Historiker Jürgen Osterhammel in seinem epochalen Geschichtswerk zum 19. Jahrhundert schildert:

> Der energiereiche und sich selbst als »energisch« entwerfende Westen trat der übrigen Welt auch so entgegen. Die Kulturheroen der Epoche waren nicht kontemplative Müßiggänger, religiöse Asketen oder stille Gelehrte, sondern Praktiker einer energiegeladenen *vita activa*: nimmermüde Eroberer, unerschrockene Reisende, ruhelose Forscher, imperatorische Wirtschaftskapitäne. Überall, wo sie hinkamen, beeindruckten, erschreckten oder blufften okzidentale Kraftnaturen mit ihrer persönlichen Dynamik, in der sich der Energieüberschuss ihrer Heimatgesellschaften widerspiegeln sollte. Die tatsächliche Übermacht des Westens wurde naturalisiert und zur anthropologischen Überlegenheit stilisiert.[7]

Diese Wahrnehmungen erklären ein wenig, warum sich in der Begriffsgeschichte der Krieger mit dem Unternehmer zu überschneiden scheint. Bei beiden Archetypen geht es um große Wagnisse, Gefahren und Ungewissheiten. Führerschaft im Sinne einer freiwillig anerkannten Autorität besteht in aller Regel darin, mutig voranzugehen und damit anderen Mut zu machen. Die eigene Haut zu riskieren – wie man auf Englisch so schön sagt: *skin in the game* –, zeigt anderen, dass man es ernst meint, und motiviert dazu, gleichfalls Ungewissheiten zu schultern. Der Krieger trägt dabei das größte Verlustrisiko von allen: das Risiko, sein Leben zu verlieren.

Alle Kriegercodes betonen den Tod. *Bushido*, der Code der Samurai, fordert: Behalte den Tod stets im Hinterkopf und lebe so, als könnte jeder Tag dein letzter sein. Nur wer keine Angst vor dem Scheitern hat, kann große Wagnisse eingehen. Der Archetyp des Kriegers ist im Ideal frei von Angst – und damit in einem besonderen Sinne ein freier Mann: Wer auch den größten Verlust nicht fürchtet, kann die größten Ungewissheiten stemmen und den größten Gefahren begegnen. Die Angst vor dem Tod zu verlieren, ist also ein Weg zur Freiheit. Wer den Tod nicht mehr fürchtet, fürchtet auch keinen materiellen Verlust, fürchtet nicht um Anerkennung und Zuneigung, fürchtet nicht um seine Bequemlichkeit. Diese Angstfreiheit führt zur größtmöglichen Unabhängigkeit, die eine gute Voraussetzung für unternehmerische Wagnisse ist. Der Archetyp des Kriegers ist nicht nur durch Tapferkeit, sondern auch durch Autonomie und Selbstbestimmung geprägt, oder wie man auf Englisch sagt: *self-reliance* und *self-directedness*.

Die Unabhängigkeit von der Anerkennung anderer Menschen scheint ebenfalls bedeutsam für das Unternehmertum zu sein. Wer rasche Anerkennung sucht, wird keine ungewissen Wagnisse eingehen. Der Beifall ist erst dann zu erwarten, wenn sich die Ungewissheit aufgelöst hat. Eine gewisse Härte und Direktheit im Umgang entstammen der Härte gegen sich selbst. Der Krieger ordnet der Schlacht alles unter, auch sich selbst; der Unternehmer alles der Unternehmung. Manchmal gehen dabei beide über Leichen. Zum Glück nur noch über metaphorische, sobald friedlicher Handel Konflikt abgelöst hat: geopferte Beziehungen, Gesundheit, Freizeit, Ideen ...

Unternehmer als Staatsmänner

Der Krieger mag von Prämien, Honoraren und Spenden leben, meist jedoch sind ihm diese Wege verschlossen. Staat bedeutet Monopolisierung von Gewalt, und diese Monopolisierung wiederum bedeutet Anheuern und Unterjochen der Krieger. Letztlich bleibt dem Krieger als einfachste Verdienstmöglichkeit Beuteteilung in der Horde oder Sold im Heer. Der Krieger ist größtes Hindernis und wichtigster Bestandteil des Staates. Ähnlich paradox ist es beim Unternehmer, und genauso verwoben ist seine Beziehung zum Staat: Es ist eine Beziehung gegenseitiger Abhängigkeiten und Hassliebe, der Unternehmer ist zugleich Opfer und Nährer des Staates.

Und natürlich ist die Gründung, Führung, Erweiterung eines Staates eine ungewisse, riskante Aufgabe, für die ähnliche charakterliche Eigenschaften günstig sind wie jene, die erfolgreiche Unternehmer kennzeichnen. Der Staat als institutionalisierte Gewaltmonopolisierungsabsicht begünstigt die mythische Zuschreibung heldenhafter Eigenschaften auf seine Gründer und Akteure. Der Grat zwischen Heldentum und verbrecherischem Wahn ist schmal. Da die Monopolbetreiber der Gewalt logischerweise auch über wachsende Mittel verfügen, überrascht es nicht, einen manchmal unternehmerischen Mitteleinsatz zu sehen. Ein solcher Mitteleinsatz ist zwar selten, die Regel ist der Konsum, doch es liegen genügend Berichte über unternehmerische Staatsmänner vor, die nicht nur eine kurzfristige Politik der Mittelabschöpfung, sondern auch eine langfristigere Politik der Mittelausweitung betrieben. Die häufigste Politik der Mittelausweitung ist kriegerisch: die planhafte Ausweitung von Territorium und Steuersubstrat. Doch es gibt auch eine händlerisch-produktive Mittelausweitung, die Qualität statt Quantität des Steuersubstrats erhöht und damit gleichermaßen, nur nachhaltiger, die Steuereinnahmen sprudeln lässt. Werner Sombart beschreibt solche Staatsmänner wie folgt:

> In den Frühzeiten des Kapitalismus begegnen wir unter den Staatsoberhäuptern und Staatsbeamten auffällig vielen kraftvollen Persönlichkeiten mit einem ausgeprägten Sinn für die Wirklichkeit des Wirtschaftslebens, mit einem ungewöhnlichen Verständnis für die neuen Anforderungen der wirtschaftlichen Praxis; Persönlichkeiten voller Unternehmungsgeist und Unternehmertalenten. An schöpferischen Ideen, an umfassenden Kenntnissen, an wissenschaftlicher Schulung [...].[8]

Zu diesem Typus der unternehmerischen Staatsmänner, die wirtschaftliche Entwicklung aus Staatsräson betrieben, gehörten Gustav Wasa in Schweden und Franz I. von Österreich. Fürsten gründeten besonders gerne Porzellanfabriken und führten sie in ihrer Freizeit; machten sie zu viel Arbeit, stellten sie ihre Kammerdiener als »Manager« an.[9]

Neben den Herrscherhäusern selbst verstanden sich zunehmend auch führende Beamte als oberste »Unternehmer« des Staates. Insbesondere in Preußen war der unternehmerische Schub, der in kürzester Zeit aus einem Agrarstaat eine industrialisierte Nation machte, stark mit staatlicher Initiative verwoben. Die Phase des Merkantilismus setzte hier relativ spät ein. Die Ideologie des Merkantilismus besagt, dass der Staat wie ein großes Handelsunternehmen zu führen sei – mit dem Ziel der Geldmaximierung im Inneren und damit in den Staatskassen. In Preußen wurde diese Ideologie Kameralismus genannt und als Kameralistik an den Universitäten unterrichtet.

Oft wurden Beamte selbst im Staatsauftrag als Unternehmer tätig. In Preußen wurde etwa die Dampfmaschine und die Eisenindustrie von technisch geschulten Beamten eingeführt, während in England eher private Ingenieure am Werk waren. Die staatlich angeschafften Maschinen wurden erst später an private Bergwerksgesellschaften verkauft. Heinrich Friedrich Karl Reichsfreiherr vom und zum Stein, kurz Freiherr vom Stein, reiste in seiner Funktion als staatlicher »Oberberghauptmann« selbst nach England, um dort Industriespionage zu betreiben.[10] In Österreich fungierten Beamte als Vertreter der Massenproduktion. Sie präsentierten Erzeugnisse heimischer staatsnaher Industrieller im Ausland auf Messen und bei möglichen Kunden: anderen Staaten und Fabriken. Ein anderer Beamter, Peter Beuth, gründete das Gewerbeinstitut zur Schulung von Fachkräften und betätigte sich ebenfalls in systematischer Industriespionage: so legte er eine Sammlung ausländischer Maschinen an, um sie auseinanderzunehmen und nachbauen zu lassen.[11]

Dieses Staatsunternehmertum blieb eng mit der Gewalt verbunden. Diese Gewalt zeigte aber noch hässlichere Fratzen, die das Unternehmertum in der öffentlichen Wahrnehmung bis heute entstellen. Man kann den »Kapitalismus« angelsächsisch-calvinistischer Prägung auch als großes, staatlich betriebenes Disziplinierungsprojekt beschreiben. Für den berühmtesten britischen Denker seiner Zeit, Thomas Carlyle, handelte es sich dabei wohl um das beste Argument zugunsten des »Kapitalismus«.

Carlyle nannte es das einzige Glück des Menschen, zu arbeiten, und das einzige Unglück, nicht arbeiten zu können.[12] Dahinter steckt eine Theologie, die Arbeit als Reinigungsprozess gefallener Seelen auffasst. Arbeit wird als heilig angesehen, Müßiggang als Frevel. Die politischen Implikationen dieses Geistes, so wahr der Kern des Gedankens auch sein mag, sind ungut. Carlyle ist da ganz beinhart: »Wer nicht gemäß seiner Fähigkeiten arbeitet, soll gemäß seiner Nöte zugrunde gehen.« Das nennt er das gerechteste Gesetz.[13] Hierher kommt wohl das marxistische »Jeder nach seinen Fähigkeiten«. Aus diesem Gesetz leitet Carlyle ein Disziplinierungsprogramm ab, das letztlich politisch genauso umgesetzt wurde:

> Was einen Menschen an seiner heiligen Berufung zur Arbeit hindert, während er auf Erden weilt, ist des Menschen tödlichster Feind; und alle Menschen sind dazu aufgerufen, alles in ihrer Macht Stehende zu tun, um ihn davon zu befreien. Wenn es seine eigene Faulheit ist, die ihn daran hindert, dann ist seine Faulheit der Feind, von dem er befreit werden muss. Das erste »Recht«, das dieser arme faule Holzkopf hat, ob schwarz oder weiß, besteht darin, dass jeder ungehinderte Mensch, jede weisere, fleißigere Person, die auch immer seinen Weg kreuzen mag, versuchen soll, ihn

> von seiner Faulheit zu »emanzipieren«. Durch manch weises Mittel zwinge man ihn, da der Anreiz nicht ausreicht, jene Arbeit zu tun, zu der er fähig ist. [...] Denn Müßiggang verrottet unweigerlich und ausnahmslos, bis er zu stinken beginnt; und ich sage es bewusst: der Teufel selbst steckt darin.[14]

Die Freiheit zieht dabei den Kürzeren. Denn die wahre Freiheit, so Carlyle, bestünde darin, dazu gezwungen zu werden, den rechten Pfad zu finden: nämlich »zu lernen oder gelehrt zu werden, für welche Arbeit er tatsächlich fähig wäre, und sich dann mittels Einverständnis, Überredung oder gar Zwang, daran zu machen, sie zu tun«.[15] Richtiger wäre es gewesen, *Arbeit* stets mit *Berufung* zu übersetzen. Doch Carlyle selbst erliegt dem Irrtum, diese Begriffe zu verwechseln. Darum führt ihn sein richtiger Gedanke zu einem gnadenlosen Arbeitsdiktat. Zwangsarbeit kann es wohl geben, eine Zwangsberufung jedoch niemals; außer allenfalls in den ungewöhnlichen Fällen eines Sisyphos, der sein aufgezwungenes Los als eben das seine glücklich annimmt.

Werner Sombart teilt Carlyles Urteil von der Faulheit der breiten Masse, er wertet diese aber entweder nicht oder bringt ihr ganz im Gegenteil gar Sympathie entgegen. Denn das Disziplinierungsregime, das er beschreibt, ist von Carlylescher Härte. Sombart dokumentierte folgendes:

> Es lässt sich nämlich ganz deutlich erkennen, dass die besitzlosen oder besitzarmen Leute jener Jahrhunderte nicht arbeiten wollten, jedenfalls nicht *so* arbeiten und *das* arbeiten wollten, wie es und was die kapitalistischen Unternehmer von ihnen verlangten. Diese sagen wir, Trägheit, Indolenz der großen Masse wird von allen Zeitgenossen, die sich über Arbeiterverhältnisse jener Jahrhunderte geäußert haben, mit seltsamer Übereinstimmung in allen Ländern der frühkapitalistischen Kultur festgestellt. Dieses Urteil verdichtet sich dann in den ökonomischen Theorien und in den praktischen Reformvorschlägen zu der Behauptung: dass nur bei niedrigen Löhnen die Menschen zum Arbeiten zu bewegen seien, und folgeweise auch natürlich bei allen, denen es um eine Ausdehnung der kapitalistischen Wirtschaft zu tun war, zu der Forderung einer möglichst niedrigen Bemessung des Arbeitsentgeltes führt, damit die Menschen zu regelmäßiger Arbeit sich gezwungen sähen. Diese Lohn- und Arbeits-, auch Armuts-

> theorien sind Ausfluß einer allgemeinen Meinung über die seelische Beschaffenheit der großen Massen und können uns deshalb als Quelle dienen, aus der wir die Erkenntnis der damaligen Ansichten über Arbeiterverhältnisse (nicht ohne weiteres dieser Arbeiterverhältnisse selbst) schöpfen können.[16]

Verblüffend ist eben die damalige Schlussfolgerung, man müsse, um die Menschen zur Arbeit zu motivieren, ihnen möglichst *niedrige* Gehälter zahlen. Das ist das vollkommene und paradoxe Gegenteil aller heutigen Versuche, durch Anreize zu höherer Leistung zu motivieren. Nach Sombart war dies vom 17. bis zum 19. Jahrhundert die vorherrschende Ansicht, was unter anderem die Schärfe der Klassenkonflikte erklären mag. Womöglich steckte hier auch mangelnde Übung im Umgang mit Geld dahinter. In der Tat häufen sich die Klagen, dass Menschen durch plötzliche Geldeinkommen aus der Bahn geworfen werden, zu Säufern und Spielern werden. In vorindustriellen Gesellschaften scheinen die Menschen im Normalfall gerade nur soviel zu arbeiten, wie sie für den notwendigsten Unterhalt brauchen. Unternehmer in unterentwickelten Ländern beklagen sich, dass es immer wieder vorkomme, dass Mitarbeiter plötzlich nicht mehr zur Arbeit erscheinen, nachdem sie nach ihrem Dafürhalten eben momentan genug Geld erhalten hatten. Erst wenn das Geld wieder ausgegangen ist, kommen sie wieder. Sombart zitiert Arthur Young mit seiner Beobachtung aus dem Manchester des 18. Jahrhunderts und einen anderen Beobachter aus dem Holland derselben Zeit mit ähnlichen Schlussfolgerungen:

> [...] fleißig sind die Leute nur, wenn die Lebensmittel teuer sind und sie arbeiten *müssen*, um nicht zu verhungern: ist der Unterhalt billig, so sterben die Kinder der Arbeiterfamilien, »denn die halbe Zeit verbringt dann der Vater im Wirtshause«. »Die Unternehmer von Manchester wünschen, dass die Preise stets hoch genug seien, um einen allgemeinen Fleiß zu erzwingen, um die Arbeiter 6 Tage in der Woche bei der Arbeit zu halten.« [...] »Den ganzen Sommer hindurch ist auf den umliegenden Dörfern abwechselnd Kirmeß, wozu eine Anzahl Wagen vor den Toren bereit steht, um den ausgelassenen Weber mit Frau und Kind nach dem angenehmen Dorf zu führen. Hier angekommen, ist alles Freude und Lust, und ich

brauche nicht zu sagen, dass der ausgelassene Arbeiter, nachdem er wacker getrunken und getanzt hat, nach Hause gekommen, gar keine oder mindestens sehr wenig Lust zur Arbeit hat und lieber alles liegen lässt, als seine Begierden zügelt.«[17]

Die Gesetzgeber reagierten auf diese Zustände mit Zwang. Die merkantilistisch geprägte Wirtschaftspolitik begriff die Industrialisierung schnell als großes Disziplinierungs- und Erziehungsprojekt für die Massen, die nun dienstbar gemacht werden sollten. Die vermeintliche Befreiung des mittelalterlichen Untertanen war nur ein Herrschaftswechsel. Die Hörigen wurden schlicht zu Staatsuntertanen, die von privaten Unternehmern in staatlichem Auftrag gewinnbringend bewirtschaftet werden sollten. In der Tat erwies sich das »Humankapital« als fruchtbare, nachwachsende und steuerbare Ressource. Hinfort ging es um die effiziente Maximierung des Menschenertrags. Das erhöhte auch den materiellen Wohlstand der Bioroboter ganz gewaltig. Roboter und Arbeit haben schließlich dieselbe sprachliche Wurzel.

Gewiss ist dies nicht nur negativ zu beurteilen, denn das Bewirtschaften öffnete doch auch viel menschlichem Potential die Bahn. Doch von Anfang an ging damit die Übertreibung einher. Das Wirtschaftspotential der Ressource Mensch weckte Begehrlichkeiten nach dem zwangsweisen Abbau des Rohmaterials und seiner zwangsweisen Formung. Die nahtlose Erfassung und Zählung der Menschen, die Dienstbarmachung der »Wilden« auf fernen Kontinenten und das Bildungssystem kamen ungefähr zur selben Zeit auf. Unbeschäftigte Menschen wurden zeitweise wie eine Herde von Wildpferden betrachtet, aus der sich privilegierte Zähmer frei bedienen durften. Es wurde staatlich bevorzugten Betrieben gestattet, Arbeitskräfte zwangsweise einzustellen; es genügte Besitzlosigkeit, um Menschen diesem Arbeitszwang zu unterwerfen. In Holland ließ man die Kinder der Armen auf öffentliche Kosten aufziehen; der Bürgermeister übergab sie dann nach eigenem Gutdünken als Zwangslehrlinge an Unternehmer. In Deutschland galt etwa der Spinnzwang. Sombart zitierte:

»Auf angebrachte Beschwerde der Tuchfabrikanten, dass es ihnen an Gespinst ermangele ... wurde zu Anfang des Jahres 1761 denen sämtl. Dominiis – sc. Schlesiens – anbefohlen, dass sie die in ihren Dörfern befindli-

> chen Personen beiderlei Geschlechts, alte und junge, welche sonst kein anderes Gewerbe oder Verdienst haben und auf der faulen Bank liegen ... zum Wollspinnen vor die in ihren Gegenden befindlichen Tuch- und andern Fabrikanten anhalten ...« [...] Im Jahre 1616 befahl der Landgraf von Hessen-Kassel, dass »alle starken Bettler, Biersäufer, so ständig in den Wirtshäusern liegen«, auch »herrenloses Gesindel und Gartenknechte, so sich des Bettelns bei unseren Untertanen befleißigen«, angehalten werden sollten, »auf unseren Bergwerken um gebührlichen Lohn zu arbeiten«, und wenn sie sich weigerten, seien sie »in die Eisen zu schlagen und auf die Bergwerke zu liefern«.[18]

Ähnliches vollzog sich auch in Österreich. In einer Schrift von 1721 empfahl die Hofkammer, eine kaiserliche Kontrollbehörde, die Armut durch eine Tuchfabrik zu bekämpfen, die zugleich ein Zwangsarbeitshaus sein solle. Es sei notwendig, die erforderliche Anzahl Arbeiter unter den Grazer Straßenbettlern »aufzufangen und einzusperren«. Das Fabriksgebäude müsse gemauert und mit Mauern umfasst sein, damit das schlechte Gesindel nicht ausbrechen könne. Ähnliches fand sich auch in den anderen »entwickelten Ländern« der damaligen Zeit. Die Textilarbeiter im holländischen Leiden wurden mit Kerkerstrafen und Hinrichtungen arbeitsam gehalten.[19]

Zur Sammlung des eingefangenen Menschenrohmaterials wurden überall in Europa Armen-, Waisen- und Arbeitshäuser errichtet. Dabei handelte es sich um die vielgepriesenen Anfänge des Wohlfahrtsstaates. Tatsächlich sind darin die Vorbilder späterer Arbeitslager zu sehen. Die »Erziehung« durch die Arbeit und dabei die enge Verbindung zwischen Bildungsansprüchen und Arbeitsansprüchen zeigen am deutlichsten die späteren Umerziehungslager totalitärer Staaten. Auch das alte Wort »Zuchthaus« entspringt ja dieser Logik. Den Anfang machten Spanien und Frankreich mit einer harschen Vagabundengesetzgebung. Danach wurden Bettler unter Androhung härtester Strafen zur Arbeit gezwungen: Beim ersten gesetzeswidrigen Müßiggang Auspeitschen, beim zweiten Mal Verstümmelung durch Brandmale, beim dritten Todesstrafe oder Versklavung auf den Galeeren. Landstreicher wurden verhaftet und ausgepeitscht, geschert und gebrandmarkt. 1547 fasst das englische Parlament den Beschluss, für Landstreicher die Sklaverei einzuführen.

In Italien wurden Landstreicher in *alberghi dei poveri* (Armenunterkünfte), in England in *workhouses*, in Genf in die sogenannte *Discipline*, in Deutschland in die Zuchthäuser gesperrt.[20] In Frankreich nannte man die Zwangsarbeitshäuser *Hôpitaux généraux*, was auch auf die nahe Verwandtschaft zum staatlichen System von Spitälern und Irrenhäusern hinweist. Neben Krankenhäusern wurden gleichzeitig Dummenhäuser und Faulenhäuser gebaut, wie man die Staatsschulen und Arbeitsstätten analog nennen könnte. Die Menschen sollten ja von Müßiggang und Ignoranz geheilt werden.

Am weitesten schritt diese Entwicklung in England und Schottland voran. Das ist kein Wunder, wenn wir uns an Carlyles Lob der Reinigung durch Arbeit erinnern. Ein eigenes Lehrlingsgesetz wurde zu dem expliziten Zweck erlassen, den Müßiggang zu bekämpfen. Darin fand sich die Bestimmung, dass alle unverheirateten Personen unter 30 Jahren, die besitzlos und ohne Beschäftigung seien, unter Mitwirkung der Behörden von einem Gewerbetreibenden oder Landwirt zwangsweise in Dienst genommen werden dürften. Insbesondere im Kohlebergbau herrschten leibeigenschaftliche Zustände; die Bergleute waren ihrer Mine zugeteilt wie einst die Hörigen in einer Grundherrschaft, bloß in einer Totalität und Unmenschlichkeit, die auch dem tiefsten Mittelalter fremd war.

Diesen Konflikt zwischen der Trägheit des vorhandenen Menschenmaterials und der Ungeduld der Menschenverbesserer muss man sich vergegenwärtigen, um die ideologischen Schärfen der letzten Jahrhunderte besser zu verstehen. Der Sozialismus erwachte aus der Erkenntnis, dass die disziplinierten Massen Großes bewegen, aber doch am Boden der Gesellschaftspyramide stehen. Auch auf die freiwillig Werktätigen, deren Gehälter mit dem durch die industrielle Produktion wachsenden Wohlstand stiegen, färbte das Gefühl ab, Teil einer großen Sklavenarmee zu sein. Irgendwann begehrten die Roboter auf und verweigerten den Robot, das heißt den Frondienst. Kein Wunder, dass sich eine Gruppe deutscher Sozialisten nach dem berühmten Sklavenführer Spartakusbund nannte. Karl Marx erklärte die Arbeit zur bedeutendsten Zutat der Werke und heiligte sie damit in ähnlicher Weise und ähnlicher Verwechslung wie Carlyle.

Die enge Verbindung von Staat und Unternehmertum sollten Marxisten später unter dem Begriff *Stamokap* (Staatsmonopolkapitalismus) analysieren. Diese Analyse stellte aber die Tatsachen auf den Kopf. Nicht der »Spätkapitalismus«, sondern der »Früh-« oder »Vorkapitalismus« ist durch staatsnahe Konzentration geprägt. Ein besonders einflussreicher Akteur solchen Staatsunternehmertums mit Konzentrationsabsicht war Jean-Baptiste Colbert (1619–1683), Finanzminister des französischen Königs Ludwig XIV. Sombart schrieb ihm einen deutlich unternehmerischen Charakter zu:

> Colbert [...] war eine rechte Unternehmernatur: weitblickend, tatkräftig, nüchtern, rücksichtslos, umsichtig, arbeitsam. Er sagte von sich selber und gewiß mit Recht, dass er »keine Zeit verliere, keine Vergnügungen und Zerstreuungen habe, noch irgendeine andere Erholung und von Natur aus nur zu sehr die Arbeit liebe.«[21]

Dessen Staatsinterventionismus wird manchmal gar Colbertismus genannt, da er besonders systematisch vorging. Er engagierte sich wie andere in der Industriespionage, schuf dafür sogar ein hohes Amt: *Inspecteur-général des Manufactures étrangères* (Generalinspektor für ausländische Manufakturen). Zudem versuchte er, in großem Stil englische Ingenieure abzuwerben. Er ging sogar so weit, das Steuereintreiben an private Unternehmer auszulagern, die dem Staat einen Fixbetrag ablieferten und dann zusehen mussten, dass sie den Untertanen noch mehr abknöpfen konnten. Vierzig »Geldmänner« erwarben dieses Privileg für eine Gesamtsumme, die heute ungefähr 600 Millionen Euro Kaufkraft entsprechen würde. Was damals den gesamten Staatshaushalt finanzieren sollte, entspräche heute nur noch lächerlichen 0,4 Promille (!) des französischen Staatsbudgets – der Staatsinterventionismus ist also in der Zwischenzeit noch deutlich effektiver geworden.

Diese Geldmänner wurden *traitants* oder *partisans* genannt, erstere leisteten eine laufende Pacht für das Recht, eine bestimmte Steuer einzuheben, letztere entrichteten im Vorhinein einen Pauschalbetrag und hoben dann die Steuer zum eigenen Gewinn ein. Es handelte sich bei diesem Kreis um eine geschlossene Clique von Privilegierten, die weitgehend aus dem Adel stammten und untereinander eng durch Ehen und Vereinbarungen verbunden waren.[22]

Ein sehr willkommener Zusatznutzen für die Machthaber war es bereits bei dieser frühen Form der Auslagerung, dass sich private Akteure quasi stellvertretend den Ruf ruinierten und ein Schutzschild für negative Assoziationen bildeten, die sonst den Staat treffen würden. Der Staat tritt seitdem nur als großzügiger Ausgeber auf, das Einsparen und Verdienen überlässt er den Untertanen.

Aus ähnlichem Kalkül förderte Colbert die Aktiengesellschaften: Bei diesen konnten der Staat und seine privaten Günstlinge direkteren Einfluss auf die Geschäftsführung ausüben, da die meisten Aktionäre zugleich Funktionäre waren. Das Aktienkapital der französisch-indischen Gesellschaft sah beispielsweise so aus: Der König stellte 6 Millionen *Livre* (französische Silberpfund), der übrige Hof 2 Millionen, die führenden Staatsbeamten 1,2 Millionen, die Finanzleute (d. h. vor allem Steuerpächter) 2 Millionen und private Unternehmer gerade noch 650.000 (bloß 5,8 Prozent der Gesamtsumme).[23]

Was aber haben adelige Steuerpächter mit Unternehmertum zu tun? Wenn wir die Einhebung als ausgeschriebenen Staatsauftrag betrachten (die Steuerpachten wurden meist in der Tat versteigert) und die Differenz als Honorar, eventuell ergänzt um eine Subvention, dann würden die meisten heute solchen privaten Auftragnehmern ohne Zögern unternehmerisches Verhalten zuschreiben. Die Problematik sollte aber offensichtlich sein und die historische Belastung des Unternehmertums ebenso. Freilich ist die Steuerpacht bei weitem nicht das schlimmste Beispiel unternehmerischer Ausbeutung durch staatlichen Zwang. In Russland bediente sich die unternehmungsweise Produktion etwa ausschließlich Leibeigener als Arbeiter. Dies hatte zur Folge, dass es im frühen 18. Jahrhundert nur industrielle Unternehmungen des Adels oder des Staates geben konnte, da nur der Staat oder Adelige Leibeigene besitzen konnten. Kaufleuten gelang es jedoch, Dörfer zu erwerben und leibeigene Bauern in unternehmerischer Produktion auszunutzen – erst unter Umgehung der Gesetze, später sogar auf gesetzlicher Grundlage. Da erstaunt es nicht, dass der Sowjetsozialismus nach Ausschaltung des Adels und Bürgertums nur zur zentralistischen Staatswirtschaft führen konnte.

So wie Leibeigene privat ausgenutzt wurden, war einst auch der Sklavenhandel ein unternehmerisches Betätigungsfeld, in dem bis ins 19. Jahrhundert hinein westliche Unternehmer engagiert waren. Dieses Geschäftsfeld war lange mit dem Fernhandel verbunden, Sklaven waren eine Ware wie jede andere. In den USA nannte man die Unternehmen, die daran verdienten, im Land selbst freie Schwarze einzufangen und zu verkaufen, *speculators* oder *soul drivers*.[24] In Asien betätigten sich vor allem britische Unternehmer im »Kulihandel« – dieser bedeutete die Verschleppung von Menschen zum Einsatz auf Schiffen und in Minen, beispielsweise in Peru. Durch die Opiumkriege wurde China von den siegreichen Briten dazu gezwungen, den Handel mit Opium und Kulis nicht weiter zu stören.

Der Unternehmerbegriff entzog sich erst nach und nach dem Bereich der Gewalt und fand in die Ökonomik Eingang. Erst im 17. und 18. Jahrhundert gewann das französische *entreprendre* eine breitere Bedeutung, die sich nun vornehmlich auf das Wirtschaftsleben bezog. Im *Dictionnaire Universel de Commerce* (Paris, 1723) finden sich folgende Definitionen, wobei das erste gewählte Beispiel allerdings noch die unschönen Aspekte des frühen Unternehmertums betont:

> *Entreprendre:* Sich dem Erfolg eines Geschäftes, eines Handels, einer Manufaktur, eines Gebäudes etc. annehmen. Beispiele: *La Compagnie de l'Asiente a entrepris la fourniture des Négres pour L'Amérique Espagnole* (= Die Asiento-Kompanie hat die Lieferung von Negern für Spanisch-Amerika unternommen). *Le sieur Cadeau est le premier qui a entrepris en France la manufacture des Draps façon de Hollande.* (= Herr Cadeau ist der erste, der in Frankreich die Herstellung von Tüchern nach holländischer Art unternommen hat.) *Ce Maître Maçon a entrepris ce bâtiment, & doit le rendre la clef à la main.* (= Dieser Baumeister hat jenes Gebäude unternommen und soll es schlüsselfertig übergeben.)
>
> *Entrepreneur:* Jener, der ein Werk unternimmt. Man sagt: Ein Manufakturunternehmer, ein Bauunternehmer; um auszudrücken: ein Manufakteur, ein Baumeister.
>
> *Entreprise:* Entwurf, wie man etwas ausführt. Man nennt so auch die Umsetzung der unternommenen Sache *(l'exécution de la chose entreprise)*. In der ersten Bedeutung sagt man: Dieser Händler wird mit seiner neuen Manufaktur in den Ruin gehen, dieses Unternehmen übersteigt seine Kräfte. In der anderen Bedeutung sagt man: Das Unternehmen dieses Fabrikanten war glücklich, er hat 100.000 Taler mit seinen Tüchern verdient.

In Europa war die neue Massennachfrage des Staates der entscheidende Umstand, der auf der Grundlage der beschriebenen gesellschaftlichen und politischen Begebenheiten die Notwendigkeit des *entrepreneur* im modernen Sinne schuf. Dies erklärt die Definition dieser Funktion als Manager von Staatsaufträgen, wie sie auch aus den obigen Beispielen hervorgeht. Insbesondere die Ausstattung der wachsenden Massenarmeen nach Einführung der »Wehrpflicht« machte eine neue Wirtschaftsstruktur notwendig, die nach und nach die kleinteilige und kleinräumige Bauern- und Handwerkerwirtschaft ablöste. Es war insbesondere die geforderte Uniformität der Güter, die selbständige Handwerker nicht erbringen konnten. Wie das Wort schon verrät, ging es zunächst um die Anfertigung von Uniformen.

Anfangs setzte die Regierung Proviantverwalter ein, die entweder direkt Beamte im Staatsdienst waren oder auf eigene Rechnung arbeitende »ausgelagerte Unternehmer«, deren einziger Kunde jedoch der Staat war. Der Proviantverwalter besorgte den Einkauf von Lebensmitteln und Rohstoffen bei Bauern und Handwerkern. Dabei wurde es immer mehr zur Notwendigkeit, Vorgaben für die Produktion zu machen und diese zu beaufsichtigen. In Monarchien wies man derartige Aufgaben meistens erst dem Amt des sogenannten Faktors zu, der auch Kredite für seinen Herrscher zu besorgen hatte. Die Faktoren erwiesen sich dafür aber später nicht als sonderlich geeignet, da es oft zu Streitigkeiten mit den Gilden kam. Es erwies sich als effektiver, diese Aufgaben zu trennen und an Kaufleute auszulagern, von denen sich einige wenige als *entrepreneurs* anboten. Seit diesem Zeitpunkt sprach man von einem Verlag und der damit verbundenen Wirtschaftsordnung des Verlagssystems.

Die ursprüngliche Bedeutung dieses Wortes, das heute nur noch für die Herstellung und den Vertrieb von Büchern gebraucht wird, bestand in der Aufgabe, Waren zu »verlegen«. Gemeint ist damit, die Brückenfunktion zwischen vielen selbständigen Handwerkern und einem zentralen Auftraggeber – in der Regel dem Staat – zu übernehmen. Die Auftragnehmer finanzierten den Rohstoffeinkauf und die Löhne für die Handwerker vor und wurden dann nach Fertigstellung pauschal bezahlt. Zu ihren Aufträgen gelangten sie meist durch staatliche Ausschreibungen. Ihre Gewinnspanne konnten sie nur durch möglichst billigen Einkauf und möglichst niedrige Entlohnung der Handwerker ausweiten.

Dieses System hatte sich schon bei staatlichen Bauaufträgen bewährt. Aus diesen Erfahrungen erwarb sich der Unternehmer aber von Anfang an einen schlechten Ruf. Manchmal wird er mit dem Ingenieur kontrastiert, der mit dem Unternehmer darum streiten muss, nicht an falschen Stellen einzusparen und damit die Sicherheit und Beständigkeit der Bauwerke zu gefährden. Der Unternehmer erscheint als Erbsenzähler und Pfennigfuchser, was verständlich ist, denn aus den Einsparungen bezieht er sein Einkommen. Im Gegensatz zum modernen Verständnis des Unternehmers ist der historische *entrepreneur* fast ausschließlich jener Akteur, der zu fixen Preisen verkauft und zu variablen Preisen einkauft.

Das Verlagssystem erwies sich nicht als langfristige Lösung für die Massen uniformer Güter, die nachgefragt wurden. Insbesondere die Herstellung von Uniformen war schwer zu »verlegen«, es wurde notwendig, dass sich die Unternehmer selbst um die Produktion kümmerten. Dazu schufen sie die ersten Fertigungshallen, sogenannte Manufakturen, zunächst mit Handwerkern unter Aufsicht zu einem Akkordlohn. Durch die Skalierung boten sich jedoch weitere Einsparungsmöglichkeiten an. Es bedurfte keiner Handwerksmeister mehr, um die zunehmend mechanisierte Produktion durchzuführen. Für die Manufakturen konnte man sich so nach und nach des zunächst fast unerschöpflichen Reservoirs an Proletariern bedienen.

Das Wort Proletarier kommt vom lateinischen Wort *proles*, das »Nachkommen« bedeutet. Die Unterschichten neigten dazu, Wohlstandssteigerungen durch gesteigerte Vermehrung auszugleichen. Ein Proletarier ist jemand ohne eigene Lebensgrundlage, das heißt ohne Boden beziehungsweise ohne Handwerk mitsamt der nötigen Werkzeuge und Kenntnisse. Die Manufakturen waren die ersten Fabriken; sie wurden vorwiegend mit Steuergeldern und Krediten finanziert und schufen Massenware. Diese Massenware fand neben dem Staat in der Moderne dann im künstlich vermehrten Massenproletariat neue Nachfrager. Nur dank dieser Skalierungseffekte (der Produktivitätsvorteile bei großer Massenproduktion uniformer Einheitsgüter) konnte das Proletariat auch ernährt und gekleidet werden; eine wahre Explosion materiellen Wohlstands war die Folge, der schließlich eine viel breitere Basis fand als den Staat.

Der Unternehmer als Ausführer staatlicher Aufträge hat sich tief in die Sprache und Erinnerung eingeprägt. Hier liegt auch der Grund für den seltsamen Bedeutungswandel des englischen Begriffs *undertaker*. Ursprünglich verstand man darunter jeden, der die Durchführung einer größeren Sache unternahm. Im *Universal Dictionary of Trade and Commerce* (1751–1755, London) werden *undertakers* als *dealers in business* (mit Geschäften Handelnde) beschrieben, die »Geld in den Händen der Goldschmiede halten« und etwa Häuser errichten, um sie zu verkaufen oder zu vermieten. Goldschmiede erfüllten damals die Funktion von Banken, sie bewahrten Ersparnisse für Kunden auf. Schließlich meinte *undertaker* nur noch den, der auf eigenes Risiko große Aufträge des Herrschers beziehungsweise des Staates übernimmt. Daher kommt die Assoziation, dass sich der *undertaker* um bedeutende öffentliche Angelegenheiten kümmert. Bei solchen Aufträgen handelte es sich zunächst etwa um den Bau von Befestigungsanlagen oder auch um die Organisation eines feierlichen Begräbnisses. Letztere Aufgabe sollte schließlich hängen bleiben und das Wort unbrauchbar für jede andere Verwendung machen, sodass sich die englischsprachigen Ökonomen später gezwungen sahen, das französische Wort zu übernehmen. Interessant ist, dass der *undertaker* diese enge Bedeutung in einer Zeit bekam, als die Begräbnisse kleiner und weniger feierlich geworden waren. Solche Entwicklungen werden oft in der Sprache kompensiert. Wie man auf Französisch von den *pompes funèbres* spricht, so wertete man im Englischen den kleinen Totengräber auf, indem man ihn ganz feierlich einen großen Zeremonienmeister in königlichem Auftrag nannte: den *undertaker*.

Der *undertaker* wird seitdem nur noch als Bestatter verstanden – der Staatsunternehmer hat sich also auch sprachlich als Totengräber des Unternehmertums erwiesen. Im französischen Sprachraum erfolgte im 17. und 18. Jahrhundert eine ähnliche Verengung des Begriffs, die zwar heute nicht mehr geläufig ist, aber doch nach wie vor die Wahrnehmung bestimmt. Auch der *entrepreneur* war primär derjenige, der große Aufträge ausführte – und diese Aufträge waren in aller Regel Staatsaufträge. Antoine Furetière erklärt den Begriff in seinem 1690 posthum erschienen Universalwörterbuch wie folgt:

> So nennt man in erster Linie die Baumeister von Befestigungsanlagen. [...] Man bedient sich eines *entrepreneur*, um die Armee mit Lebensmitteln und Munition zu versorgen.[25]

Durch ihre Nähe zum Staat waren die ursprünglichen *entrepreneurs* von Anfang an auf Privilegien bedacht. In Frankreich wurde den mit wertlosen Assignaten, dem frühen französischen Papiergeld, bezahlten Arbeitern das Verlassen ihres Arbeitsplatzes bei Todesstrafe (für »Desertion«) verboten. Gesetze stärkten die Position der Staatsunternehmer gegenüber ihren Zulieferern, fixe Lieferverträge minderten ihr Risiko. »Wirtschaftsförderung« sah oft so aus, dass Privatleute gezwungen wurden, Kontingente der neuen Massenwaren zu kaufen: so wurde etwa deutschen Kaufleuten eine Mindestmenge an Göttinger Tüchern vorgeschrieben. Tuchfabrikanten erhielten in der Regel das Privileg, dass niemand innerhalb eines großen Bannkreises legal dieselbe Tuchart anfertigen durfte. All diese Privilegien und Wettbewerbsbeschränkungen waren Möglichkeiten, die Unternehmer mit Gefälligkeiten anstatt mit Geld zu bezahlen – denn von letzterem kann die moderne Organisation »Staat« (im Gegensatz zur ursprünglichen Begriffsbedeutung) niemals genug bekommen. Bis 1789 wurden in Frankreich 582 mit staatlichen Exklusivprivilegien ausgestattete »Unternehmen« gegründet.

Die moderne Unternehmensform als juristische Person entstand erst sehr spät. Natürlich gab es immer Partnerschaften zum gemeinsamen Kapitalaufbau und zur Risikoaufteilung – wie die erwähnten Schiffgesellschaften. Die moderne *corporation* mitsamt ihrer *limited liability* (Haftungsbeschränkung) wurde jedoch als staatliches Privileg geschaffen. Inkorporiert wurde zunächst durch den König, später durch Erlässe demokratischer Gesetzesfabriken. Die ersten großen *corporations* waren Organe eines ausgelagerten Kolonialismus. Am berüchtigtsten ist die Niederländische Ostindien-Kompanie, der die merkantilistische Verwertung asiatischer Kolonien oblag. Deren Prokonsul J. P. Coen reklamierte bei seinen staatlichen Auftraggebern:

> Euer Ehren sollten aus Erfahrung wissen, dass der Handel in Asien unter dem Schutz und der Begünstigung von Eurer Ehren Waffen vorangetrieben und erhalten werden muss und dass die Waffen mit den Handelsprofiten bezahlt werden müssen; daher können wir den Handel ohne Krieg nicht fortführen und den Krieg nicht ohne Handel.[26]

Kein Wunder, dass der Handel einen schlechten Ruf erwarb und die alte ökonomische Erkenntnis, dass freier Handel zwischen Menschen (nicht Staaten) den Frieden fördert, in Vergessenheit geriet. Die damaligen Privilegien waren allerdings zum Teil notwendige Freiräume, um dem noch raren Unternehmertum Breschen in der starren Zunftstruktur zu schlagen. Die Zünfte leisteten dem Innovator und Industriellen oft Widerstand. Privilegien waren also gewissermaßen Freibriefe, die einigen wenigen Unternehmern ausgestellt wurden, um abseits der bestehenden Strukturen Neues zu wagen. Das dabei oft erteilte Monopol war auch ein Kompromiss, um die Zunftordnung nicht gänzlich zu entmachten. Dabei wurden entweder zeitlich begrenzte Monopole an Unternehmer zur exklusiven Produktion bestimmter Waren *(privilegium exclusivum)* oder gewisse persönliche Ausnahmegenehmigungen und Vorrechte *(privilegium protectivum)* vergeben.

Diese frühen Monopolunternehmen blieben allerdings auf Personen beschränkt. Selbst die Großkaufleute waren nach heutigen Maßstäben Kleinstunternehmer. Ein holländischer »Kontor« beschäftigte höchstens dreißig Angestellte, der größte französische Bankier dieselbe Zahl. Solche Unternehmen waren eher erweiterte Haushalte rund um einen Patriarchen, in denen die Angestellten am Familientisch saßen und oft im Hause lebten. Sobald sich diese Vorrechte und Monopole von der Person lösten, entstand das Unternehmen als lizensierte Rechtsperson. Diese »Kompanien« hatten zunächst eher den Charakter von Zünften mit ebenso strengen Regeln. Fernand Braudel berichtet von der *Merchant Adventurers Company*:

> So sind alle Mitglieder der Kompanie als »Brüder«, ihre Ehefrauen als »Schwestern« zu bezeichnen. Die Brüder haben zu Gottesdiensten und Beerdigungen gemeinsam zu erscheinen. Unschickliches Benehmen ist ihnen ebenso untersagt wie derbe Redensarten; sie sollen sich nicht betrinken und in der Öffentlichkeit nicht tölpelhaft aufführen, etwa eilig ihrer Post nachrennen, statt sie in ihrem Geschäft zu erwarten oder ihre schweren Tuchballen mit gekrümmten Rücken selber schleppen. Lautstarke Auseinandersetzungen, Beschimpfungen, Beleidigungen und Duelle sind gleichfalls verpönt. Die Kompanie ist eine moralische Instanz, gleichzeitig aber auch eine juristische Person mit eigener Leitung (Vorsteher, Abgeordnete, Richter, Sekretäre). Sie verfügt über ein Handelsmonopol und über das Privileg der ständigen Nachfolge (d. h. das Recht, sich fortzusetzen).[27]

Erst spät verdrängte die Aktiengesellschaft die regulierten Kompanien. Im 18. Jahrhundert trat schließlich die *corporation* in den USA den Siegeszug an. Auch diese Art der Rechtsperson war zum Teil ein staatliches Konstrukt. Die staatsnahen Banken und staatlichen »Chausseegesellschaften« (Verkehrsbetriebe) spielten dabei eine große Rolle. Diese *corporations* verfügen über exklusive Privilegien und politische Macht.

Die Konzentration der Wirtschaftsstruktur hin zu großen *corporations*, die zuerst von *entrepreneurs*, später von Managern geführt wurden, beschleunigte sich im 20. Jahrhundert dramatisch. Der wesentliche Grund dafür liegt in der Vernichtung des Mittelstandes und in der Aufblähung des Staats- und Bankensektors. Diese Entwicklungen sind die Folge der zunehmenden Enteignung und der künstlichen Konjunkturzyklen durch staatliche Inflationierung sowie der ungeheuren Zerstörungswut der Weltkriege und des durch den Krieg genährten Wachstums des Staatsapparates. Nach dem Ersten Weltkrieg hatte sich bereits die Zahl der Unselbständigen – Arbeiter, Angestellte und Beamte – verdoppelt, die Zahl der Selbständigen fast halbiert. Die Hälfte aller Handwerker war zum Militärdienst einberufen worden, etwa ein Drittel aller Handwerksbetriebe musste damals schließen. Ähnliches wiederholte sich im Zweiten Weltkrieg und setzte damit doch nur eine Entwicklung fort, die mit den großen Revolutionen begonnen hatte. Im revolutionären Frankreich wie im maoistischen China überlebten nur besonders staatsnahe Unternehmer als »patriotische Kapitalisten«. In China durften sie als »Direktoren« ihre Fabriken weiterführen. In Frankreich galt die Familie Peugeot als Vorbild »patriotischer« Unternehmer. Ihr erklärtes Ziel war es, für die französische Kriegsmaschinerie Stahl nach steirischem Muster herzustellen. Ähnliches wiederholte sich im Nationalsozialismus, wo die Unternehmer vollends zu Betriebsführern im Staatsdienst verkamen.

Sehen wir uns einige Beispiele früher Unternehmer an. Die verbleibenden *entrepreneurs* waren nicht nur Kriegsgewinnler, sondern auch Inflationsgewinnler. Dieses Muster, nach dem geschickte private Akteure an der staatlichen Kriegsführung und Geldverschlechterung in großem Stil mitverdienten, ist ein durchaus altes. Einer der berühmtesten Inflationsunternehmer war der Engländer Thomas Gresham, der den Machthabern alles lieferte, wofür sie bezahlten: Gold und Silber, Waffen, Munition, Informationen, Falschmünzen. Er ließ Münzen in den Niederlanden einschmelzen und bestach Zollbeamte, um Gold- und Silberbarren außer Landes zu schmuggeln. Darum trägt das Greshamsche Gesetz seinen Namen: Es bezeichnet die ökonomische Dynamik bei staatlichen Kursfestsetzungen für Münzen, die nicht der Realität entsprechen – die Folge ist, dass gutes Geld von schlechtem Geld verdrängt wird. Belohnt wurde Gresham für seine Dienste mit konfiszierten Kirchengütern. Ironischerweise zeigt sein Wappen eine Heuschrecke. Noch heute hängt dieses seltsame Wappentier als vergoldetes Nasenschild in der Londoner Lombard Street, wo das moderne Bankwesen entstand, jenes neue, sehr gewinnbringende Betätigungsfeld für Inflationsunternehmer. Greshams Motto unter dem Wappen lautete: *Fortune my*.

Inflation und Entwertung sind meist Versuche, den überschuldeten Staat zahlungsfähig zu halten. Die Verbindung von finanzkräftigen Unternehmern mit staatlicher Verschuldung und damit in Konsequenz Geldentwertung wurde besonders durch ein »Familienunternehmen« befördert: die Familie Rothschild, die beeindruckendes unternehmerisches Geschick viele Generationen lang innerhalb der Familie halten konnte. Dies gelang vor allem durch eine strenge Heiratspolitik, bei der stets innerhalb der Familie arrangierte Ehen geschlossen wurden. Ihre unternehmerische Laufbahn begann als Versandhandel für Antiquitäten. Aus Kundenkrediten und der Vermittlung von Münzen für die vermögende Kundschaft von Sammlern entwickelte sich nach und nach ein Bankgeschäft. Selbst vermögend wurden die Rothschilds aber durch die Vergabe und Vermittlung von Krediten an den Staat bzw. durch Spekulation in Staatsanleihen. Niall Ferguson beschreibt ihre unternehmerische Innovation:

> Das von ihnen entwickelte System erlaubte britischen Investoren (und anderen reichen »Kapitalisten« in Westeuropa), in Staatsschulden zu investieren durch den Kauf international handelbarer, festverzinster Inhaberobligationen (also übertragbarer Schuldverschreibungen). Die Bedeutung dieses Systems für die Geschichte des 19. Jahrhunderts kann nicht überbetont werden. Denn dieser wachsende internationale Anleihenmarkt brachte Europas wahre »Kapitalisten« zusammen: jene Elite von Menschen, die wohlhabend genug waren, Geld in solchen Anlagen zu binden, und ge-

> witzt genug, die Vorteile solcher Anlagen im Vergleich zu traditionellen Formen der Geldanlage (Boden, käufliche Ämter usw.) zu schätzen. Anleihen waren liquide. Sie konnten an fünfeinhalb Tagen von sieben (ausgenommen Feiertage) an den großen europäischen Börsen gekauft und verkauft und zu allen anderen Zeiten und an allen anderen Orten informell gehandelt werden. Zudem ermöglichten sie die Anhäufung großer Kapitalgewinne.[28]

Das Unternehmen Rothschild verfügte über zwei wesentliche Marktvorteile: einerseits ein für die damalige Zeit unerreichtes Informationsnetz, das aus der rapiden Briefkorrespondenz der über die Welt verstreuten Brüder und ihrer Agenten bestand, zum Teil mittels eigener Eilboten und Brieftauben. Andererseits hatten sie sich nach und nach ein politisches Netzwerk aufgebaut: Sie suchten und pflegten Kontakte in die hohe Politik, um so an *Insider*-Informationen zu gelangen, die Vorteile bei der Anleihenspekulation boten. Dahinter standen weniger verschwörerische Absichten oder bestimmte politische Agenden, sondern unternehmerischer Pragmatismus und unternehmerisches Genie.

Für das französische System des Staatsunternehmertums ist Gabriel-Julien Ouvrard ein typisches Beispiel. Der Sohn eines Papierhändlers begann zunächst mit Papieraufkäufen, Zucker, Kaffee und Baumwolle zu spekulieren. Er pflegte nahe Beziehungen zu den Staatsterroristen Jean-Baptiste Carrier und Robespierre sowie zu Minister Talleyrand. Der erste größere Staatsauftrag war die Lebensmittelversorgung der Marine. Durch Spekulation mit Assignaten gelangte er zu großem Reichtum; bald gehörten ihm zahlreiche Schlösser und 7.000 Hektar Wald. Später vergab er dem Staat hohe Kredite.[29]

Gute Beispiele aus dem alten österreichischen Kaiserreich wären etwa der tschechische Schuhfabrikant Tomáš Bat'a und der deutsche Industrielle Konrad Sörgel. Bat'a gewann über seinen Schwiegervater, der Leibarzt von Kaiser Franz Joseph I. war, Zugang zu höchsten Staatskreisen. So konnte er als kleiner Schuster aus Zlín eine erste große Bestellung von 50.000 Paar Schuhen für die Armee an Land ziehen. Zur Fertigung beschäftigte er Kranke und Krüppel aus staatlichen »Spitälern«. Im Ersten Weltkrieg hatte er in seinem »patriotischen Betrieb« 35.000 Menschen im Dienst.

Sörgel war der Sohn eines Nürnberger Kaufmanns, allerdings in Österreich als Staatsbeamter im Dienst. In seiner Funktion wurde er Chef von nicht weniger als vier Staatsunternehmen: der Nadelburger Metallwarenfabrik, der Wollenzeugfabrik in Linz, der k.k. Porzellanfabrik in Wien und der k.k. Spiegelfabrik in Neuhaus. Letztere war zunächst eine Privatunternehmung mit Staatsanteil, dann ein reines Privatunternehmen und später eine reine Staatsanstalt. Sörgel erwies sich in der Unternehmensführung als sehr erfolgreich und wurde für seine Verdienste später als Freiherr von Sorgenthal in den Adelsstand erhoben.[30]

Unternehmer als Projektemacher

Im englischen Sprachraum wurde der Begriff *undertaker* für den Unternehmer zunächst durch die neue Wortschöpfung *projector* abgelöst. Dieses Wort tauchte um 1600 auf und war ursprünglich eher ein Schimpfwort, das nach und nach auch eine positive Bedeutung gewann. Der Begriff fand auch ins Deutsche Eingang, geriet aber wieder in Vergessenheit. In der *Oekonomisch-technologischen Encyklopädie* (Berlin, 1773–1858) wurde der *Projektemacher* definiert als ein Mann, der allerley Anschläge macht, vorzüglich in nachteiligem Verstande.

Die negative Konnotation für die Projektemacher – oder kurz: Projektanten – kam eben daher, dass sich eine Häufung der neuen Unternehmer in der Nähe der Macht fand. Sie lagen mit ihren Ideen für Projekte den Mächtigen in den Ohren. Freilich, solange es keine Kapitalmärkte gab, war das die einzige Möglichkeit, größere Finanzmittel für gewagtere Projekte aufzutreiben. Sombart beschrieb die Projektanten als jene erfindungsreichen Köpfe, deren Lebenslauf darin bestand, allerhand Reform- und Neugestaltungspläne zu schmieden, und Fürsten, Große, Reiche im Lande für ihre Pläne zu gewinnen, sie zu ihrer Ausführung zu bewegen. Überall, wo einflußreiche Personen sind: an den Höfen, bei den Parlamenten begegnen wir solchen Projektemachern; aber auch auf der Straße, auf dem Markte stehen sie und halten ihre Ideen feil.[31]

Er träumt das Riesengroße. Er lebt wie in einem beständigen Fieber. Die Übertreibung seiner eigenen Ideen reizt ihn immer von Neuem und hält ihn in immerwährender Bewegung. Die Grundstimmung seines Wesens ist ein enthusiastischer Lyrismus. Und aus dieser Grundstimmung heraus vollbringt er nun sein größtes Werk: er reißt andere Menschen mit sich fort, dass sie ihm seinen Plan durchführen helfen.[32]

Daniel Defoe gab in seinem 1697 in London veröffentlichten *Essay upon Projects* eine interessante Definition für diesen Ur-Unternehmer. Er unterschied zwei Arten von Projektemachern – erstens: jene,

> die Meister darin sind, ihre Nachbarn an Schlauheit zu überbieten, richten ihre Gedanken auf private Methoden des Täuschens und Betrügens, eine moderne Art des Diebstahls, die genauso verbrecherisch und in mancher Hinsicht noch schlimmer ist. Dadurch wird ehrlichen Männern unter dem Anschein der Rechtschaffenheit ihr Geld abgeknöpft. Diese müssen dann alleine mit dem Urheber der Sache fertig werden, der hinter einem schützenden Vorhang oder an einem Zufluchtsort heimlich wirkt und sich sowohl der Ehrlichkeit als auch dem Recht widersetzt. Andere, von derselben Not getrieben, richten ihre Gedanken auf ehrliche Erfindungen, die auf der Grundlage von Einfallsreichtum und Integrität beruhen.[33]

Die ersten, negativen Projektemacher würden die deutliche Mehrheit stellen, nur eine kleine Minderheit sei ehrlich. Das würde auch auf die letzteren, die ehrlichen abfärben und die Unbeliebtheit der Unternehmer erklären. Hier haben wir eine der ersten Definitionen des ehrbaren Unternehmers:

> Der ehrliche Projektemacher hingegen ist jener, der durch anständige und klare Prinzipien von Verstand, Ehrlichkeit und Einfallsreichtum eine Vorrichtung zu hinreichender Vervollkommnung gebracht hat, von dem eine Ahnung hat, was er vorgibt, in niemandes Tasche greift, sein Projekt durchführt und sich mit dem wirklichen Ertrag als Profit seiner Erfindung zufriedengibt.[34]

Die unehrlichen Projektemacher würden meist durch eine persönliche Zwangslage dazu gebracht, auf Kosten gutgläubiger Mitmenschen schnelles Geld machen zu wollen. Defoe beschreibt sehr anschaulich und aktuell die Nachteile kurzfristig orientierten Unternehmertums, bei dem es nur um den schnellen »Exit« geht, wie man heute sagt. Ein solcher Unternehmer im negativen Sinne fände

> keinen anderen Ausweg, als irgendeinen Tand als neue Erfindung hochzujubeln, so wie Puppenspieler ihre Figuren groß daherreden lassen, um ein Spektakel zu bieten. Er bekommt dann ein Patent dafür, teilt es in Aktien auf und muss diese letztlich an den Mann bringen. Die Wege und Mittel, diese neue Marotte gigantisch anschwellen zu lassen, fehlen nicht; Tausend und Abertausend sind die geringsten Versprechungen seiner Rede, manchmal gar Millionen, bis der Ehrgeiz eines ehrlichen Gecken diesen sich dazu überreden lässt, sein Geld herzugeben. Dann (der Berg kreißt und gebärt eine Maus) bleibt es dem Abenteurer überlassen, das Projekt durchzuführen, und der Projektemacher lacht ihn dabei aus. Der Taucher soll dann am Themsengrund marschieren, der Salpetermacher Jauchegruben in die Häuser bauen, der Ingenieur Modelle und Windmühlen zum Wasserpumpen bauen, bis das Geld aufgestellt wird, um es durch Männer fortzuführen, die mehr Geld als Hirn haben – und dann: gute Nacht, Patent und Erfindung; der Projektemacher hat sein Geschäft getan und ist fort.[35]

Defoe sah mit dem Jahr 1680 ein neues Zeitalter hereinbrechen, das er das *Projecting Age* nannte. Die Not, die er als Mutter aller Neuerungen betrachtete, habe den Geist der Menschen so heftig bewegt, dass es zu einer historisch einmaligen Konzentration von Projekten und Erfindungen gekommen sei. Neben den *projector* tritt im Englischen der *adventurer*, der Abenteurer, der auch in Defoes Essay schon anklingt. Dieses Wort kommt vom lateinischen *advenire* mit der Bedeutung »(etwas wird in Zukunft auf einen) zukommen«. Gemeint ist jede Form von gefährlichem Wagnis. Bald kommt auch der Begriff *Merchant Adventurer* auf, um auf einen engeren, wirtschaftlichen Sinn Bezug zu nehmen. Gemeint sind damit insbesondere Grundstückspekulanten. In Dr. Johnsons *Dictionary of the English Language* von 1755 ist der *adventurer* definiert als:

> *He that seeks occasion of hazard; he that puts himself in the hands of chance.*
> (= Derjenige, der die Gefahr sucht und sich in die Hände des Zufalls begibt.)

Woher kamen plötzlich die vielen Projektemacher, warum gab es sie vorher nicht in hinreichendem Ausmaß, um ein Wort für sie zu prägen, und welche Wandlung erfuhren sie? Vom 17. bis zum 19. Jahrhundert erfolgte zunächst in Großbritannien und dann auch auf dem Kontinent eine tiefgreifende Umwandlung der Wirtschaftsstruktur. Heute spricht man von der Landwirtschaftsrevolution und der darauf folgenden industriellen Revolution. Doch es handelte sich dabei um lange fortschreitende Entwicklungen, deren Auslöser, Wirkungen und genauen Abläufe bis heute nicht gänzlich geklärt sind. Das Verständnis wird noch wesentlich dadurch erschwert, dass in diesem Zeitraum die großen Ideologien entstanden und widersprüchliche Zerrbilder entwarfen, sodass der Geschichtsschreibung nur bedingt vertraut werden kann.

Wir wissen, dass sich damals eine »alte Ordnung« auflöste, gefolgt von Besserem und Schlechterem, jedenfalls von Neuem, was für große Umstellungs- und Orientierungsprobleme sorgte. Die »alte Ordnung« bestimmte mit ihren feudalen und personalen Strukturen jene Zeit vor der Neuzeit, die man heute als »Mittelalter« zusammenfasst. Die Neuzeit erschien zunächst in der Tat als *Projecting Age*, als weiße Leinwand, auf die sich allerlei projizieren ließ und die den Schnellsten und Flexibelsten großartige Möglichkeiten bot. Die Gesellschaft wurde gründlich durcheinandergeworfen, da nun an die Stelle langfristiger Beziehungen (Hierarchien der Treue und Ehre) kurzfristige Projekte treten konnten, Interessengemeinschaften, die über gewohnte gesellschaftliche Grenzen hinausgehen. Der Utilitarismus trat seinen Siegeszug an: die Orientierung am Nutzen und die Bewertung nach dem Nutzen, den etwa ein Projekt für seine Träger bringt. Damit verbunden war eine Säkularisierung der Gesellschaft, der Staat trachtete danach, die gesellschaftliche und wirtschaftliche Rolle der Kirche zu übernehmen, um unmittelbar Nützlicheres hervorzubringen. Insbesondere das Kirchenvermögen lockte. In Großbritannien wurden konfiszierte Kirchengüter auf Adelige und bürgerliche Geldgeber des Königs verteilt. Durch die ihnen zufallenden riesigen Weideflächen waren vor allem Wollzüchtern große Skalierungsgewinne möglich, wodurch sich eine Wollindustrie ausbildete, die zur weiteren Ausdehnung der Weideflächen auf Auflösung der Allmenden drängte. Diese wenig effizient bewirtschafteten Gemeindeflächen standen den modernen Nutzenerwägungen im Weg. Tatsächlich führte die Konzentration von Ländereien in den Händen geschickter Landwirtschaftsunternehmer zu einer weit ertragreicheren Bewirtschaftung und damit zu einer besseren Lebensmittelversorgung. Diese bessere Versorgung erfolgte freilich nicht gleichmäßig. Im Zuge der Landkonzentration und Einhegung ehemaliger Allmenden *(enclosure)* entstand ein mittelloses Proletariat – ein geflügeltes Wort damals lautete: Die Schafe fressen die Menschen. Dieses Proletariat wäre in der Tat verhungert, wenn sich nicht der Wollzucht bald eine Textilindustrie angeschlossen hätte.

Mit besonderer Brutalität wurde die Säkularisierung auf dem Kontinent zunächst in Frankreich vorangetrieben, wobei die Kirchengüter gewaltsam umverteilt wurden. Wer bei dieser Umverteilung besonders geschickt taktierte, konnte zu einem großen Säkularisierungsgewinnler werden – ähnlich wie die Arisierungsgewinnler zu einem späteren Zeitpunkt an einem anderen Ort. In Frankreich waren jene in erster Linie unter den Bürgerlichen zu finden, während etwa in der Wallonie ähnlich wie in Großbritannien vor allem adelige Großgrundbesitzer zum Zug kamen. Auch hier führte die höhere Konzentration zu einer effizienteren Bewirtschaftung, zumal die Vermögenden genügend Kapital zur Industrialisierung aufbringen konnten, und die Region wurde so zu einer der wirtschaftlich erfolgreichsten. Doch unter diesem Erfolg litt die Sozialstruktur, und die einstigen Industriezentren sind heute trostlose Kaffs, in denen eine strukturkonservativ-sozialistische Mentalität herrscht und die hauptsächlich von Umverteilung leben.

In Frankreich wurde die Konfiskation von Kirchengütern geschickt zur Finanzierung des Staates und der Kriege genutzt. Inflationäres Papiergeld wurde ausgegeben, die schon erwähnten Assignaten, die vermeintlich durch Grundstücke gedeckt sein sollten. De facto handelte es sich um Staatsanleihen, die mit den Ländereien zurückgezahlt werden sollten. Da aufgrund der rasenden Entwertung diese Assignaten kaum freiwillig angenommen wurden, wurde der Handel mit und der Besitz von Edelmetallen verboten. Zudem mussten die Grundstücke aufgewertet werden, um diese frühe künstliche Hypothekenhausse aufrechtzuerhalten. Dazu wurde der gesetzliche Schutz des Landbesitzes gestärkt. Die Besitzer bekamen das Recht zur Einhegung ihrer Felder, und zusätzlich wurde die Allmende per Los auf sie aufgeteilt. Die durchschnittliche Grundstückgröße reduzierte sich dadurch im Gegensatz zu Großbritannien beträchtlich. Die neuen Landbesitzer besaßen in der Regel weder die finanziellen Mittel noch die nötigen Kenntnisse für eine effiziente Bewirtschaftung. Durch die Auflösung der Allmenden und der alten Feudalordnung verschwanden in kurzer Zeit die zwei traditionellen Formen der Armenversorgung. Den Armen war es nunmehr unter dem Vorwand des Schutzes von »Privateigentum« verboten, die Mahd-Ähren zu lesen und die Gräser nach der Heuernte zusammenzurechen. Ebenso schwer wog der Ausfall der »Sozialleistungen« seitens des feudalen Grundherrn: Vorschüsse zum Saatgutankauf, Armenfürsorge, Rechtsschutz, ärztliche Grundversorgung, Zugang zum Holz- und Laubsammeln im Wald. Anstelle der Feudalbeziehungen trat nun die Beziehung zum Staat, der freilich nur das verteilen konnte, was er zuvor anderen genommen hatte.

Diese Ausgangslage bildete den Nährboden für ein Unternehmertum, das eine so neuartige Größenordnung und Struktur aufwies, dass es dafür zuvor keinen Begriff gegeben hatte. Der *entrepreneur* entstand. Fünf Gründe waren hierfür maßgeblich: Erstens wurden die größten Unternehmen der alten Ordnung, die Klöster, radikal beschnitten, was zunächst erhebliche Versorgungslücken nach sich zog. An die Stelle kirchlicher Bauten traten zunehmend politische und militärische, die zu ihrer Errichtung nicht mehr auf die traditionellen Bauherren im Klerus zurückgreifen konnten. Zweitens schuf die revolutionäre Umverteilung durch die Politik große Möglichkeiten für geschickte Akteure im politiknahen Bereich. Die soziale Durchmischung machte sich auch dadurch deutlich, dass es möglich wurde, in kurzer Zeit sagenhaften Reichtum zu erlangen – und im nächsten Moment alles wieder zu verlieren. Drittens erzeugte die staatliche Inflationierung eine künstliche Hausse, die eine kontinuierliche Umverteilung hin zu staatsnahen Wirtschaftstreibenden auslöste (der sogenannte Cantillon-Effekt – mehr dazu später). Während einer Hausse lassen sich starke Hebeleffekte für große Unternehmungen ausnützen. Viertens trat der Staat als Nachfrager sehr großer Unternehmungen beziehungsweise sehr großer Mengen identischer Güter auf, was die bestehende Wirtschaftsstruktur überforderte. Fünftens entstand durch Auflösung der feudalen Ordnung ein Proletariat von Tagelöhnern, das in früheren Zeiten verhungert wäre, durch die Produktivitätssteigerung der einsetzenden Industrialisierung aber überleben konnte, wenngleich in einem erbärmlichen Dasein.

Erst als die wachsende Produktivität den Lebensstandard der Arbeiter beträchtlich gesteigert hatte, entstand der Sozialismus durch die Verbindung von neuer, materialistischer Ungeduld und altem, seelischem Unbehagen. Die Arbeiteraufstände und deren Ausnutzung durch bürgerliche sozialistische Intellektuelle waren keine Armenaufstände. Es war in der Regel die Verbesserung materieller Arbeitsbedingungen bei Verschlechterung seelischer Arbeitsbedingungen, die als Zunder für revolutionäre Funken diente. Ein berühmtes moderneres Beispiel dafür ist das Unternehmen von Henry Ford. Er zahlte die höchsten Löhne, verhalf seinen Arbeitern zu Eigenheim und Auto. Trotzdem oder vielmehr deshalb erhielten die radikalsten Gewerkschafter in seinem durch den Fließband-»Fordismus« zu höchster Effizienz (und daher Produktivität) getriebenen Betrieb die meisten Stimmen.

Unternehmer als Außenseiter

Angesichts der Vorgeschichte der Krieger und Staatsunternehmer überrascht es nicht, dass die historische Perspektive meist zu Unternehmerskepsis und Unternehmerfeindschaft führte. Es wird auch verständlich, warum sich Marxisten in ihrer Ablehnung des Unternehmers als antistaatliche Strömung gefallen können. Es steht jedenfalls außer Frage, dass es keine unternehmerische Leistung war, Gewalt als Steuerungsinstrument zu erfinden. Gewalt liegt in unserer Natur. Vielmehr bedeutete es oft ein Wagnis, ohne Gewalt auszukommen. Gewalt, Betrug, Anbiederung an die Machthaber korrelieren mit unternehmerischen Projekten der Vergangenheit, doch Korrelation ist noch lange keine Kausalität. Alle diese Phänomene begleiten die Menschheit seit Anbeginn und finden sich in jeder Bevölkerungsgruppe. Da Geschichte immer eine Auswahl darstellt, könnte die Kausalität sogar umgekehrt sein: nämlich, dass Unternehmer *nicht* überdurchschnittlich erfolgreich dabei sind, auf Kosten anderer zu leben, sondern dies ihnen überdurchschnittlich oft nachgesagt wird und eher auffällt, weil man ihnen seit jeher mehr Neid entgegenbringt.

Tatsächlich könnte der Erfolg durch Staatsnähe und Gewalt langfristig zu Lasten des Geschäftserfolgs gehen. Adam Smith beschrieb den ökonomischen Nachteil politischer Vorteile anhand der Britischen Ostindien-Kompanie:

> Es dürfte keine zwei Charaktere geben, die sich weniger vertragen als Kaufmann und Landesherr. Wenn der Kaufmannsgeist der englischen Ostindien-Gesellschaft aus dieser einen schlechten Landesherrn machte, so dürfte ebenso ihr Herrschersinn aus ihren Mitgliedern schlechte Kaufleute gemacht haben. Solange sie sich nur als Kaufleute betätigten, betrieb die Gesellschaft ihre Geschäfte mit Erfolg und konnte aus ihren Gewinnen den Aktionären eine mäßige Dividende zahlen. Seit sie zum Landesherrn wurde, sah sie sich [...] genötigt, angesichts drohender Zahlungsunfähigkeit den Staat um außerordentliche Hilfe anzugehen. In ihrer früheren Lage verstanden sich ihre Bediensteten in Indien als kaufmännische Angestellte: In ihrer gegenwärtigen Lage halten sich diese Bediensteten für landesherrliche Minister.[36]

Unternehmer, die im Fernhandel tätig waren, wirkten weit weg von der Heimat, traten also meist als Fremde in Erscheinung. Gleich, ob der Fremde als hochgerüsteter, technisch überlegener Kolonisator daherkommt oder als unbewaffneter Händler, die Sympathien hat er selten auf seiner Seite. Unternehmer sind oft Fremde, die erfolgreich sind, und solche erscheinen stets verdächtig. Der arme Migrant befindet sich zumindest noch in einer Opferrolle, und so kann sich der Autochthone ihm gegenüber besser fühlen. Interessanterweise schlug in der Geschichte den unternehmerisch erfolgreichen Fremden der jeweils größte Hass entgegen.

Der Händler ist gewissermaßen der Archetyp des Fremden, denn »[i]n der ganzen Geschichte der Wirtschaft erscheint der Fremde allenthalben als Händler bzw. der Händler als Fremder«,[37] so erkannte der Wirtschaftsphilosoph Georg Simmel. Fremde, schrieb Zygmunt Bauman, »bedeuten das Fehlen von Klarheit, man kann nicht sicher sein, was sie tun werden, wie sie auf die eigenen Handlungen reagieren würden; man kann nicht sagen, ob sie Freunde oder Feinde sind – und daher kann man nicht umhin, sie mit Argwohn zu betrachten«.[38] Diese Skepsis ist ein evolutionsbiologisches Erbe, dessen konkrete

Ausprägung allerdings vom kulturellen Umfeld abhängt. Wir treten daher Fremden häufig mit einem gewissen Grad an Skepsis, Vorsicht und geringerem Vertrauen gegenüber. In modernen individualisierten und anonymisierten Gesellschaften, in denen kleine konkrete Strukturen durch große abstrakte abgelöst wurden, ist der Fremde nicht die Ausnahme, sondern die Regel.

Der Ursprung des Handels liegt in dem zufälligen oder ritualisierten Zusammentreffen fremder Stämme und Gruppen, bei denen Gastgeschenke gewechselt wurden. Daraus entwickelte sich ein regelmäßiger Austausch wertgeschätzter Güter, daraus wiederum nach und nach Handelsmessen. Mit der Sesshaftigkeit und der Entwicklung von Städten kam schließlich der fahrende Händler auf, der Kaufmann, der seine Heimat verlässt, um in der Ferne als Fremder Handel zu treiben. Ein nicht ungefährliches Leben, kann doch die Grundskepsis, verstärkt durch die Furcht vor Betrug und Übervorteilung, trotz Gastrechts in Feindseligkeit umschlagen. Befürchtungen, die nicht unberechtigt waren, denn durch die lediglich einmalige Interaktion entfällt die spätere Strafe. Ein Beweis hierfür sind die Maßnahmen, die Obrigkeiten ergriffen, um die Kaufleute und ihre Kunden zu schützen.

Der erfolgreiche Händler und Unternehmer wird vielleicht eher als unangenehmer Spiegel wahrgenommen, denn billig einzukaufen und teuer zu verkaufen, das traut sich jeder in Unkenntnis der Tücken der Ökonomie zu. So ist auf den erfolgreichen Plünderer wohl nur der ebenso brutale, kräftige oder gut bewaffnete Konkurrenzräuber neidisch, auf den erfolgreichen Händler aber potentiell jedermann. Oft gilt das Händlervolk als Gegenteil des Kulturvolks. Ein solches Vorurteil findet sich auch bei Egon Friedell, der in seiner epochalen Kulturgeschichte beiläufig bemerkt:

> Die Holländer sind das erste große Handelsvolk der Neuzeit. Sie erinnern in ihrem harten und platten Materialismus, ihrem listigen und skrupellosen Erwerbsegoismus und ihrer turbulenten, verrotteten Oligarchie an die Phönizier; sie verdankten ihre wirtschaftliche Übermacht ebenso wie diese dem Umstande, dass sie in der Entwicklung des merkantilen Denkens den anderen Völkern voraus waren; und sie konnten ihre Vorherrschaft aus den gleichen Gründen nicht dauernd behaupten: ihrem emsigen und zähen Ringen fehlte es an einer höheren Idee und daher an wirklicher Lebenskraft.[39]

Hier mag ein Körnchen Wahrheit liegen, doch ist dieses Urteil gewiss übertrieben. Leider scheint es in der Geschichte offenkundig zu sein, dass ein Volk, das sich dem ehrlichen Erwerb widmet, gegenüber räuberischen Völkern meist im Nachteil ist. Bei letzteren werden Ressourcen für die Kriegsführung konzentriert, und solange sie neue Beute finden, können sie überleben, trotz innerer Wohlstandsvernichtung durch Zentralisierung und Kriegswirtschaft. Die optimistische Hoffnung, dass größere Freiheit mehr Innovationen hervorbringt, auch in der Kriegstechnik, trägt in den technologisch weniger dynamischen Zeiten kaum – und auch heute nicht – mit gänzlicher Gewissheit: Kriegstechnik verbreitet sich oft schneller, als sich der Vorteil der Entwickler halten lässt. Und da ist es vielleicht nicht ganz falsch, dass in einem Volk, in dem der materielle Vorteil des Einzelnen größere Bedeutung hat, die Weitergabe von Technik an Feinde eher und leichter vonstattengeht. Zudem ist es in der Tat verblüffend und erschreckend, wie sehr »höhere Ideen« die Kriegslust und damit aber auch die Wehrfähigkeit der Bevölkerung steigern können. Die emsigen und zähen Phönizier, zu denen auch die Karthager zählten, unterlagen letztlich zwar den Flächenstaaten mit deren zentralisierter Kriegsführung, sind aber auch ein Beispiel für die Kulturkraft von Händlern. Schließlich verdanken wir ihnen die wohl bedeutsamste kulturelle Innovation: unsere Schrift, eine Lautschrift. Die phönizische Schiffstechnik und Navigationskunst blieben lange unerreicht. Als Kulturträger verbreiteten die Phönizier im gesamten Mittelmeerraum Ideen, Mythen und Wissen aus Ägypten und Mesopotamien. Damit entfachten sie wohl das kulturelle Feuer des antiken Griechenlands. Bis heute erinnert eine libanesische Stadt, in der antike Gebäude überdauert haben, mit ihrem Namen an diese Leistung der Phönizier: *Byblos*. Die Griechen nannten so den ersten großen Hafen der Phönizier – wörtlich übersetzt: das Buch. Die Phönizier waren bekannt dafür, Unmengen Papyrus aus Ägypten zu importieren.

Die Kritik am kulturlosen Händlervolk bezieht sich wohl weniger auf praktische Errungenschaften, sondern auf jene unpraktischen Kulturleistungen, die heute Inbegriff der Hochkultur sind. Das mag daran liegen, dass ein erheblicher Teil dieser Hochkultur Hofkultur und Kirchenkultur war, also selbst eine gewisse Mittelzentralisierung voraussetzte. Zwar ist Mäzenatentum grundsätzlich auch ohne Plündern möglich. Doch der Vorwurf, dass vermögende Händler allzu knausrige Mäzene sind, lässt sich leicht machen. Es ist stets einfacher, mit geraubtem, geschenktem oder gewonnenem Geld freigiebig zu sein als mit hart erarbeitetem. Der Handel gilt zwar nicht als harte Arbeit, angesichts des offenkundigen Fleißes guter Händler ist dies aber eine Fehleinschätzung. Der Händler hat als Sprachrohr des Marktes, der wiederum das Telekommunikationssystem menschlicher Präferenzen und natürlicher Gegebenheiten ist, jedoch ein ewiges *Image*-Problem. Stets ist er der unbeliebte Botschafter unangenehmer Wahrheiten. Als Lagerhalter der Gesellschaft profitiert er von Verschärfungen der Knappheit. Darum gewinnen Händlervölker an den Kriegen und Plünderungen der anderen, bis sie selbst Opfer von Krieg und Plünderung werden. Das trägt zu ihrem schlechten Ruf bei.

In den Wanderungsbewegungen des späten Mittelalters und der Neuzeit sah Werner Sombart eine Ursache für die wirtschaftlichen Entwicklungen, da insbesondere die Auswanderer, die Fremden, als »kapitalistische Unternehmer« geeignet seien.[40] Seinen wirtschaftlichen Aufstieg verdanke etwa England zu einem nicht unerheblichen Teil der Immigration von Italienern, Holländern und Franzosen. Der wirtschaftliche Erfolg solcher Zuwanderergruppen könnte der Grundskepsis gegenüber Fremden durchaus eine Neidkomponente beigemischt haben. Ein Tenor, welcher sich auch in späteren Zeiten, vor allem gegenüber den Juden, immer wieder bemerkbar macht. Sowohl von Simmel als auch von Sombart werden die Juden als prototypische Fremde und Händler identifiziert. Simmel beschreibt in seiner *Philosophie des Geldes*, wie es kommt, dass bestimmte Volksgruppen als besonders geldaffin angesehen werden, was ihrer Beliebtheit nicht förderlich sei. Ebenjene Volksgruppen seien auch stets besonders genozidgefährdet. Simmel erwähnt deren mehrere:

> Die über alle spezifischen Zwecke erhabene Mittelsbedeutung des Geldes hat zur Folge, dass es das Interessenzentrum und die eigentliche Domäne solcher Individuen und Klassen wird, deren soziale Stellung sie von vielerlei persönlichen und spezifischen Zielen ausschließt. Dass den römischen Freigelassenen die volle bürgerliche Stellung mit allen ihren Chancen fehlte, bewirkte es, dass sie sich mit Vorliebe auf das Geldgeschäft warfen; und schon in Athen hatte, bei dem ersten Aufkommen reinen Geldhandels im

> 4. Jahrhundert, der reichste Bankier, Pasion, seine Laufbahn als Sklave begonnen. In der Türkei sind die Armenier, ein verachteter und oft verfolgter Volksstamm, vielfach die Händler und Geldleute – gerade wie es in Spanien unter ähnlichen Verhältnissen die Moriskos waren. In Indien sind diese Erscheinungen häufig: einerseits sind die sozial sehr zurückgedrängten und sonst mit scheuer Zurückhaltung auftretenden Parsen meistens Wechsler oder Bankiers, andrerseits, in manchen Teilen Südindiens, sind die Geldgeschäfte und Reichtümer in den Händen der Tschettis, einer Mischkaste, die wegen mangelnder Kastenreinheit ein sehr geringes Ansehen hat. So warfen sich die Hugenotten in ihrer exponierten und eingeengten Stellung mit größter Intensität auf den Gelderwerb, wie die Quäker in England. Vom Gelderwerb als solchem kann man, weil eben alle möglichen Wege gleichmäßig zu ihm führen, am wenigsten jemanden prinzipiell ausschließen.[41]

Als Hugenotten bezeichnete man die französischen Protestanten, die im Zuge der Verfolgung durch die katholischen Obrigkeiten eine sehr machtkritische, demokratische Lehre entwickelten. Diese Ideen gelangten über die Niederlande, wohin viele Hugenotten geflüchtet waren, schließlich nach England und nährten das liberale Denken. Als Minderheit, der viele Karrierewege in Frankreich verstellt waren, widmeten sich die Hugenotten also friedlichen Geldgeschäften. Die ersten berufsmäßigen Bankiers in Frankreich und später Deutschland waren Hugenotten. Der Zusammenbruch der französischen Wirtschaft am Ende des 17. Jahrhunderts, der gewiss einer der Faktoren war, der den Boden der Revolution bereitete, ist nicht zuletzt auf die Massenauswanderung der Hugenotten zurückzuführen, die ihre teilweise großen Vermögen mitnahmen.

Leider ist das Geld meist durch Machthaber monopolisiert. Dass sich so eine gewisse Nähe zur Macht ergeben kann, macht die Fremden umso verhasster. Insbesondere der Judenhass ist zum Teil ein Unternehmerhass, der aber durchaus nicht immer ohne Grund war. Da Juden von den einst strengen christlichen Beschränkungen, insbesondere hinsichtlich des Zinsnehmens bzw. Wuchers, ausgenommen waren, und die noch strengeren jüdischen Beschränkungen nur im Umgang mit Glaubensgenossen gelten, waren viele der staatlichen Kreditgeber Juden. Eine prominente Rolle spielten jüdische Händler als Heereslieferanten. Insbesondere die oben erwähnten »Inflationsunternehmer« waren meist jüdisch; so auch die sogenannten »Münzjuden«, etwa die in Berlin für den preußischen König tätigen Veitel Heine Ephraim und Daniel Itzig. Sie lieferten Silber an die Münze oder pachteten diese und verschlechterten das Geld durch Edelmetallreduktion in staatlichem Auftrag.

Wie andere Fremde waren Juden Außenseiter. Die Außenseiterrolle des Unternehmers erklärt die vermeintliche Überlagerung von Unternehmern und Schurken, wie sie in Defoes »Projektemacher« anklang. In einer erstarrten Gesellschaft sind die Neuerer meist Außenseiter. Angesichts der Abdrängung unternehmerischer Initiative ins Illegale durch Vorschriften und Zugangsbeschränkungen sollte es nicht verwundern, dass nicht nur die Ehrbarsten an diesen dunklen Ecken ihr Auskommen zu finden suchten. Genauso ist es heute noch im Bereich des Drogenhandels: Das Drogenunternehmertum ist überall dort, wo es in die Kriminalität gedrängt ist, eng mit Kriminellen verwoben. Fritz Redlich beschreibt die damaligen Unternehmerkreise als

> eine seltsam zusammengewürfelte Gesellschaft von Aristokraten, Bürgerlichen und sogar Juden, eine Gesellschaft von Betrügern, Sonderlingen, aber auch Männern mit einer außerordentlichen technischen oder sozialen Voraussicht und solchen, die in ihrem Denken ihrer Zeit weit voraus waren. Sie alle versuchten, bei den Mächtigen Gehör zu erlangen und Zugang zu den Geldern von Wohlhabenden zu finden, oft von wohlhabenden Gimpeln.[42]

In kurzen Phase der Geschichte und an wenigen Orten waren die Außenseiter frei von Verfolgung und konnten in der Mitte der Gesellschaft Fuß fassen. Den größten Teil der Menschheitsgeschichte hindurch war es lebensgefährlich, anders zu sein und Dinge anders zu tun als die Mitmenschen. Die Mächtigen gar zu überragen, das bedeutete sichere Plünderung und Tod. Die Hoffnung auf den ewigen Frieden zwischen den Menschen, die sich zu immer neuen Gräueln fähig erweisen, hat sich bislang nicht erfüllt, weder durch Wissenschaft noch durch Bildung, und schon gar nicht durch Technik. Am ehesten hat die Ökonomik diese Hoffnung begünstigt, doch hat sie sich damit furchtbar unbeliebt gemacht. Es ist ein Paradoxon, das wiederum

Rückschlüsse auf die menschliche Natur zulässt, dass jener Menschentypus, der am weitesten von seiner Natur entfernt und am deutlichsten zur Friedlichkeit kultiviert war, auch der wohl am stärksten verabscheute aller Zeiten war. Die Literatur ist voll des Hasses auf diesen vorgeblich »entarteten« Typus.

Dieser Typus ist der Bürger, der Bourgeois, der wenig kriegerisch ist, aber sehr unternehmerisch sein kann. Werner Sombart nannte ihn verächtlich den Wirtschaftsmenschen und widmete ihm ein ganzes Buch. Er sah den Bourgeois als einen Pol der Welt, als eine Extremform menschlicher Typen. Besser verständlich ist dieser Typus durch seinen absoluten Gegensatz, den Gegenpol zur bürgerlichen Natur: die erotische Natur. Sombart lieferte eine überzeugende Begründung dafür: »Untauglich zur Wirtschaftlichkeit sind die Verliebten.« Bourgeoisie, so dürfen wir psychoanalytisch schließen, wäre demnach disziplinierte Sublimation der Libido. Den erotischen Typus nannte Sombart auch die seigneuriale Natur. Er dachte dabei an den Krieger und Herrscher, den Guerillero und Rebell. Bürgerliche Naturen hätten als oberste Werte objektive, sachliche; seigneuriale Naturen subjektive, persönliche; die einen seien Pflichtmenschen, die anderen Genussmenschen; die einen seien Herdenmenschen, die anderen Einzelmenschen; die einen Ethiker, die anderen Ästhetiker: Letztere, die seigneurialen Naturen seien »wie Blumen, die ihren Duft nutzlos in die Welt verstreuen«, die Bürger hingegen »wie heilsame Kräuter und essbare Pilze«. Der Veranlagung nach seien die einen Künstler, die anderen Beamte.

Der Bourgeois war Sombart nicht sonderlich sympathisch. Darum versuchte er, ihn durch seine Vorgeschichte zu diskreditieren. Der Wirtschaftsbürger sei nämlich aus dem Raubritter hervorgegangen. Doch der ergaunerte Wohlstand habe den Bürger erschlaffen lassen bis zu jener langweiligen Figur, die er heute abgebe. Ursprünglich habe das Streben nach mehr Geld zunächst zu Hofdienst, Kriegsdienst und Alchemie geführt; der Unternehmergeist sei sodann als Kombination der Typen Eroberer, Organisator und Händler gereift. Das seien die Männer mit größter Tatkraft, die Sombart »Renaissancemenschen« nannte.

Der vollendete, moderne Bourgeois sei also in der Renaissance entstanden, er habe das Licht der Welt im Florenz des späten 13. Jahrhunderts erblickt. Als Inbegriff des Bürgers galt Sombart Leon Battista

Alberti, ein Baumeister und Sprössling einer alten Florentiner Wollhändlerfamilie, der in seinen Schriften im 15. Jahrhundert die gute Wirtschaftsführung als heilig bezeichnete und seine Söhne zu höchster Sparsamkeit ermahnte. Diese Vermählung von Wirtschaftlichkeit und Tugendhaftigkeit entspricht der heute wieder modernen »Wirtschaftsethik«. Verblüffend und etwas ärgerlich ist, dass letztere heute insbesondere von jenen eingefordert wird, deren ideologische Vorfahren den Bürger dafür einst verlachten. In der Tat kam es aber zu einer bisweilen übertriebenen Umsetzung, insbesondere im protestantischen Raum. Benjamin Franklin ist der Inbegriff dieser Übertreibung. Er schrieb über sich selbst:

> um meinen Kredit und meine Stellung als Geschäftsmann zu stärken, trug ich Sorge, nicht nur in Wirklichkeit arbeitsam und nüchtern zu sein, sondern auch allen Anschein des Gegenteils zu vermeiden. Ich kleidete mich darum schlicht; ich ließ mich nie an einem Orte sehen, wo nichtige Vergnügungen veranstaltet wurden; ich ging nie fischen, nie jagen usw.[43]

Man bemerkt die Intention und ist etwas verstimmt. Die »Wirtschaftsethik« ist eben allzu leicht bloße Fassade, so auch heute. Sombart beschreibt das Verkommen der Wirtschaftsethik vom Zweck zum Mittel:

> Nun hat aber [...] das Wort »Geschäftsmoral« noch einen andern Sinn [als Vertragstreue]. Es bedeutet auch eine Moral, die den Zweck verfolgt, geschäftliche Vorteile zu erlangen: also eine Moral fürs Geschäft, eine Moral aus Geschäft.[44]

Diese Entwicklung ist symptomatisch für die Degeneration des Bürgers. Die Tugenden sind nicht mehr Ausdruck eines starken Willens, sondern werden zum bloßen Mechanismus der Geschäftsführung: »Sie haben aufgehört, Eigenschaften lebendiger Menschen zu sein und sind stattdessen zu objektiven Prinzipien der Wirtschaftsführung geworden.« Der moderne Wirtschaftsmensch zeichnet sich nicht mehr durch die Willensstärke des Urunternehmers aus, sondern ist ein Getriebener des Systems. Er spart nicht mehr kraft seiner Tugendhaftigkeit, sondern, weil er gar nicht mehr anders kann als ein geiziger Spießer zu sein, der weder anderen noch sich selbst etwas vergönnt:

> Der moderne Wirtschaftsmensch [...] wird in den Strudel des wirtschaftlichen Betriebes hereingezogen und wird mit ihm fortgerissen. Er übt nicht mehr eine Tugend, sondern steht in einem Zwangsverhältnis. Das Tempo des Betriebes entscheidet über sein eigenes Tempo.[45]

Am Ende der Entwicklung steht der Betriebsführer, wie ihn Ludwig von Mises nannte, der Erfüllungsgehilfe staatlicher Bürokratie, die dem wahren Unternehmergeist keinen Platz mehr lässt:

> Und treffen wir nicht zahlreiche Unternehmer an, die uns eher wie Bureaukraten wie als Kaufleute oder Händler anmuten? Korrekt in ihrem Handeln, peinlich in ihrer Ordnung, wohl abgemessen in ihren Entschlüssen, mit starker Begabung für das Organisatorische, ohne starke draufgängerische Neigungen, vortreffliche Verwaltungsbeamte, die heute Oberbürgermeister einer Großstadt sind und morgen einer großen Bank vorstehen, die heute noch ein Ressort in einem Ministerium unter sich haben und morgen die Leitung eines Syndikats übernehmen.[46]

Unverständlich sind Sombarts Schlussfolgerungen, denn seine Vorbehalte gegen den Bourgeois sind völlig widersprüchlich. Einerseits, so zeigen seine Indizien durchaus überzeugend, sei der Unternehmer aus dem Freibeuter hervorgegangen und habe diesen abgelöst. Doch eben das sollte gerade für ihn sprechen. Sombart beschreibt die Erwerbsmethoden der Führungsschicht vor der Bourgeoise: Das Raubrittertum sei so weit verbreitet gewesen, dass Adelige das Rauben wie der Schuster das Schustern gelernt hätten. Bei allem Klagen über den schrecklichen Wettbewerb der Wirtschaftsmenschen darf man nicht vergessen, dass es doch stets ein Wettbewerb ohne Blutvergießen ist. Freilich, im Gegensatz zum Nirwana der friedlichen und kooperativen Ursippe mag das noch Anlass zur Verstimmung geben, doch dieses Nirwana ist eben rein imaginär. Der Bürger ist langweilig, weil er nicht raubt, brandschatzt und mordet.

Erstaunlich ist nun, was Sombart diesen langweiligen bürgerlichen Naturen, die sich von den urwüchsigen, erotischen abheben, später vorwarf: Sie seien erschlafft, weil sie sich letztlich einer seigneurialen Lebensführung hingegeben hätten! Sombart hat als Historiker zweifellos große Verdienste erworben, seine normativen Schlüsse sind jedoch dem damaligen Zeitgeist geschuldet. Über Italien und England, die Mutterländer der modernen Bourgeoisie, schrieb er:

> Die kapitalistische Herrlichkeit nimmt aber ein ziemlich rasches Ende. Zwar bleiben der rechnerische und der haushälterische Sinn dieselben; [...]. Aber der Unternehmungsgeist erlahmt. Wir können ganz deutlich verfolgen, wie in Süditalien schon seit dem Ende des 15. Jahrhunderts, in den übrigen Teilen des Landes seit dem 16. Jahrhundert die Freude am Erwerb und die geschäftliche Betriebsamkeit einer behaglichen, bald seigneurialen, bald rentnerhaften Lebensführung Platz machen. [...] England heute in einen Zustand »kapitalistischer Erschlaffung« eingetreten ist. [...] Der Unternehmungsgeist, das Interesse am Geschäft, die Arbeitslust verringern sich. Das alte *business*-Ideal verschwindet und macht einer ganz neuen Orientierung des Lebens Platz. Die Freude am Luxus, an seigneurialer Lebensführung, vor allem am Sport, verbreitet sich immer mehr und lähmt die wirtschaftlichen Energien.[47]

Der arme Bürger kann es offenbar niemals recht machen. Das liegt an seinen eigenen Maßstäben. So wie Lehrer unbeliebt sind, wenn sie zu streng *und* wenn sie zu wenig streng sind. Neben einem Benjamin Franklin fühlt man sich schlicht unwohl. Einem, der Buch führte über die eigene Askese durch penible Raster, in denen er sich selbst Plus- und Minus-Punkte eintrug. Solche Strebertypen sind universell verhasst. Ihre verkrampfte Tugendhaftigkeit hält den anderen nämlich einen Spiegel vor. Und weil uns aus dem Spiegel ein Affe entgegenblickt, beginnen wir wütend zu kreischen. Wie sehr wir diese Spießer hassen, die so tun, als wären sie besser als wir, als hätten sie keine fleischlichen Gelüste, als wären sie immer nur reinste Ratio, Norm, Disziplin!

Wenn es den Bourgeois nicht gäbe, müsste man ihn erfinden. Er ist die dringend nötige Zutat zu ideologischer Erotik, als Gegenpol, an dem sie sich reiben kann, so wie jede Erotik das Verhüllte und die Grenze voraussetzt. Carl Schmitt beschreibt den Bourgeois als ideologische Konstruktion:

> Auch die mit den Mitteln Hegelischer Dialektik unternommene Konstruktion des Bourgeois hat dazu gedient, ein Bild von einem Gegner zu schaffen, auf das alle Affekte von Haß und Verachtung sich häufen konnten. [...]

> Eine zuerst von Aristokraten geschaffene Spottfigur wird im 19. Jahrhundert von romantischen Künstlern und Dichtern weitergeführt. Seitdem die Wirkung von Stendhal sich verbreitet, verachten alle Literaten den Bourgeois, auch wenn sie von ihm leben oder wenn sie zur Lieblingslektüre eines bürgerlichen Publikums werden, wie Murger mit seiner Bohème.[48]

Heute ist dieser erotische Reiz des Bürgerschrecks deshalb großteils verflogen, weil sich kaum noch jemand schreckt. Darum muss die Dosis laufend erhöht werden: Minderheiten und sexuelle Geschmäcker dienen als Bürgersensorium – man fuchtelt so lange mit ihnen herum, bis sich endlich irgendwer irgendwo zumindest ein bisschen schreckt. Dann hat man endlich einen letzten Spießer gefunden, an dem man sich erotisch reiben kann. Dabei haben die Ideen auf dem ideologischen Schlachtfeld einige verrückte Wendungen durchgemacht. Marx und Engels richteten sich aus ganz anderer Intention gegen den Bürger, ihr Vorwurf im *Kommunistischen Manifest* ist offensichtlich reaktionär:

> Die Bourgeoisie, wo sie zur Herrschaft gekommen, hat alle feudalen, patriarchalischen, idyllischen Verhältnisse zerstört. Sie hat die buntscheckigen Feudalbande, die den Menschen an seinen natürlichen Vorgesetzten knüpften, unbarmherzig zerrissen und kein anderes Band zwischen Mensch und Mensch übriggelassen, als das nackte Interesse, als die gefühllose, bare Zahlung.[49]

Für die Masse war der Sozialismus schließlich erst in seiner spießigen Form genießbar. Die Sozialdemokratie ist wohl, paradoxerweise, einer der letzten Reste bürgerlicher Ideologie. Der sozialistische Psychologe Erich Fromm bedauerte dieses Absterben der Erotik:

> Sozialismus und Kommunismus wandelten sich rasch von einer Bewegung, die eine neue Gesellschaft und einen neuen Menschen anstrebte, zu einer Kraft, die das Ideal eines bürgerlichen Lebens für alle aufrichtete: der universale Bourgeois als Mann und Frau der Zukunft. Leben erst alle in Reichtum und Komfort, dann, so nahm man an, werde jedermann schrankenlos glücklich sein. Diese Trias von unbegrenzter Produktion, absoluter Freiheit und uneingeschränktem Glück bildete den Kern der neuen Fort-

schrittsreligion, und eine neue irdische Stadt des Fortschritts ersetzte die »Stadt Gottes«.[50]

Beim Revolutionär, der gegen die bürgerliche Langeweile aufbegehrt, kommen Heros und Eros zusammen. Die Erotik des Revoluzzers, mit dessen Konterfei sich Bürgerkinder schmücken und damit bürgerlichen Revolutionsvermarktern eine nie versiegende Einkommensquelle verschaffen, hat dieselbe Wurzel wie der Mythos des Helden. Wir erkennen nun, woher der Faschismusverdacht des Heldentums kommt: Er ist vollkommen richtig und berechtigt, aber keinesfalls wahr. In der Tat kontrastierte Sombart die Helden mit den »Krämern«. Carl Schmitt deutet den Faschismus ebenso als letztlich existentialistische Reaktion auf die Saturiertheit des Bürgertums.

So wird der Bürger schon ein wenig durch seine Feinde rehabilitiert. In der Tat, so der alte Vorwurf, ist das Bürgertum mit einem Streben nach Sicherheit verbunden. Schon im alten Rom kritisierte man diese Sehnsucht nach *otium*. Falsch verstanden, wird diese Sicherheit zum Gegensatz zur Freiheit – ein Umstand, auf den ironischerweise Benjamin Franklin hinwies. Doch das ursprüngliche Verständnis des Bürgers oder Bourgeois eröffnet einen Begriff von Sicherheit, der nicht nur kein Widerspruch, sondern die Grundvoraussetzung wirklicher Freiheit im Sinne der Eigenverantwortung ist.

Etymologisch ist der Bürger der Inhaber und Inwohner einer Burg, eines geschützten Bereichs; das Wort ist verwandt mit »bergen« und »bürgen«, die beide »schützen« bedeuten. Den ihnen gewährten Schutz sind sie natürlich auch selbst wiederum der Burg schuldig. *Burgus* bezeichnet ursprünglich eine befestigte Anhöhe, übernimmt später aber die Bedeutung eines umfriedeten Ortes, der für den Austausch und die Ansiedlung von Menschen vorgesehen ist. Ab dem 9. Jahrhundert wird der Begriff für einen solchen Ort in unmittelbarer Nähe einer Stadt oder in Verbindung mit einem Kloster oder einer Kirche gebraucht. Burgen stehen stets in Verbindung zu einem Zentrum, das sie vervollständigen. Der lateinische Begriff *civis* stammt von einem indogermanischen Wort für »sich niederlassen«, »siedeln«. Das deutet auf die Wichtigkeit des persönlichen Eigentums, d.h. vor allem des Grundeigentums hin. Es ist schwer vorstellbar, dass ein Bürger nicht auch Eigentümer zumindest seiner Wohnstätte ist.

Einen Bürger könnte man im klassischen Sinne definieren als eine Person, die ein politisches Gemeinwesen mitträgt, die aus eigenen wirtschaftlichen Mitteln mit ihm handelt und leidet. Notwendige Bedingungen hierfür sind persönliche Freiheit, wirtschaftliches Vermögen und Ehrenhaftigkeit. Wer also an den Kosten eines Gemeinwesens teilhat – wir wollen uns dabei zunächst eine mittelalterliche (und reichsunmittelbare) Stadt, eine griechische *polis* oder die Stadt Rom vorstellen –, der darf (und soll) auch teilhaben an den das Gemeinwesen betreffenden Entscheidungen. Er nimmt unmittelbar teil an der Verteidigung der Stadt, am Gerichtswesen und an der Verwaltung. Wo ihm das unmittelbare Mithandeln nicht möglich ist, bezahlt er für die Stadtverteidigung einen Ersatzmann, für die Verwaltung und die Justiz wählt er Vertreter (Bürgermeister, Richter etc.). Er selbst sitzt natürlich immer persönlich im Rat, wo er über alle nichtalltäglichen Entscheidungen abstimmt.

Der Bürger erscheint so durchaus als Idealtyp, der sich genau aus der Spannung zwischen den beiden Extremen definiert, die Sombart am Bürger kritisiert: zwischen dem rücksichtslosen Schaffensdrang des Unternehmers und der langweiligen Gewissenhaftigkeit des Buchhalters. »Geschäftsmoral« – das wäre doch ein schöner Kompromiss zwischen revolutionärem Wahn und dem saturierten Leben auf Kosten anderer.

Das Entstehen der bürgerlichen Gesellschaft ist eng verbunden mit der Verbreitung der unternehmerischen Berufung. Mehr Menschen verdienen ihren Lebensunterhalt durch die Wagnisse, neue oder bessere Produkte zu niedrigeren Preisen an neue Märkte zu bringen. Die Wirtschaftsstruktur schien sich zu wandeln – und die Historiker sind sich bis heute nicht einig, wie schnell, warum, in welcher Reihenfolge und unter welchen Bedingungen. Sombarts Ansatz, die Renaissance besonders hervorzuheben, hat Gewicht, denn in der Tat fallen die italienischen Handelsstädte aus dem üblichen Rahmen. Max Webers berühmte Gegenthese schrieb den Wandel der Reformation zu, dem aufkommenden »protestantischen Geist«, wofür auf Holland und Teile Deutschlands verwiesen wurde (während die Hanse im Zuge der Reformation eher im Abstieg begriffen war und damit ein Gegenbeispiel liefert).

Tatsächlich haben beide, Sombart und Weber, recht. Die italienische Renaissance bedeutete einen Geisteswandel, der einen Wirtschaftswandel nach sich zog. Doch insbesondere die holländische und die schottische Reformation brachten, indirekt, einen mindestens so bedeutsamen Geisteswandel hervor, der letztlich noch nachhaltigere wirtschaftliche Wirkung haben sollte. Es fand in beiden Fällen eine seltene Verbindung von Theorie und Praxis statt, die zu einer aktiven Wissbegierde, gekoppelt mit starkem Gestaltungswillen führte.

Die Renaissance hatte die europäische Kultur durch Rückbesinnung auf die Antike belebt, sie wirkte in die Universitäten, und die Universitäten wirkten in die Welt hinein. Fernand Braudel beschrieb die seltene Synthese von Wirtschaft und Kultur:

> Gelegentlich verbindet sich die praktische kaufmännische Schulung so mit echter Bildung und Kultur. Kein Mensch findet es im Florenz der Medici erstaunlich, dass die Kaufleute freundschaftliche Beziehungen zu den Humanisten unterhalten und z. T. selbst gute Lateiner sind; dass sie gern und gewandt schreiben und die *Göttliche Komödie* in- und auswendig kennen, so dass ihnen hin und wieder Zitate in die Feder fließen; dass sie den *Cento Novelle* Boccaccios zu großer Beliebtheit verhelfen und das geschraubte Werk Albertis *Della Famiglia* schätzen; dass sie sich tatkräftig für die neue Kunst, für Brunelleschi und gegen den noch dem Mittelalter verhafteten Ghiberti einsetzen; mit einem Wort, dass sie wichtige Träger jener neuen Kultur sind, die sich für uns mit dem Begriff Renaissance verbindet. So verdankt Florenz seine herausragende Stellung letztlich dem Geld, denn wie Richard Ehrenberg im Hinblick auf Rom versichert: Wo die Bankiers wohnen, sind auch die Künstler nicht fern.[51]

Die protestantische Reformation war zwar anfangs eher kultur- und fortschrittsfeindlich, führte aber nach und nach zu einer bürgerlichen Wissenskultur. Während die Wissenschaft im katholischen Europa zu stagnieren begann, knüpfte der Holländer Hugo Grotius (1583–1645) als erster Protestant an die scholastische Tradition an und entwickelte das Naturrechtsdenken weiter. Diese eher realistische, logisch-analytische und anti-mystische Tradition wurde durch Gershom Carmichael (ca. 1672–1729) nach Schottland gebracht; dieser ist einer der Begründer der Ökonomik. Gleiches gilt für einen anderen berühmten Schüler von Grotius, Samuel von Pufendorf (1632–1694), welcher ein Vorläufer der späteren Wiener Schule der Ökonomik war.[52] Carmichaels wichtigster Schüler war Francis Hutcheson (1694–1746), dieser wiederum war der Lehrer von Adam Smith.

Schottland war nicht nur wesentlich für die Wiederbelebung realistischer Ökonomik, sondern sollte auch eine besondere Bedeutung für das Unternehmertum bekommen. Im 16. Jahrhundert war Schottland durch John Knox calvinistisch geworden. Der rigide Protestantismus nach dem Muster des Genfer Reformators Johannes Calvin war zunächst totalitär, begünstigte aber die Alphabetisierung, bürgerliches Verantwortungsgefühl und Vertrauen. Als die strenge religiöse Zensur schließlich an Macht verlor, kam es zu einer literarischen Explosion, die Trägerin der schottischen Aufklärung wurde. Schottische Denker schufen Werke von Weltrang, vor allem in den Bereichen Ökonomik, Geschichte, Anthropologie, Moralphilosophie und Naturwissenschaft. Eines der bis heute bedeutendsten Lexika wurde von Schotten hervorgebracht: die *Encyclopaedia Britannica*.

Zu Beginn des 18. Jahrhunderts war Schottland noch eines der ärmsten Länder Europas, einige Fehlernten hatten Hungersnöte zur Folge. Die Schotten wurden gewissermaßen zu Innovation und Risiko genötigt und waren dazu auch in der Lage. Im Laufe eines Jahrhunderts entwickelte sich Schottland vom Armenhaus zur modernsten Nation Europas und prägte nachhaltig die Welt. Die schottische Aufklärung verband moralischen und ökonomischen Realismus mit einer besonderen Achtung der Natur- und Ingenieurwissenschaften. Wie die wissenschaftliche und kulturelle Verdichtung im späteren Wien des 19. Jahrhunderts, die auch die Wiener oder Österreichische Schule der Ökonomik hervorbrachte, war die schottische Aufklärung durch besonderen Realismus und die Betonung individueller Freiheit gekennzeichnet. Samuel Smiles begründete mit seinem Buch *Self-Help* (»Selbsthilfe«) die bürgerliche Tugenden vermittelnde Ratgeberliteratur. Neben Sparsamkeit und Pünktlichkeit betonte Smiles vor allem die Redlichkeit, welche er als Kardinaltugend des ehrbaren Kaufmannes ansah:

> Redlichkeit in Wort und That sollte der Eckstein jedes geschäftlichen Verkehrs sein. Dem Handelsmann, dem Kaufmann und dem Fabrikanten sollte sie dasselbe sein, was die Ehre dem Soldaten, die Barmherzigkeit dem Christen ist. [...] Was einem Lande hinsichtlich seiner Produkte und

> seines Volkscharakters einen Vorzug vor anderen Ländern verleiht, ist weniger der Mut, die Intelligenz und Tüchtigkeit seiner Kaufleute und Fabrikanten, als deren Weisheit, Sparsamkeit – und ganz besonders ihre Redlichkeit. [...] Der Handel stellt den Charakter vielleicht auf eine härtere Probe als irgend ein anderer Lebensberuf. Er ist der trefflichste Probierstein der Redlichkeit, Selbstverleugnung, Gerechtigkeit und Wahrhaftigkeit; und Geschäftsleute, die aus solcher Prüfung makellos hervorgehen, verdienen vielleicht ebenso hohen Ruhm als Krieger, die ihren Mut inmitten des Feuers und der Gefahren des Kampfes beweisen. Und zur Ehre der vielen Männer, die in den verschiedenen Zweigen des Handels thätig sind, glauben wir behaupten zu dürfen, dass sie im allgemeinen die Probe gut bestehen.[53]

Danach verfasste Samuel Smiles mehrbändige Biographien über die wichtigsten Ingenieur-Unternehmer seiner Zeit, die typisch für Schottland und später die USA waren: die *self-made men*. Ob hinter dieser Explosion des Unternehmertums höheres Selbstvertrauen oder eine hohe gesellschaftliche Vertrauenskultur standen, ist schwer zu entscheiden. Vermutlich ist letzteres soziologisch von größerer Bedeutung. Vielleicht sind Menschen eher bereit, individuelle Risiken einzugehen, wenn das gesellschaftliche Umfeld weniger riskant wird. Das wesentliche Charakteristikum einer bürgerlichen Gesellschaft ist jedenfalls hohes Vertrauen durch große Vorhersagbarkeit des Verhaltens – das heißt absolute Verlässlichkeit. So wie das Schultern von Ungewissheit und Gefahr durch den Krieger absolutes Vertrauen in die Kameraden voraussetzt, so könnte das unternehmerische Schultern von Ungewissheit eine Kultur der Verlässlichkeit voraussetzen: bei Handelspartnern, Zulieferern, Kunden und Mitarbeitern.

Eine der ersten Branchen, in denen schottische Unternehmer Erfolg hatten, war der Tabakhandel in Glasgow. Ein wesentlicher Bestandteil dieses Unternehmertums war die Möglichkeit des Scheiterns und die Unmöglichkeit staatlicher *bail-outs*. Private Gewinne standen privatem Verlust gegenüber, und zahlreiche Unternehmer gingen bankrott. Aus der Beobachtung der Glasgower Tabakunternehmer gewann Adam Smith wesentliche Einsichten über die Geschäftsrealität, was seine Ökonomik auf einen realistischeren Boden stellte. In ähnlicher Weise schärfte Carl Menger später in Wien an der journalistischen Beobachtung des Börsengeschehens sein Grundverständnis realer ökonomischer Phänomene.

Die schottischen Universitätsstädte ähnelten ihrem Geiste nach durchaus dem alten Wien, sie verfügten über dieselbe Salontradition, in der Praktiker, die im Welthandel zu Hause waren, und Theoretiker, die an der Realität interessiert waren, zusammenkamen. Die meisten schottischen Unternehmer lasen Griechisch und Latein, besuchten Vorlesungen, wie etwa die von Adam Smith, und diskutierten mit den Gelehrten. Die Hälfte aller Studenten waren 1790 Unternehmerkinder.[54] Die Unternehmer gründeten zahlreiche Assoziationen, in denen Wissenschaft und Kunst eine große Rolle spielten. Ähnliches vollzog sich später in Wien. Nicht nur die moderne Ökonomik hatte schottische und österreichische Väter, auch die moderne Physik: An der Universität von Glasgow wirkten Lord Kelvin und James Clerk Maxwell, in Wien Ludwig Boltzmann und Erwin Schrödinger. 1839 gründeten österreichische Unternehmer den Gewerbeverein, der im Gegensatz zu anderen Interessenvertretungen nie von Zwangsbeiträgen abhängig war. Seine Zielsetzungen decken sich mit denen schottischer Initiativen: Laut den Statuten sollte der Österreichische Gewerbeverein »mit theoretischen und praktischen Kenntnissen ausgestattete Männer« zusammenbringen, um durch ihr Vorbild das »Streben nach Belehrung und erhöhter Geschicklichkeit zu fördern« und »in der arbeitenden Klasse Liebe zu Arbeit und Sparsamkeit zu verbreiten«. Die Schwerpunkte sollten auf »Gewerbsindustrie, Wissenschaft und Künsten« liegen. Dazu wurde eine Bibliothek aufgebaut, die »die vorzüglichsten Werke und Zeitschriften über Gewerbe, Wissenschaft und Künste, eine Sammlung von Manufakturzeichnungen, Modellen, Gewerbserzeugnissen, und anderen zur Vermehrung nützlicher Kenntnisse dienenden Hilfsmitteln« öffentlich zugänglich machen sollte. Gelehrte, Künstler, Kaufleute und Fabrikanten im Ausland wurden als korrespondierende Mitglieder aufgenommen. Der Verein unterhielt Abteilungen für Mechanik, Physik und Chemie, schöne Künste, Naturgeschichte und Materialkenntnis sowie Handel. 1873 war der Gewerbeverein maßgeblich an der Organisation der Weltausstellung beteiligt und 1898 an der großen Jubiläumsaustellung – eine Leistungsschau der innerhalb der fünfzig Jahre der Regierungszeit von Franz Joseph I. beachtlich gewachsenen österreichischen Industrie. In der Rotunde, dem damals größten Kuppelbau der Welt, stellten die österreichischen Automobilfabrikanten ihre Wägen vor (große Namen wie später Porsche und Mercedes kamen aus Österreich-Ungarn).

Diese Verbindung von Wissenschaft und Unternehmertum, mit höchsten bürgerlichen Tugenden und starkem Erkenntnisdrang, dem Setzen auf Vorbildfunktion und der freien Debatte ohne Denk- und Sprechverbote war eine Neuerung. Man könnte von einer schottisch-österreichischen Aufklärung sprechen, die sich von der französischen darin unterschied, mehr auf Bürger und Unternehmer zu setzen als auf Politiker und Terroristen.

Sowohl die schottische als auch die österreichische Aufklärung lebte teilweise in den USA fort. Viele der berühmten *self-made*-Amerikaner hatten Wurzeln, die zu den einstigen Wirtschaftsflüchtlingen aus Schottland zurückreichen. Schottische Zuwanderer genossen einen guten Ruf:

> »Von allen Zuwanderern in unser Landen sind die Schotten am meisten willkommen,« schrieb der Unternehmer und Prohibitionist Neil Dow 1880. »Sie bringen uns Muskeln, Hirn, bewährte Fähigkeiten und Verlässlichkeit in vielen unserer großen Industrien, deren erfolgreichste«, so fügte er spitz hinzu, »sie selbst führen.« [...] Sie lebten nach der berühmten Maxime von Sir Walter Scott: »Ich bin ein Schotte und musste mir daher meinen Weg in die Welt freikämpfen.« Sie nahmen harte Arbeit als Selbstverständlichkeit in Kauf.[55]

Viele der amerikanischen Industriemagnaten waren schottische Unternehmer. So etwa Alexander Graham Bell, der in Edinburgh aufgewachsen war und dort die Universität besucht hatte. Oder Robert McCormick, der die Landwirtschaft mit Maschinen revolutionierte. Oder Andrew Carnegie, dessen *Carnegie Steel Corporation*, später *United States Steel*, eines der ersten vertikal integrierten Großunternehmen war. Carnegie erkannte die Bedeutung von Skaleneffekten und modernem Management.

In Schottland selbst, wie auch in Österreich, schwand letztlich das Unternehmertum, und die wenigsten Unternehmerdynastien überlebten. Schottische Unternehmerkinder orientierten sich am englischen Adel und zogen Jagd und Cricket wirtschaftlichen Wagnissen vor. Österreichische Unternehmerkinder orientierten sich an der k.u.k.-Bürokratie und zogen stabile Beamtenlaufbahnen und intellektuell-ideologische Weltverbesserungspläne vor.

Die Ökonomik des Unternehmertums

Ein tieferes Eintauchen in die Geschichte gleicht der sprichwörtlichen Suche nach der Nadel im Heuhaufen. Um nicht allzu schnell die Orientierung zu verlieren und falschen Fährten zu folgen, ist es gut, vorher grob zu wissen, wonach man sucht. Ökonomik ist eine der Hilfswissenschaften, die eine Ordnung und Deutung von Geschichte erlauben. Sie sollte uns einen Hinweis darauf geben, welche Phänomene sich hinter dem Unternehmertum verbergen. Seltsamerweise hat die moderne Volkswirtschaftslehre eine Analyse des Unternehmertums weitgehend vernachlässigt. Das ist erklärungsbedürftig und verrät uns mehr über diese Lehre als über die Welt.

Nach dem Erfolg der Naturwissenschaften haben sich auch die Sozialwissenschaften um Präzision und Empirie bemüht. Doch der Mensch in seiner beeindruckenden Komplexität, insbesondere in sozialen und wirtschaftlichen Zusammenhängen, enttäuscht die Datensammler. Der größte Teil der Daten ist irrelevant für die Zukunft, es handelt sich um die rein anekdotischen Äußerungen, Reaktionen, Vorlieben, Geschmäcker, Irrtümer und Versuche, in die sich nur im Nachhinein Muster hineininterpretieren lassen. Zwar wiederholen sich Menschen, sind oft vorhersehbar, folgen Mustern, imitieren andere, handeln instinktiv. Doch jene Handlungen, welche die Zukunft verändern, sind im Vorhinein nicht von den unendlich vielen übrigen Datensätzen zu unterscheiden. Der Mensch ist lernfähig und fähig zu überraschen. Das macht seine Freiheit aus.

Gäbe es keine Veränderung, würde das Datensammeln einmal an ein Ende gelangen. Die Suche nach Gesetzmäßigkeiten könnte dann ungestört voranschreiten, um die Konstanten des menschlichen Verhaltens zu entdecken. Doch die Menschen hören nicht auf, zu überraschen, und Veränderung ist unvermeidlich. Seit Anbeginn verändert der Mensch seine Umwelt, und seine Umwelt ihn. Die gegenseitigen

Abhängigkeiten verstärken die grundlegende Unvorhersagbarkeit der Zukunft, die nicht bloß unbekannt, also ungewusst, sondern ungewiss ist.

Wenn das menschliche Handeln stetiger Veränderung unterliegt, dann gibt es keine Konstanten der Gesellschaft oder Wirtschaft. Wenn es keine Konstanten gibt, dann braucht man die Variablen erst gar nicht anzuführen, denn alles ist dann variabel. Dann kann man keine Gleichungen aufstellen und keine Präzision erreichen. Das ist enttäuschend für Sozial- und Wirtschaftswissenschaftler, die gerne die Autorität von Naturwissenschaftlern genießen würden. So kam es, dass ein vollständiges Modell des Wirtschaftens entwickelt wurde, das ohne die Komplikation der Veränderung auskommt.

Ohne Veränderung wäre die Wirtschaft im Gleichgewicht. Eine solche Gleichgewichtswirtschaft lässt sich bestens mit Gleichungen beschreiben und mit Graphen abbilden. Bloß hat sie nichts mehr mit der Wirklichkeit zu tun. Aber sie sieht richtig »wissenschaftlich« aus, sie ist präzise, erlaubt quantitative Vorhersagen und mit dem höchsten Pathos der »Wissenschaftlichkeit« daherkommende Studien.

In einer solchen statischen Volkswirtschaftslehre stehen sich die festen Größen von Angebot und Nachfrage gegenüber so wie Arbeit und Kapital. Kapital ist dann eine homogene Rechengröße, bei der es allein darauf ankommt, wie viel man davon hat. Wer genug davon hat, muss nicht mehr arbeiten, sondern überlässt die Arbeit denen, die weniger davon haben. Geld ist in diesem Modell eine bloße Recheneinheit messbarer Zahlen, es hat keine reale Substanz, sondern liegt als Schleier über der Wirtschaft, so wie ein digitales Verzeichnis aller Bestände.

Sowenig eine solche Modellwirtschaft echtes Geld benötigt, sowenig braucht sie reale Unternehmer. Alles, was diese profitieren, müssten andere an Verdienst einbüßen. Die statische Volkswirtschaft ist ein Nullsummenspiel, bei dem es vorrangig um Verteilung und Zuteilung geht. Kapital, Geld, Unternehmertum werden zu ideologischen Begriffen ohne »wissenschaftliche« Grundlage: Die erdachte und modellierte Wirtschaft kommt bestens ohne sie zurecht.

Das ist der Grund, warum die moderne Volkswirtschaftslehre ausgerechnet in den Bereichen Kapitaltheorie, Geldtheorie und Unternehmertheorie solche Lücken aufweist. Der Unternehmer als persönlicher Umsetzer wirtschaftlicher Veränderung ist zwar seit der Renaissance unübersehbar, fiel aber eher den Historikern und Moralphilosophen ins Auge als den Ökonomen.

Risiko und Ungewissheit

Realistische Ökonomik erkennt die Dynamik menschlichen Handelns: Zwischen gewähltem Mittel und erstrebtem Ziel vergeht Zeit, die Ziele ändern sich, die Menschen irren sich und lernen, ändern ihre Wünsche und erträumen neue. Menschen müssen handeln, um eine Veränderung hervorzubringen, doch diese Veränderung ist nicht beliebig steuerbar, vorhersehbar und kontrollierbar – die Welt ändert sich rund um die Menschen, und die Menschen inmitten der Welt. Die Welt ist so beschaffen, dass die Zeit in eine Richtung weist und der Rückweg ausgeschlossen ist. Menschliches Handeln in der Zeit bedeutet notwendigerweise Ungewissheit: Unwissen über alle Anfangsbedingungen, Ungewissheit des Ausgangs einer Handlung, Unvorhersagbarkeit der Welt.

Jede Veränderung ist ungewiss und daher jede Handlung riskant. Auf der Grundlage von Erfahrungen und durch Lernen von Vorbildern versuchen wir, dieses Risiko zu minimieren. Nicht jede Handlung scheint dabei in gleichem Ausmaß ungewiss. Wir können uns an Regelmäßigkeiten der Natur und unserer Umwelt orientieren. Auf manche Entscheidungen kann aber keine Erfahrung und kein Rat vorbereiten. Überraschungen sind unvermeidbar. Manche Änderungen sind überraschender als andere, manche Handlungswege bergen größere Überraschungen als andere, und manche Menschen fürchten Überraschungen weniger als andere. Diese Variation von erlebter und angestrebter Ungewissheit könnte ein realer Hintergrund der Muster sein, die Menschen mit dem Begriff Unternehmertum zu fassen versuchen.

Bereits Denker der Scholastik versuchten, Variationen der Ungewissheit zu beschreiben und mit wirtschaftlichen Phänomenen in Zusammenhang zu bringen. Es handelte sich dabei um eine interessante Differenzierung zwischen Risiko und Ungewissheit, die erst im letzten Jahrhundert von Frank H. Knight (1885–1972) wiederentdeckt wurde. Der Begriff des *periculum sortis* bezeichnete das Risiko im Sinne einer bestimmbaren und aggregierbaren Ausgangswahrscheinlichkeit, bei der es sich in der Form des Ausfallsrisikos auch um eine der in der scholastischen Philosophie anerkannten Zinskomponenten handelt. Demgegenüber steht die Ungewissheit, die mit dem aristotelischen Begriff der *ratio incertitudinis* beschrieben wurde.

In seinem berühmten Buch *Risk, Uncertainty, and Profit* (1921) illustrierte Frank Knight einen ähnlichen Gegensatz. Zur Unterscheidung bemühte er ein Beispiel des deutschen Ökonomen Hans von Mangoldt (1824–1868) über die Wahrscheinlichkeit des Berstens von Champagnerflaschen bei der Produktion. Es ist zwar gänzlich unvorhersehbar und daher ungewiss, welche Flasche bersten wird. Doch eine bestimmte Quote von Flaschen wird immer brechen, und diese Anzahl ist relativ gleichmäßig, somit grundsätzlich vorhersehbar und versicherbar.[56] Der Champagnerhersteller wandelt durch die Skalierung eine Ungewissheit in ein Risiko um. Die Ungewissheit des Flaschenverlusts wird, egal wie viele Flaschen zu Bruch gehen, zu einem reinen Kostenfaktor. Die Herstellung selbst ist nicht ungewiss. Knight sieht hier das Prinzip wirken, nach dem auch Versicherungen agieren. Die Zunahme des Unternehmertums in einer Gesellschaft würde also zu einer wachsenden Übersetzung der Ungewissheiten des Lebens zu berechenbaren Faktoren führen – wenn sich die Welt und die Menschen nicht laufend verändern würden. Der Unternehmer absorbiert Ungewissheit durch Erfahrung, Prozessoptimierung, Wagnis und Skalierung.

Tatsächlich hatte der erwähnte Mangoldt in seiner Schrift *Die Lehre vom Unternehmergewinn* nicht nur das Beispiel, sondern diese Unterscheidung vorweggenommen. Er kontrastierte »Unregelmäßigkeit des Erfolges« mit »Gefahr«, wobei im eigentlichen Sinne der Unternehmergewinn durch das Tragen von Gefahr, also Ungewissheit verdient werde.[57] Der österreichische Ökonom Ludwig von Mises wählte später eine ähnliche Unterscheidung und empfahl die etwas weniger starken, dafür klareren Begriffe *case probability* und *class probability*, Fallwahrscheinlichkeit (»ungewiss«) und Klassenwahrscheinlichkeit (»riskant«).[58]

Die scholastische Philosophie war einer ökonomischen Klärung der Unternehmerfunktion bereits sehr nahe gekommen. Um so mehr erstaunt, dass der Unternehmer plötzlich wieder aus dem Blickfeld der Ökonomie verschwand. Erst Richard Cantillon (1680–1734), ein irischstämmiger Ökonom mit spanischem Namen, der auf Französisch schrieb, war es schließlich, der den Begriff *entrepreneur* in seiner ökonomischen Bedeutung prägte. Im seinem *Essai sur la Nature du Commerce en Général* beschrieb Cantillon die Unternehmerfunktion als jene eines »Risikonehmers«, dessen Aufgabe in der Allokation von Produktionsmitteln liege. Diese Aufgabe würde dann bei Adam Smith einer unpersönlichen »unsichtbaren Hand« überlassen werden, was den Unternehmer als »sichtbare Hand« des Wirtschaftsgeschehens weiter in den Hintergrund rücken ließ.

Cantillon betonte, dass für bestimmte wirtschaftliche Akteure die Preise, zu denen sie verkaufen, ungewisser sind als die Preise, zu denen sie einkaufen. All diese Akteure nannte er »Unternehmer« *(entrepreneurs)*, als Beispiele zählte er auf: landwirtschaftliche Pächter, Handwerker, Großhändler, Kleinhändler, Gastwirte. Als »Unternehmer ihrer eigenen Arbeit« ergänzte er Ärzte und Rechtsanwälte. Das Unternehmertum des Landwirts schilderte er beispielsweise so:

> Der Landwirt ist ein Unternehmer, der dem Grundeigentümer für seine Landwirtschaft oder seinen Boden die Zahlung einer festen Geldsumme verspricht (die nach allgemeiner Annahme einem Drittel des Bodenertrags entspricht), ohne Gewissheit über den aus dieser Unternehmung zu ziehenden Gewinn zu haben. Er setzt einen Teil dieses Bodens ein, um Vieh zu füttern, Getreide, Wein, Heu etc. nach seinen Plänen zu produzieren, ohne vorhersehen zu können, welche dieser Waren den besten Preis erzielen wird. Dieser Warenpreis wird teils von der Jahreszeit, teils von der Nachfrage abhängen; wenn es angesichts der Nachfrage ein Überangebot von Weizen gibt, wird er günstig sein, wenn Knappheit besteht, wird er teuer sein. Wer kann denn die Geburten- und Sterbezahlen der Bevölkerung im Laufe eines Jahres vorhersagen? Wer kann die Steigerung oder Minderung der Familienausgaben vorhersehen? Nichtsdestotrotz hängt der Preis der Waren des Landwirts natürlich von diesen Ereignissen ab, die er nicht vorhersehen könnte, und daher führt er das Unternehmen seiner Landwirtschaft mit Ungewissheit.[59]

Cantillon unterschied letztlich alle wirtschaftlichen Akteure in mehr oder weniger unternehmerische. Unternehmer im engeren Sinne seien all jene, die ein unbestimmtes Einkommen beziehen:

> [...] alle Einwohner eines Staates, ausgenommen der Fürst und die Grundeigentümer, sind Abhängige; die man in zwei Klassen einteilen kann, nämlich in Unternehmer und Gagenbezieher. Unternehmer sind gleichsam Bezieher ungewisser Gagen, und alle anderen sind Bezieher gewisser Gagen, auch wenn ihr Rang und ihre Funktionen ganz unterschiedlich sein mögen. Der General unter Sold, der Höfling mit seiner Pension und der Hausangestellte mit seinem Lohn fallen alle unter diesen letzten Typus. Alle anderen sind Unternehmer, ob sie nun Kapital zur Unternehmensführung einsetzen oder nur Unternehmer ihrer eigenen Arbeitskraft ohne Kapital sind, und wir können sie als im Ungewissen Lebende ansehen; selbst die Bettler und Diebe sind Unternehmer dieser Klasse.

Leider geriet aber auch Cantillon in Vergessenheit und wurde erst im 19. Jahrhundert von William Stanley Jevons (1835–1882) wiederentdeckt, einem frühen Weggefährten der Wiener Schule, der letztlich allerdings den Realismus zugunsten besserer Formalisier- und Modellierbarkeit opferte. Die Beziehung zwischen Unternehmern und Risiko blieb im ökonomischen Diskurs nur noch als Klischee übrig. So hält sich bis heute der Eindruck, dass Unternehmer besonders »risikofreudig« seien im Sinne einer Gefahrenliebe. Der Unternehmer gilt oft als Spielertyp, der große Einsätze wagt. Unter den verzerrten Bedingungen der Neuzeit wird dieser Eindruck noch durch das Wort vom »Casinokapitalismus« genährt. In einem echten Casino wandelt nur einer Ungewissheit in Risiko um: die Bank. Der Casinounternehmer ist also ein Casinobetreiber, der selbst das Gegenteil des Spielers darstellt. In einem Casino, in dem Spielsüchtige die Bank gekapert haben und nun aus scheinbar unerschöpflichen Mitteln die Spieltische nach und nach dominieren, die Gäste aber unter Zwang dazu genötigt werden, an den Tischen zu bleiben, sollte man weder von »Kapitalismus« noch von Unternehmertum sprechen.

Unternehmer schaffen nicht Ungewissheit, sondern schultern sie. Leider hat sich Knights Unterscheidung nicht durchgesetzt, daher wird im allgemeinen Sprachgebrauch nicht zwischen Ungewissheit und Risiko unterschieden. »Risiko« klingt nach hohen, waghalsigen Einsätzen. Tatsächlich ist Unternehmertum auf Minderung von Ungewissheit angewiesen. Die »Bank« im Casino wandelt unternehmerisch die Ungewissheit des Spielausgangs in das kalkulierbare Risiko einer

Klassenwahrscheinlichkeit um. Das kann auch bei einzelnen Spielen gelingen, sofern es nicht nur auf Glück ankommt. Der Unternehmer mag als Glücksritter erscheinen, aber nur, weil er etwas erkannt hat, was andere nicht erkennen: nämlich wie man dem Zufall entgehen kann. Das zeigt sich etwa an professionellen Pokerspielern, die den Zufallsaspekt zu kompensieren versuchen. Der Mehrfach-Unternehmer und Pokerspieler Stuart Skorman schildert den Gegensatz zum Glücksspieler:

> Die besten Pokerspieler haben die Geduld, auf gute Karten zu warten. Daher spielen sie nur einen Bruchteil der Karten aus, die ihnen ausgeteilt werden. Spieler, die unbedingt jedes Pokerblatt ausspielen wollen, können manchmal viel gewinnen, aber viel öfter verlieren sie viel. [...] Es mag kontraintuitiv klingen, aber eine meiner größten Stärken ist es, dass ich kein Glücksspieler bin. Professionelle Pokerspieler betrachten das Spiel als Geschäft. Sie erkennen, dass Glücksspiel schlecht für das Geschäft ist. [...] Sie verstehen, dass Glücksspieler letztlich verlieren, weil Spielen bedeutet, sich auf das Glück und nicht auf die Fakten zu verlassen. Profis gewinnen, indem sie darauf warten, dass ihnen Glücksspieler unterkommen.[60]

Andererseits ist die Wahrscheinlichkeit, mit einer neuen Unternehmung zu scheitern, ziemlich hoch. Wenn man die Überlebensfähigkeit von neu gegründeten *Start-ups* empirisch betrachtet, liegt die Quote des Scheiterns höher als der Zufallswert von 50 Prozent. Könnten Unternehmer daher doch eine höhere Risikopräferenz aufweisen? Risikopräferenz nennt man in der Ökonomik die sich von Mensch zu Mensch unterscheidende Bereitwilligkeit, sich Gefahren auszusetzen. Eine hohe Risikopräferenz zeigen etwa Extremsportler. Andererseits legen professionelle Extremsportler besonders hohen Wert auf Risikominimierung durch besonders gewissenhafte Sicherheitsvorkehrungen. Was gefährlich aussieht, muss für den geübten Akteur gar nicht besonders gefährlich sein. Der Aspekt der gewissenhaften Absturzsicherung beim Gipfelsturm zeigt sich etwa bei erfolgreichen Spekulanten. Fast immer liegt der Erfolg in einer guten Risikominimierungsstrategie durch Reduktion der *downside*.

Unternehmer sind gewiss nicht bloß deshalb »Andersmacher«, weil sie besonders risikoaffin wären. Veränderung wird selten durch Tollkühnheit hervorgebracht. Die Tugend des Mutes liegt von der Tollkühnheit genauso weit weg wie von der Feigheit. Darum ist es ein völlig falscher Ansatz, Manager durch fantastische Aussichten auf Erfolgsboni und damit erhöhte Einsätze am »Spieltisch« unternehmerischer machen zu wollen. Die so künstlich verstärkte Risikopräferenz führt eher zu Verblendung und Gier als zu mehr Unternehmertum. Der Umgang mit Ungewissheit gerät nämlich in eine gefährliche Schieflage, wenn die für Entscheidungen verantwortlichen Akteure keine volle Verantwortung tragen – kein *skin in the game* haben. Verantwortung ist unbequem, denn sie bedeutet das Riskieren des eigenen Vermögens, des eigenen Rufes, womöglich des eigenen Lebens.

Diese Verantwortung ist ein ganz wichtiger limitierender Faktor des Unternehmertums. Die Ausweitung des Unternehmertums stellt nämlich keinen Selbstzweck dar. Wenn es nur noch Unternehmer gäbe, würden deren konträre Pläne die Preise für die Produktionsfaktoren allzu sehr in die Höhe treiben und künstliche Ungewissheiten auf Kosten anderer schaffen. Es gibt nämlich eine wesentliche Unternehmereigenschaft, die höhere Risikoaffinität bei geringerer Risikofreude erklären kann: Selbstüberschätzung. Unternehmer neigen zum Überoptimismus hinsichtlich ihrer eigenen Pläne und Fähigkeiten. Oft ist diese Selbstüberschätzung wichtiger Antrieb, die Realität so weit zu verändern, bis sie den Überoptimismus wahr macht. Steve Jobs etwa war berüchtigt für sein *reality distortion field,* eine besondere Gabe der Realitätsverzerrung, die zugleich die Realität tatsächlich verändert hat.

Es ist also weniger die Risikofreude, die Unternehmer zur Veränderung drängt. Andere Gründe erklären diese Veränderungsfähigkeit und Veränderungswilligkeit. Diese Gründe könnten persönlicher und charakterlicher Natur sein oder schlicht darin liegen, dass Unternehmer die Dinge anders sehen als andere. Ersteren Aspekt betont die Perspektive von Joseph Schumpeter, letzteren Aspekt die Perspektive von Friedrich von Hayek.

Innovation

Joseph Alois Schumpeter (1883–1950) ist jener österreichische Ökonom, der weltberühmt für seine Gedanken zum Unternehmertum wurde. Zwar hat sich Schumpeter großes Verdienst als Wiederentdecker des ökonomischen Denkens der Scholastik erworben, doch ist sein Unternehmerbegriff ökonomisch unvollständig und etwas irreführend. Schumpeter lernte in der Tradition der Wiener Schule bei Eugen Böhm von Bawerk, doch wandte sich dann der Neoklassik nach Jevons und Léon Walras (1834–1910) zu.

Schumpeter geht davon aus, dass die Wirtschaft durch Unternehmer von einem Gleichgewichtszustand zum nächsten getrieben wird. Der Schumpeter'sche Unternehmer ist ein *deus ex machina*, ein überlebensgroßer Akteur, der eigentlich abseits der Wirtschaft steht.[61] Schumpeters Unternehmertheorie ist letztlich kein ökonomischer Ansatz, sondern eine Eliten- und Führertheorie. Er hatte als Schüler der Wiener Schule richtig erkannt, dass eine arbeitsteilige Wirtschaft durch Veränderung geprägt ist, diese Veränderung aber nicht automatisch abläuft, sondern Entscheidungen und Taten voraussetzt, die stets misslingen können. Er verglich den Wirtschaftsprozess zu Recht mit einer evolutionären Entwicklung und prägte dabei den berühmten Begriff der *creative destruction* (»schöpferische Zerstörung«):

> Die Eröffnung neuer, fremder oder einheimischer Märkte und die organisatorische Entwicklung vom Handwerksbetrieb und der Fabrik zu solchen Konzernen wie dem U.S. Steel illustrieren den gleichen Prozess einer industriellen Mutation [...], der unaufhörlich die Wirtschaftsstruktur von innen heraus revolutioniert, unaufhörlich die alte Struktur zerstört und unaufhörlich eine neue schafft. Dieser Prozess der schöpferischen Zerstörung ist das für den Kapitalismus wesentliche Faktum. Darin besteht der Kapitalismus und darin muss jedes kapitalistische Gebilde leben.[62]

Die Verwendung des ideologischen Etiketts »Kapitalismus« ist allerdings ein Hinweis auf die historische Bedingtheit dieser theoretischen Analyse. Für Schumpeter ist eine dynamische Wirtschaft durch Innovationen gekennzeichnet, die Durchsetzung neuer Produktions- und Absatzmöglichkeiten. Solche Innovationen seien, so schreibt er, »immer mit dem Aufsteigen neuer Männer zur Führerschaft verbunden«.[63] Wirtschaftsgleichgewicht sei also gewissermaßen ein Zustand der Trägheit, zu dem die Wirtschaft tendiere, bis wieder eine Innovation von tatkräftigen Umsetzern vorangetrieben würde:

> Der Führer als solcher »findet« oder »schafft« die neuen Möglichkeiten nicht. [...] Nur sind diese Möglichkeiten tot. Die Führerfunktion besteht darin, sie lebendig, real zu machen, *durchzusetzen*.[64]

Schumpeter verwendet den Begriff Unternehmer demnach als reines Synonym für »Führer«. Unternehmungen nennt er Handlungen, die das Durchsetzen von Innovationen bezwecken.[65] Das ist eine mögliche Benennung realer Phänomene, doch handelt es sich um eine Abzweigung von der ökonomischen Theorie. Diese sollte in der Tradition der Wiener Schule zunächst wertneutral das Handeln von Menschen analysieren. Schumpeters Perspektive sieht das Unternehmertum aber als charakterliche und damit psychologisch-soziologische Ausnahmeerscheinung. Unternehmer werden laut Schumpeter durch folgende Motive zur Innovation angetrieben:

> Da ist zunächst der Traum und der Wille, ein privates Reich zu gründen, meist, wenngleich nicht notwendig, auch eine Dynastie. [...] Da ist sodann der Siegerwille. Kämpfenwollen einerseits, Erfolghabenwollen des Erfolgs als solchen wegen andrerseits. [...] Wirtschaftliches Handeln als Sport: Finanzieller Wettlauf, noch mehr aber Boxkampf. [...] Freude am Gestalten endlich ist eine dritte solche Motivfamilie. [...] Das kann sowohl bloß Freude am Tun sein: Der ‚Wirt schlechtweg' bewältigt mühsam seinen Arbeitstag, unser Typus hat einen Kraftüberschuss.[66]

Was aber ist die ökonomische Bedeutung von Innovation? Der Kern des Wirtschaftens, des Tätigwerdens für andere in einer arbeitsteiligen Gesellschaft, ist die subjektive Erwartung einer Wertschöpfung. Der geschaffene Wert liegt wiederum im subjektiven Ermessen des potentiellen Kunden. Wirtschaftliches Handeln ist ein kreativer Prozess, bei dem Güter, die geringeren Wert für unsere Mitmenschen haben, zu höherwertigen Gütern umgewandelt werden. Am Ende dieses Prozesses stehen die Güter erster Ordnung, Konsumgüter, die Menschen als unmittelbar wertvoll anerkennen. Dabei geht es aber nicht um den objektiven und physischen Charakter der Güter, sondern um ihren subjektiv empfundenen Grenznutzen, der im Zusammenspiel mit wahrgenommener Knappheit zu einer Wertempfindung führt. Güter höherer Ordnung werden all jene Güter genannt, die zur Wertschöpfung einer Umwandlung bedürfen, weil ihr höchster Wert nicht im direkten und unmittelbaren Konsum besteht.

In Gütern höherer Ordnung die potentiellen Güter niedrigerer Ordnung zu sehen, ist die Vorstufe der Innovation. Der Unternehmer blickt auf die Dinge, Ideen, Gegebenheiten und Möglichkeiten der Welt anders als der Konsument: Er sieht nicht nur den eigenen unmittelbaren Nutzen, nicht nur das sofort Konsumierbare, sondern was sich aus dem Gegebenen alles machen ließe, das Produzierbare, Machbare, Veränderbare. Dies zu sehen reicht aber alleine nicht aus. Die Umwandlung des Bestehenden in Wertvolleres ist mal riskant, mal gefährlich, mal mühsam, mal unangenehm, mal aufwendig, meistens alles davon zugleich.

Schumpeter hatte recht damit, dass Innovation eine kreative Angelegenheit ist: Sie ist schöpferisch, nämlich wertschöpfend. Sie setzt Bestehendes neu zusammen. Sie setzt Geistiges voraus: Erkenntnis, Wagnis, Entscheidung. Er hatte auch recht damit, dass Innovation zerstörerisch ist: Sie stört die bestehenden Verhältnisse, sie entzieht Güter bisherigen Verwendungen, sie zerstört vorherrschende Prozesse. Er hatte nur nicht recht damit, dass Innovation die Wirtschaft aus dem Gleichgewicht wirft. Denn dort befindet sie sich niemals. Ganz im Gegenteil ist Innovation ein ständiger Prozess, die Wirtschaft im Lot zu halten: in der dynamischen Balance, die bestehenden Ressourcen, Ideen, Kontakte, Strukturen, Tätigkeiten so anzuordnen und einzusetzen, dass mehr Wertschöpfung als Wertzerstörung erzielt wird. Mehr Werte zu schaffen als zu zerstören, bedeutet, die notwendigerweise inkonsistenten Pläne der Menschen besser miteinander in Übereinstimmung zu bringen.

Der eigentliche Grund, warum Innovation scheinbar destruktiven Charakter hat, liegt in der Kapitaltheorie. Die Wiener Schule der Ökonomik hatte als erste erkannt, dass Kapital nicht aus homogenen, messbaren Geldbeträgen besteht, sondern eine komplexe Struktur darstellt. Ausgerechnet ein biblisches Gleichnis zeigt den Unterschied zwischen Geld und Kapital. Matthäus 25,14–30 schildert, wie ein Herr zu einer Reise aufbricht. Seinen drei Knechten hinterlässt er jeweils ein, zwei und fünf Talente als Wirtschaftsvermögen für die Zeit seiner Abwesenheit. Ein Talent war eine Währungseinheit, die ungefähr dem Preis eines Schiffes entsprach. Bei seiner Rückkehr lässt er sich berichten, wie die Knechte gewirtschaftet hatten. Der erste und zweite Knecht liefern ihrem Herren jeweils die doppelte Summe ab: Durch Anschaffung von Gütern und Handel hatten sie das Vermögen vermehrt. Der dritte Knecht jedoch gibt bloß den Ursprungsbetrag von einem Talent zurück – aus Ängstlichkeit hat er das Geld eingegraben und bewahrt. Der Herr ist sehr zufrieden mit seinen ersten beiden Knechten, den dritten jedoch jagt er wütend fort. Weder erscheint in dem Gleichnis die Vermehrung an sich unmoralisch, noch darf das Verhalten des Herrn als gierige Vermehrungssucht missverstanden werden. Der dritte Knecht wird für seine Dummheit und Feigheit getadelt: Geld wirkt anders als Pflanzensamen nicht durch Vergraben, sondern muss, um produktiv zu werden, in Kapitalgüter umgewandelt werden – aus homogenem Geld zu heterogenem Kapital. Geld selbst gebiert eben kein Geld, wie Aristoteles erkannt hatte, sondern nur eine richtig zusammengesetzte Kapitalstruktur vermag menschlichen Wohlstand zu mehren. Es geht allerdings auch nicht bloß darum, dass das Geld ausgegeben werden bzw. »umlaufen« muss, wie dies heute gerne behauptet wird. Der Aufbau von Kapital hat nichts mit bloßem Ausgeben zu tun, sondern steht diesem meist sogar entgegen.

Nicht das Talent als Edelmetallmasse ist hier also relevant, sondern die Fähigkeit, Kapital aufzubauen. Diese Fähigkeit ist rar und die Grundlage menschlichen Fortschritts. Dies erklärt das Lob der ersten beiden Knechte und schließlich auch die Weise, in der das Gleichnis in den Sprachgebrauch einging: Das Wort Talent steht seither im Deutschen und anderen Sprachen für eine besondere Begabung. Hier enthält, wie so oft, die Sprache mehr Weisheit als ihre Sprecher.

Wird Geld an sich vermehrt, so deutet dies darauf hin, dass etwas nicht mit rechten Dingen zugeht. Hätte der dritte Knecht vor den Augen des Herrn ein Vielfaches des Talentes ausgegraben, so wäre jener wohl auch nicht erfreut gewesen – zur Feigheit des Knechtes wäre noch der Verdacht einer Täuschungsabsicht hinzugekommen. Wo Geld statt Kapital vermehrt wird, handelt es sich meist um Wirtschaften auf Kredit, und der Preis dafür kann sich im Nachhinein als zu hoch erweisen. Im Gegensatz zum Kapital, das stets eine reale Struktur ist, steht Kredit dem Wortsinne nach für Glauben: lateinisch *credere*. Und solcher Glaube stellt sich nur allzu oft als Irrglaube heraus, als sprichwörtliche Milchmädchenrechnung.

Kapital ist etwas anderes als Geld. Es handelt sich dabei um eine großteils irreversible Struktur von Gütern, Wissen, Kontext, Menschen, Talenten. Der Aufbau einer solchen Struktur ist ein großes Wagnis, denn Wertvolleres aus diesen Bestandteilen zu schaffen, ist weder gewiss noch einfach. Die Möglichkeit, Wertvolleres zu schaffen, lässt sich in einer funktionierenden Geldwirtschaft teilweise in einem Rechenmaß ausdrücken – aber eben nur teilweise. Wertvoller ist das Ergebnis nur, wenn die Neukombination der Bestandteile Menschen dabei hilft, höhere Ziele eher, nachhaltiger oder in größerem Ausmaß zu erreichen. Dies kann die höhere Quantität eines Produktes bedeuten, aber auch die höhere Qualität; es kann ein rein materielles Ergebnis sein oder weit darüber hinausgehen – schließlich sind die meisten Ziele im Grunde nicht-materieller Natur.

Das unternehmerische Talent liegt also zum Teil im Aufbau einer Kapitalstruktur, die besser dazu geeignet ist, menschliche Ziele mit den vorhandenen Mitteln zu erreichen. Dieser Aufbau besteht in aller Regel im Entdecken von Lücken in der großen, verflochtenen volkswirtschaftlichen Kapitalstruktur, die aus den zahlreichen unternehmerischen Unterstrukturen gewoben wird. Dabei setzen Unternehmer knappe Ressourcen – Arbeit, Boden, Güter – neu zusammen, als ob sie passende Stücke in ein Puzzle fügen. Ob dieses Puzzle ein stimmiges Bild ergibt, zeigt sich erst im Nachhinein. Dabei werden Ressourcen in neuer Form gebunden. Eine Folge der obigen Einsichten über die strukturelle Natur des Kapitals ist die Irreversibilität von Investitionen. Eine Kapitalstruktur kann kaum jemals kostenfrei und mühelos in eine andere umgewandelt werden; viele Bestandteile, die für einen Produktionsweg hochspezifische Passstücke in der Struktur waren, fügen sich nirgendwo anders ein bzw. erfordern in anderen Verwendungen ganz andere komplementäre Kapitalgüter. Wenn einst ein Unternehmer in eine Eisenbahnlinie investierte, die mit einer Postkutschenverbindung konkurrierte, so wurde dabei nicht einfach das Kapital des Kutschendienstes neu eingesetzt. Die Kapitalstruktur ändert sich, wobei bestimmte Ressourcen neu bewertet werden, manche wertlos werden, andere durch höhere Wertschätzung und daher bessere Angebote aus bisherigen Verwendungen gelöst werden. Durch jede unternehmerische Veränderung werden weitere Veränderungen angestoßen. Meist schließt ein Unternehmer nur eine kleine Lücke, und die Innovation spielt sich vorwiegend in der Einschätzung und Erkenntnis der Kunden ab. Manchmal aber löst eine Änderung der Kapitalstruktur eine ganze Kaskade an Umstrukturierungen aus, die bisherige Verbindungen von Ressourcen irrelevant machen, auflösen und ersetzen.

Schon Carl Menger (1840–1921), der Begründer der Wiener Schule der Ökonomik, erkannte die Bedeutung der Kapitalstruktur. Dabei handelt es sich um eine intelligente Verbindung von Gütern unterschiedlicher Ordnung, deren zeitliche Position im Produktionsprozess relevant für ihre Bewertung ist. Je näher am Konsum, das heißt der direkten Wertstiftung für den Kunden, desto niedriger die Ordnung und desto höher der Wert. Der Unternehmer bringt Güter in die richtige Ordnung und schließt Güterlücken. Menger erklärte in seinen *Grundsätzen der Volkswirthschaftslehre* von 1871, welche Aspekte dieser unternehmerische Prozess im Allgemeinen umfasst:

> a) die Information über die wirthschaftliche Sachlage, b) die sämmtlichen Berechnungen, welche ein Productionsprocess, soll er anders ein ökonomischer sein, zu seiner Voraussetzung hat, oder mit andern Worten das wirthschaftliche Calcül, c) den Willensact, durch welchen Güter höherer Ordnung (unter entwickelten Verkehrsverhältnissen, wo der Regel nach jedes ökonomische Gut gegen andere umgesetzt werden kann, Güter überhaupt) einer bestimmten Production gewidmet werden, und endlich d) die Überwachung der möglichst ökonomischen Durchführung des Productionsplanes.[67]

In dieser Erklärung des Unternehmers hatte Menger zwei wesentliche Aspekte skizziert, die schließlich von seinen Nachfolgern weiterentwickelt werden sollten. Kurz können wir diese zwei Aspekte der Unternehmerfunktion als »Wissen« und »Willen« zusammenfassen. Der Unternehmer benötigt, trägt und schafft ein ganz spezifisches Wissen, und ihm obliegt die Entscheidung über den Produktionsprozess, die aufgrund ihrer Irreversibilität und Ungewissheit einen besonderen

Willensakt persönlicher Verantwortung erfordert. Im letzten Punkt nahm Menger die Funktion des Managements vorweg, die erst später von Peter Drucker (1909–2005) wieder näher analysiert werden sollte.

Unternehmerisches Wissen

Peter Drucker ist einer jener brillanten österreichischen Denker, die in der Heimat fast vollkommen in Vergessenheit geraten sind. Er lernte in seinem Elternhaus, wo einer der wichtigsten Wiener Salons zu ökonomischen Themen stattfand, von den großen Ökonomen Mises, Hayek und insbesondere Schumpeter. Drucker prägte den Begriff des »Wissensarbeiters«, nachdem ein anderer Vertreter der Wiener Schule, Fritz Machlup, bereits den Begriff »Wissensindustrie« vorgeschlagen hatte. Drucker beschrieb die moderne Wirtschaftsordnung als

> eine Wirtschaftsordnung, in der Wissen, nicht Arbeit oder Rohstoffe oder Kapital, die Schlüsselressource ist; eine Gesellschaftsordnung, in der Ungleichheit von Wissen eine große Herausforderung ist; eine politische Ordnung, in der man sich nicht darauf verlassen kann, dass der Staat die sozialen und wirtschaftlichen Probleme löst.[68]

Wissensarbeiter unterscheiden sich laut Drucker von früheren Arbeitern dadurch, dass sie mehr über ihren Aufgabenbereich wissen als ihre Kollegen und sogar Vorgesetzten. Diese Vorgesetzten würden daher Dirigenten ähneln:

> Der Vorgesetzte eines Wissensarbeiters ist in der Regel genauso wenig in der Lage, die Aufgaben dieses vermeintlichen Untergebenen zu übernehmen, wie ein Dirigent Tuba spielen kann. Andersherum ist der Wissensarbeiter darauf angewiesen, dass der Dirigent Richtung und Regeln vorgibt, also *Standards, Werte, Leistung* und *Ergebnisse* für die gesamte Organisation definiert.[69]

So missfällt es Drucker, davon zu sprechen, Menschen zu »managen«, man könne sie nur führen. Ziel sei die produktive Nutzung der Stärken und des Wissens jedes Einzelnen. Je komplexer und arbeitsteiliger eine Wirtschaft, desto unternehmerischer muss der Einzelne agieren. Wissen ist eine sehr unsichere Ressource. Es kann sich von einem Tag auf den anderen als falsch oder unbrauchbar erweisen. Die Ungewissheit ist entsprechend groß, denn richtiges Wissen ist im Vorhinein von falschem Wissen kaum zu unterscheiden – erst im Nachhinein, und dann ist es zu spät. Die gesamte Wirtschaft steckt also gewissermaßen in einem großen Wissensproblem, bei dem Unternehmertum eher eine Notwendigkeit für jedermann als bloß die spezifische Rolle von Einzelpersonen darstellt.

Das war die Perspektive von Friedrich August von Hayek (1899–1992), dessen Artikel *The Use of Knowledge in Society* wegweisend für das Verständnis der Bedeutung von Wissen und der Koordinationsprobleme in der Wirtschaft war. Hayek schloss, dass zur Koordination der Wünsche und Möglichkeiten im Rahmen einer Wirtschaftsordnung die Nutzung eines Wissens nötig sei, »das niemandem in seiner Gesamtheit gegeben«[70] sei. Die Welt und die Menschen sind vielfältig; jeder sieht nur einen kleinen Ausschnitt. Jeder Einzelne, so Hayek, habe einen Wissensvorteil, »da er über einzigartige Informationen verfügt, die nutzbringend eingesetzt werden könnten, allerdings nur, wenn die Entscheidungen, die von diesen abhängen, ihm überlassen sind oder mit seiner aktiven Kooperation erfolgen«.

Unsere Wünsche und Pläne sind zum großen Teil versteckt vor unseren Mitmenschen, und wir wissen nicht, welche Idee, Ressource oder Handlung wann für wen relevant werden wird. Analog zur Arbeitsteilung besteht also in einer Gesellschaft Wissensteilung. Je fortgeschrittener und komplexer eine Gesellschaft, desto mehr handeln wir auf der Grundlage von Wissen, das wir selbst gar nicht errungen haben oder besitzen. Nach Hayek erkennen wir das Niveau einer Zivilisation daran, in welchem Ausmaß wir Dinge verwenden und Operationen durchführen können, ohne sie selbst zu verstehen. Wie Peter Drucker später festhielt: »Wissen ist zur wichtigsten und zur einzigen knappen Ressource geworden.«[71]

Die Unternehmerfunktion könnte nun genau darin liegen, diese versteckten und verstreuten Wissensteile aufzudecken und richtig zu verknüpfen. Angeleitet wird der Unternehmer dabei durch die Anreize des Wettbewerbs. Für Hayek besteht Wettbewerb nicht aus Gier und Angeberei, sondern sei vielmehr eine gesellschaftliche Institution, die aufgrund der Wissensteilung essentiell für menschliches Wohlergehen sei. Wettbewerb sieht Hayek als ein Entdeckungsverfahren von Tatsachen, »die ohne sein Bestehen entweder unbekannt bleiben oder doch zumindest nicht genutzt werden würden«.[72] Im Wettbewerb werden die Pläne der Menschen koordiniert: Es stellt sich heraus, welche Produktionsprozesse aus Sicht der Konsumenten wertschöpfend sind und welche nicht. Das spezifische Wissen der Konsumenten drückt sich in ihren Kaufentscheidungen aus, welche Produzenten wiederum anhand ihres eigenen spezifischen Wissens interpretieren. Für Hayek ist Wettbewerb die Essenz des Unternehmertums, als Tastversuch im Dunkeln der Ungewissheit und des Wissensmangels. Gewinn oder Verlust sind Signale, die zu einer besseren Koordination knapper Ressourcen führen.

Die zur Koordination notwendigen Wissensteile breiten sich in der Wirtschaft über das Preissystem aus. Steigende Preise kommunizieren relative Verknappung, sinkende Preise relatives Überangebot. Unzählige Einzelentscheider wirken an diesen Preisen mit und reagieren auf sie. Nicht alle sind gleich gut dabei, dieses Muster der Preise zu deuten. Hayek hält den Preismechanismus für ein institutionelles Wunder, das die wirtschaftliche Überlegenheit von Marktwirtschaften erklärt:

> Das Wunder besteht darin, dass in einem Fall wie etwa der Verknappung eines Rohstoffs ohne Erlass eines Befehls, ohne dass mehr als vielleicht eine Handvoll Menschen die Ursache kennen, Zehntausende Menschen, deren Identität selbst in Monaten der Nachforschung nicht bestimmt werden könnte, dazu gebracht werden, das Material oder dessen Produkte sparsamer zu verwenden; das bedeutet, ihr Verhalten in die richtige Richtung zu ändern. [...] Ich bin überzeugt, dass, wenn dieser Mechanismus das Ergebnis bewussten menschlichen Designs wäre und die Menschen, die durch die Preisänderungen angeleitet werden, verstünden, dass ihre Entscheidungen Bedeutung weit jenseits ihrer unmittelbaren Ziele haben, er als einer der größten Triumphe des menschlichen Geistes gefeiert würde. Sein doppelter Makel liegt darin, dass er nicht das Ergebnis menschlichen Designs ist und dass die Menschen, die durch ihn angeleitet werden, in der Regel nicht verstehen, warum sie dazu veranlasst werden, das zu tun, was sie tun.[73]

Die Voraussetzungen für die Wirkung des Preismechanismus sind die Souveränität der Konsumenten und die Freiheit der Produzenten. Ersteres impliziert Wettbewerb, letzteres den freien Zugang zum Markt und die Freiheit, Nein sagen zu können. Hayek erwähnt kaum jemals den Unternehmer als einzelne Person, für ihn ist Unternehmertum die notwendige Funktionsweise einer dynamischen Wirtschaft: über knappe Ressourcen zu entscheiden – ob als Konsument, Produzent oder Investor – und Preise interpretieren zu können.

Hayeks Perspektive lässt die Wirtschaft als ein Puzzle erscheinen, als ein Netz unzähliger Denksportaufgaben, bei denen Unternehmer miteinander im Wettbewerb stehen. Das wirtschaftlich relevante Wissen besteht stets aus unterschiedlichen, verstreuten und versteckten Wissensstücken, deren korrekte Zusammensetzung niemandem bekannt ist. An unterschiedlichen Teilen des Puzzles experimentieren Unternehmer mit Wissensstücken. Sobald ihnen eine passende Zusammensetzung gelingt, verändert sich das Puzzle. Erfolgreiche Unternehmer scheinen oft durch einen gewissen Sportsgeist motiviert zu sein – einen Denksportsgeist. Das Erkennen unternehmerischer Chancen, also von im Moment passenden Puzzlestücken, ist für solche Unternehmer ein Selbstzweck. Es ist ein großes Missverständnis, dass es im Wesentlichen die Profite sind, die Unternehmer motivieren. Die Profite sind nur insofern Motivation und Anreiz als sie die am einfachsten erkennbare Ziellinie darstellen, das Lösungswort im unternehmerischen Kreuzworträtsel, an dem man erkennt, ob man das Rätsel richtig gelöst hat. Wie das Lösungswort konkret lautet, ist dabei nicht von großer Bedeutung. Peter Drucker erklärt die Bedeutung des Profits wie folgt:

> [...] Profitabilität ist nicht der Zweck von Unternehmen und der Unternehmertätigkeit, sondern deren limitierender Faktor. Profit ist nicht die Erklärung, Ursache oder das Motiv unternehmerischen Verhaltens und unternehmerischer Entscheidungen, sondern die Überprüfung ihrer Korrektheit.[74]

Profite sind so wie Preise Signale, die beim Entdecken der richtigen Wissensteile helfen. Die Wirtschaftsrechnung erlaubt dem Unternehmer eine Überprüfung der aktuellen Passgenauigkeit seiner Puzzleversuche. Aufgrund der wirtschaftlichen Dynamik ändern sich freilich ständig die Parameter, und der Unternehmer kann seine Entscheidung nicht gänzlich an das nüchterne Kalkül delegieren. Relevanter ist das Wissen über das Ungewisse und Zukünftige, und das können aktuelle Preis- und Gewinnsignale noch nicht vollständig enthalten. Besonders schwierig wird das Unternehmertum, wenn es sich auf Profite und Preise nicht mehr verlassen kann. Profite könnten etwa durch Subventionen künstlich aufgebläht, Preise durch Interventionen künstlich verzerrt werden.

Profite und Preise sind dann notwendigerweise verzerrt, wenn die Rechengröße, in der diese kalkuliert werden, verzerrt ist. Diese Rechengröße bietet das Geld. Entsprechend heikel sind Interventionen in die Geldordnung. Wird das Geld unberechenbar, können an die Stelle unternehmerischen Wissens Illusionen treten. Dies ist die »österreichische« Interpretation des Konjunkturzyklus. Durch Ausweitung der Geldmenge stellen sich Preis- und Profitänderungen ein, die nichts mit Produktivitäts- und Marktänderungen zu tun haben. Durch den Cantillon-Effekt kommt es zudem zu einer wirtschaftlichen Schieflage.

Richard Cantillon, jener wichtige Vorläufer der Wiener Schule der Ökonomik, hatte als erster beschrieben, dass sich eine Ausweitung der Geldmenge nicht gleichzeitig, sondern sukzessive in der Wirtschaft ausbreitet. Dadurch ändern sich die relativen Preise und es kommt zu einem Umverteilungseffekt in Richtung der Erstempfänger des Geldmengenwachstums zu Lasten späterer Empfänger. Dies beschert staatsnahen und kreditfinanzierten Unternehmen einen Vorteil zu Lasten der anderen Wirtschaftsakteure. Im Zusammenspiel führen die verschiedenen Preisverzerrungen zu einer Verzerrung der Kapitalstruktur. Am verheerendsten ist die Verzerrung des wichtigsten Preises zur Koordination der Kapitalstruktur: die Verzerrung des Zinssatzes. Da die Kapitalstruktur weitgehend irreversibel ist, führt eine Stagnation der Geldmengenausweitung zu schmerzhafter Korrektur: Teile der Kapitalstruktur verlieren abrupt an Wert und müssen liquidiert werden. Das erklärt das typische Muster von Hausse und Baisse, welches das moderne Wirtschaftsgeschehen bestimmt.

Im Konjunkturzyklus wird das unternehmerische Puzzle künstlich verzerrt. Dadurch ändern sich die unternehmerischen Möglichkeiten.

Es kommen solche hinzu, die ein zeitliches Ablaufdatum haben: Wer früh genug die Hausse reitet, wird durch aufgeblähte Gewinne belohnt; wer – durch diese Gewinn- und Preissignale angelockt – zu spät kommt, kann alles verlieren. Die Wirtschaft wandelt sich in ein Pyramidenspiel, bei dem der Zocker den üblicherweise risikominimierenden Unternehmer teilweise verdrängt. Durch die schwierige Vorhersagbarkeit der Zyklen und die künstlich verstärkte Volatilität ähnelt die Wirtschaft immer mehr einem Glücksspiel. Viele Unternehmer lassen sich durch die falschen Signale in die Irre führen. So kommt es zu einer Häufung unternehmerischer Irrtümer. Der Konjunkturzyklus ist daher im Grunde ein Irrtumszyklus oder Fehlerzyklus, wie Jörg Guido Hülsmann, ein aktueller Vertreter der Wiener Schule der Ökonomik, korrekt erkannt und beschrieben hat:

> Jede Konjunkturzyklustheorie ist im Wesentlichen eine Theorie des Irrtums. Ihr Ziel ist, das Wiederkehren jenes Phänomens zu erklären, das wir Krise nennen; das bedeutet eine Situation, in der das gleichzeitige wirtschaftliche Scheitern vieler Menschen offensichtlich wird. Daher muss die Konjunkturzyklustheorie nicht nur das Auftreten von Irrtum erklären, sondern auch die Wiederkehr von *Clustern* des Irrtums.[75]

Unternehmerisches Gespür

Israel M. Kirzner (*1930), ein New Yorker Rabbiner, Schüler von Ludwig von Mises und einer der bedeutendsten lebenden Unternehmertheoretiker, baut auf der Deutung von Wirtschaft als Wissensproblem auf, um unternehmerisches Handeln konkret zu deuten. Ein Mensch, der unternehmerisch denkt und handelt – so Kirzner – zeichne sich vor allem durch eines aus: seine *alertness*, seine »Findigkeit bezüglich möglicher neuer und lohnender Ziele und bezüglich neuer verfügbarer Ressourcen«.[76] Diese ständige Wachsamkeit werde von der Hoffnung genährt, gute Gelegenheiten zu entdecken, worunter Kirzner vor allem Preisunterschiede zwischen dem An- und Verkauf von Gütern versteht. Der typische Unternehmer sei in diesem Sinne ein Arbitrageur, dessen Gewinn sich aus der Differenz zwischen An- und Verkaufspreis ergibt. Der Unternehmergewinn sei damit eng an ein spezielles Wissen geknüpft, wobei der entscheidende Aspekt, so Kirzner, »nicht so sehr das feste Wissen über Marktdaten ist, sondern vielmehr die Findigkeit, d.h. das ,Wissen', wo Marktdaten zu entdecken sind«.[77] Der Unternehmergewinn wäre in diesem Sinne eigentlich ein »Finderlohn«.

Arbitrage bedeutet das Ausnützen von Preisunterschieden. Kirzner sieht damit das Unternehmertum als Verallgemeinerung des Handels: günstig einkaufen und teurer verkaufen. Diese Preisunterschiede resultieren einerseits aus dem Bewertungsunterschied von Gütern höherer und Gütern niedrigerer Ordnung. Andererseits finden sich stets auch Preisunterschiede zwischen gleichen Gütern, die Hinweise auf nicht ergriffene unternehmerische Möglichkeiten bieten. Dies sind die Signale des Preismechanismus, die nach Hayek zu einer besseren Koordination und Versorgung führen. Im einfachsten Fall ist ein Gut an einem Ort günstiger als an einem anderen, wobei die unternehmerische Gelegenheit dann darin liegt, die relative Überversorgung am ersten Ort zur Milderung der relativen Unterversorgung am anderen Ort zu reduzieren. Dadurch gleichen sich die Preise an und die Wirtschaft bewegt sich näher in Richtung Gleichgewicht. Je mehr globaler Handel stattfindet, desto ähnlicher werden sich die Preise weltweit. Preis- und Kostenunterschiede sind also stets Arbitragemöglichkeiten.

Die Arbitrage durch Unternehmer führt auch innerhalb der Produktionsprozesse zum Preisausgleich. Güter werden entweder unmittelbar genutzt und dabei meist aufgebraucht, um direkte Ziele von Menschen zu erfüllen. Oder sie werden mittelbar genutzt: sind Mittel zum Zweck. Das Konzept einer »Ordnung« von Gütern soll diesen Umstand ausdrücken: je höher die Ordnung, desto weiter weg vom unmittelbaren und direkten Kundennutzen. Manche Güter sind sowohl Zweck für sich als auch Mittel für andere Güter. Ein Schaf steht wenige Stufen vor dem Kotelett, etwas mehr Stufen vor dem Pullover. Es kann aber auch Selbstzweck sein, im Streichelzoo (streng genommen ist das Schaf per se dann immer noch eine Stufe vor der Nutzung der entsprechenden Dienstleistung). Das Gut niedrigster Ordnung und höchster Grenznutzendichte ist eigentlich stets die unmittelbare Dienstleistung, die dem Kunden und Käufer unmittelbaren Wertgewinn verschafft. Die Wiener Schule der Ökonomik war hier ihrer Zeit weit voraus, als sie das erkannte. Diese Erkenntnis kommt gerade erst langsam bei aktuell erfolgreichen Unternehmern an: immer häufiger werden die Worte *service* und *value* in den Mund genommen. Wenn eine »App« zur Bestellung von Autofahrten einen höheren Marktwert hat als alle Fahrtenunternehmen mitsamt ihrer teilweise riesigen Flotten realer Fahrzeuge, wird deutlich, wie falsch die Versuche objektiver Werttheorien waren. Am Ende des Wirtschaftens, bei der Kaufentscheidung des Konsumenten, kommt es auf den unmittelbaren Nutzen an, auf die direkte Erfahrung und ihre subjektive Einschätzung, nicht auf das Materielle. Fahrgäste fragen nicht Taxis nach, sondern möglichst günstige, verlässliche, angenehme, ihren Bedürfnissen entsprechende Fahrten. Die Bedeutung der subjektivistischen Wertlehre für Unternehmer fasste Peter Drucker wie folgt gut zusammen:

> Es ist der Kunde, der bestimmt, was ein Unternehmen ist. Denn es ist der Kunde, und er alleine, der durch seine Zahlungsbereitschaft für eine Ware oder Dienstleistung wirtschaftliche Ressourcen in Wohlstand, Dinge in Güter umwandelt. Was das Unternehmen zu produzieren glaubt, ist nicht von vorrangiger Wichtigkeit – besonders nicht für die Zukunft des Unternehmens und seinen Erfolg. Was der Kunde zu kaufen glaubt, was er als »Wert« betrachtet, ist entscheidend – das bestimmt, was ein Unternehmen ist, was es produziert und ob es prosperieren wird.[78]

Von der subjektiven Bewertung des Nutzens von Gütern und Dienstleistungen für die Ziele der Menschen überträgt sich der Wert auf die Mittel. Wenn mehr Menschen Wollpullover wünschen, steigt der Wert von Schafen – allerdings nicht automatisch, sondern durch die Entscheidungen von Unternehmern, die diesen Menschen ihre Wünsche erfüllen wollen und können. War Wolle bislang zu günstig, so machen diese Unternehmer Profite. Doch indem sie Wolle als Produktionsfaktor einkaufen, steigt der Preis für Wolle, wodurch die Profite schwinden. Im Gleichgewicht gäbe es keine Profite mehr. Eine kleine Wertdifferenz aber bliebe bestehen: der Zins. Das Gleichgewicht dient realistischer Ökonomik als Gedankenexperiment zur analytischen Trennung von Phänomenen – hier der Phänomene Profit und Zinsen.

Den Zins kann man interpretieren als Wertunterschied zwischen Mittel und Ziel.[79] Für wen es ein Selbstzweck ist, Pullover zu stricken, der damit ein direktes eigenes Bedürfnis befriedigt, wird es auch dann tun, wenn der Pullover nicht mehr wert ist als die benutzte Wolle –

oder sogar weniger. In einer arbeitsteiligen Gesellschaft sind die meisten Tätigkeiten Mittel zum Zweck. Sie erlauben durch Tausch höheres Einkommen und höhere Lebensqualität im Vergleich zur Subsistenzwirtschaft. Im Gleichgewicht, dem fiktiven Fall, in dem es keine Veränderung mehr gäbe und alle Pläne durch unternehmerisches Handeln so weit koordiniert würden, dass Unternehmertum nicht mehr nötig wäre, wäre die Zinsrate in allen Branchen gleich: die Wertdifferenz zwischen Mittel und Ziel würde überall übereinstimmen. Es gäbe noch Produzenten, die durch die Umwandlung von Gütern höherer Ordnung (Mittel) in Güter niedrigerer Ordnung (Ziele) eine Zinsdifferenz erwirtschaften würden. Ohne diese Zinsdifferenz würde die Produktion für fremde Menschen aufgegeben werden. Diese Differenz ist somit ein Hinweis auf die Fremdheit der Menschen – innerhalb der eigenen Familie sind Leistungen für andere im Idealfall Selbstzweck. Diesen Idealfall möchten viele instinktiv gerne auf die Gesellschaft ausgedehnt sehen. Sie träumen unbewusst von der großen Sippe. Das erklärt einen Teil der Zins- und Unternehmerfeindschaft. Aristoteles etwa schmähte die produktive Tätigkeit, die nicht Selbstzweck ist, sondern Mittel zum Zweck als »Chrematistik«.

Unter dem Unternehmerbegriff finden wir das Phänomen einer stärkeren Mittelorientierung angedeutet. Der Unternehmer als »Projektemacher« ist gewissermaßen Chrematistiker. Unternehmerische Chancen finden sich eben oft darin, nicht nur die eigenen Zwecke zu verfolgen, sondern nach Mitteln für die Zwecke anderer Menschen zu suchen. Wer Pullover aus Freude an der Sache strickt, als schönen Zeitvertreib, ehrt zwar das Handwerk und das Material, ist aber letztlich Konsument. Zu stricken, weil die Menschen sich mehr Pullover wünschen als Wolle, das ist unternehmerische Mittelbarkeit. Je mehr der Fokus auf den Wertdifferenzen liegt, desto unternehmerischer der Zugang und desto flexibler und pragmatischer die Arbitrage. Sie schließt die Spanne zwischen den wertlosesten Faktoren und wertvollsten Verwendungen, und macht dadurch das Verachtete und Übersehene wertvoller und das Beliebte und Begehrte reichlicher. Damit bringt die »Chrematistik« entgegen der aristotelischen Vermutung mehr Maßhalten in die Welt und gleicht die Verhältnisse etwas aus. Dank Unternehmern kann es geschehen, dass das, was alle wollen, auch alle bekommen, wodurch es dann nicht mehr alle wollen. Das erklärt ein wenig die Modezyklen, die immer neue Wertschöpfungsmöglichkeiten eröffnen. Die Gelegenheiten wandern, verschwinden an einer Stelle und entstehen an unerwarteter Stelle neu.

Die gute Gelegenheit – die an sich ja niemals vorhanden ist, sondern erst entdeckt werden muss und eben dadurch zur guten Gelegenheit wird – verdankt sich letztlich einer Art Spürsinn. Wer nicht ständig auf der Suche ist und seine Nase in den Wind hält, versäumt die Gelegenheiten und kann keinen Wissensvorsprung vor dem Wettbewerb erzielen. *Alertness*, diese typische Eigenschaft des unternehmerisch denkenden Menschen, ist somit jene entscheidende Haltung, die letztlich zu Entdeckungen verhilft. Kern der Unternehmerfunktion ist bei Kirzner das »überlegte Suchen nach Gewinngelegenheiten«[80]. Während jeder Wissensarbeiter in einer komplexen Wirtschaft unternehmerisch sein muss, zeichnen sich bestimmte Menschen durch besonderen wirtschaftlichen Spürsinn aus. Es handelt sich um die Minderheit jener, die das sehen, was anderen verborgen bleibt.

Israel Kirzner sieht diesen Spürsinn als Eigenschaft, die grundsätzlich unabhängig vom Eigentum an den Produktionsmitteln sei. Doch rein psychologisch ist es wahrscheinlich, dass Menschen mehr Wachsamkeit im Umgang mit dem an den Tag legen, das ihnen wertvoll ist. Das zeigt die alltägliche Erfahrung des Unternehmers, der für Eigenes Verantwortung trägt, das ihm wertvoll ist, zu dem er berufen ist, das er pflegt, um sich am Gedeihen seiner Saat zu erfreuen. Sobald er Menschen zur Mitarbeit einlädt, bemerkt er bald deren üblicherweise geringere Wachsamkeit. Nicht weil sie schlechte Intentionen hätten, sondern weil die Flexibilität des Neuen, bloß momentan Mitwirkenden, bloß ausschnittsweise Beteiligten ein zu instabiles Podest für Wachsamkeit ist. Der Flexible ist stets viel unbekümmerter als der in einem Unternehmen Verwurzelte, jener, der es selbst großzog. Es ist dieser Wachsamkeitsunterschied, der zu vielen Konflikten zwischen den sprichwörtlichen Chefs und ihren »Beschäftigten« führt. Der Eigentümer-Chef ist oft unflexibel und gar nicht »locker«, schlicht *uncool*. Er neigt dazu, aus einer Mücke einen Elefanten zu machen. Viele vermuten, dass dies wohl daran läge, dass auch in der Wirtschaft oft die Schlechtesten nach ganz oben kämen, Menschen mit charakterlichen Makeln es eher auf den Chefsessel schaffen würden. Heute ist dies aufgrund der Verzerrungen, auf die wir noch zu sprechen kommen werden, zwar nicht auszuschließen, aber es gibt einen anderen Grund für diese Wahrnehmung: Der Chef als Eigentümer oder sich voll mit seinem Unternehmen identifizierender Mitarbeiter weiß um die unglaubliche Zerbrechlichkeit jeder Unternehmung. Das mühsam Aufgebaute ist so leicht zerstört. Ein kleiner Fehler kann den entscheidenden Auftrag kosten.

Hierbei muss man zwei Arten von Fehlern unterscheiden. Unternehmerisches Handeln im Sinne des Einsatzes knapper Mittel bringt das Scheitern naturgemäß und notwendig mit sich. Nahezu jede unternehmerische Entscheidung ist in den Augen eines fiktiven allwissenden Beobachters, der es im Nachhinein besser weiß, ein Fehler. Das bedeutendste Kapital des erfolgreichen Unternehmers sind die Lektionen, die ihn seine eigenen Fehler gelehrt haben. Davon zu unterscheiden sind die Fehler aus Unachtsamkeit, die keine bewussten Vorstöße ins Ungewisse sind, sondern das Verpassen von wichtigen Gelegenheiten. Jeder Mensch begeht solche Ausrutscher. Sie lassen sich aber durch höhere Wachsamkeit reduzieren.

Es gibt nur zwei Möglichkeiten, diese Wachsamkeit zu erhöhen: Die erste und einfachere Möglichkeit ist es, die potentielle Gewichtigkeit der Folgen zu internalisieren. Dies ist die Strategie, dem Mitarbeiter Angst vor seinen Fehltritten zu machen. Diese Strategie funktioniert. Eine Atmosphäre der Angst um den Arbeitsplatzverlust oder vor psychologischen Kosten aufgrund von Zurechtweisungen und anderer Disziplinierungen kann Fehltritte mindern. Darum haben Chefs einen so schlechten Ruf. Sie können furchtbar nerven. Die zweite, viel schwierigere und mehr Geduld erfordernde Möglichkeit ist es, eine so hohe Identifikation des Mitarbeiters zu erreichen, dass er mit der Unternehmung »mitleidet«. Dies geht zu Lasten möglicher Flexibilität. Daher wird höhere Flexibilität von Beschäftigungsverhältnissen im Schnitt durch höheren psychologischen Druck kompensiert. Je mehr Ebenen der Verantwortung in einem Unternehmen bestehen, desto mehr wird dieser Druck verstärkt. Jede Ebene setzt die unter ihr stehende unter Druck, um die nötige Wachsamkeit krampfhaft hervorzubringen.

Dieser Aspekt der Wachsamkeit wird in der Regel vollkommen übersehen. Man muss einmal mit einem Unternehmen mitgelitten haben, an dem die eigene Existenz hängt, um diesen Aspekt nachvollziehen zu können. Viele Kleinunternehmer, die eigene Fehltritte täglich ganz unmittelbar zu spüren bekommen, schütteln die Köpfe angesichts der großen Ausrutscher, die anderswo die Regel zu sein scheinen und ohne Konsequenz bleiben. Dieser Eindruck ist keine Überheblichkeit: Fehler macht jeder, aber die Unbekümmertheit darüber ist nicht allen vergönnt.

Die Zunahme von Ausrutschern und übersehenen Gelegenheiten ist demnach ein guter Indikator für schwindende Verantwortung. Man kann allerdings auch anders irren als durch Übersehen und Versehen: Manchmal bilden wir uns ein, Gelegenheiten zu sehen, die sich im Nachhinein als irrig erweisen. Dieser Fehler eines unternehmerischen Überoptimismus ist zwar betriebswirtschaftlich ungünstig, volkswirtschaftlich aber keineswegs schädlich. Falsche Entdeckungen werden im Zuge des Wettbewerbs sogleich aufgedeckt, und andere Marktteilnehmer können etwas daraus lernen. Ein gewisser Überoptimismus ist sogar essentiell für das Unternehmertum. Unternehmer sehen ja nicht bloß Gelegenheiten, die sich dann einfach ohne viel Zutun nützen lassen. Viele Gelegenheiten müssen erst aktiv geschaffen werden. Kirzners Betonung der Arbitrage könnte daher missverstanden werden als Modell einer Wirtschaft, in der es schlicht darum geht, passiv Preisunterschiede zu erkennen. Doch Wirtschaft ist eben nicht nur ein Wissens-, sondern auch ein Koordinationsproblem: Wertschöpfung setzt stets ungewisse Entscheidungen voraus. Dabei geht es weniger um Besserwissen als um Bessermachen.

Unternehmerische Verantwortung

Hier wären wir beim zweiten Aspekt von Mengers Gedanken zum Unternehmer angekommen: dem nötigen Willensakt. Ludwig von Mises, Lehrer sowohl von Hayek als auch Kirzner, steht einer Reduktion auf die Funktion des Wissens kritisch gegenüber. Das für den Unternehmer relevante Wissen sei noch gar nicht vorhanden, so könne es auch nicht entdeckt, nur antizipiert werden:

> Was den Unternehmer von den übrigen Wirten unterscheidet, ist gerade, dass er sich in seinem Handeln nicht durch das bestimmen lässt, was war

> und ist, sondern allein durch das, was seiner Meinung nach sein wird. Er sieht, wie alle übrigen Menschen, die Vergangenheit und die Gegenwart; doch er sieht die Zukunft anders als sie. Den Antrieb zum Handeln gibt ihm seine, von den Meinungen seiner Mitbürger abweichende Erwartung über die Gestaltung der Zukunft.[81]

Die Unternehmerfunktion liege eigentlich in der konkreten Übernahme dieser Ungewissheit der Zukunft. Jede Entscheidung impliziere Ungewissheit, daher sei in diesem weitesten Sinn auch jeder Mensch Unternehmer, der seine Entscheidungen in der Hoffnung eines ungewissen »Gewinns« – das heißt der Erreichung seiner Ziele – unternimmt und für den möglichen »Verlust« – das heißt die Untauglichkeit der gewählten Mittel – selbst geradesteht.

Abgesehen von diesem weiteren Unternehmerbegriff beschreibt Ludwig von Mises allerdings auch einen engeren. Der Unternehmer im engeren Sinn sei ein *Promoter*, jene »Triebkraft des Marktes«, welche die Produktionsstruktur nach den zukünftigen Konsumentenwünschen umstelle. Es handle sich dabei um jene Menschen, die »weiterblickend und wagemutiger als die anderen« seien, und daher eher in der Lage und willens, größere Ungewissheit auf sich zu nehmen. Der Unternehmer als Träger von Ungewissheit wird so letztlich als Verantwortungsträger verstanden.[82] Bei Mises ist dies insbesondere die Verantwortung für knappe Mittel, die eingesetzt werden, um Produktionsfaktoren zu kaufen oder anzumieten. Das konkrete Handeln des Unternehmers ist dabei von besonderer Bedeutung, da es über die bloße Formulierung neuer Ideen hinausgeht; schließlich mangelt es nicht an Ideen, egal ob alten oder neuen – entscheidend ist deren Umsetzung. Hierzu verzichtet der Unternehmer auf den unmittelbaren Konsum von Gütern, um sie langfristig einem Zweck zu widmen, also mit ihnen Kapital aufzubauen.

Da es für alle Produktionsfaktoren alternative Verwendungen gibt, sie also anderswo fehlen, was sich durch Preisverschiebungen zeigt, ist diese Verantwortung eine große. Der Verlust des erfolglosen Unternehmers hat so auch eine disziplinierende Funktion: Dieser Unternehmer hat Wertvolles verwendet und weniger Wertvolles daraus gemacht – aus der Sicht der Konsumenten. Wenn die Zukunft sich anders entwickelt als erwartet, lassen sich die getroffenen Entscheidungen nicht mehr ohne Probleme und Aufwand – wenn überhaupt – rückgängig machen, der größte Teil des Kapitals ist dann für immer verloren, und aus dem vorübergehenden Verzicht auf die zum Aufbau von Kapital eingesetzten Güter wird ein permanenter. Daher braucht es die disziplinierende Wirkung der Haftung als Verpflichtung, für ökonomischen Misserfolg einzustehen. Schließlich hat ein gescheiterter Unternehmer – aus Sicht der Konsumenten – Wertvolles verwendet und weniger Wertvolles daraus gemacht. Es ist ihm nicht gelungen, aus den in seiner Verfügungsgewalt stehenden Gütern Kapital zu bilden, das eine bessere Versorgung in der Zukunft ermöglicht.

Die schwerwiegendste Folge der Verantwortung für knappe Güter ist der Bankrott, die wichtigste Lektion des Wirtschaftslebens. Eine Gesellschaft, die diesen fürchtet und ihn um jeden Preis zu verhindern versucht, indem sie anderen – etwa den Steuerzahlern – die Konsequenzen für wirtschaftlichen Misserfolg aufbürdet, unterbindet verantwortliches Handeln und damit das Fällen ökonomisch sinnvoller Entscheidungen. Durch das Fehlen von Haftung wird kein Wissen aus der Ungewissheit und dem Umgang mit ihr geschöpft. Das unternehmerische Handeln wird so seines Wesenselements – der Übernahme von Verantwortung – beraubt, stattdessen wird unüberlegtes, zügelloses, weil scheinbar ohne Konsequenzen bleibendes Handeln begünstigt. Denn wer nichts zu verlieren hat, weil ohnehin andere die Rechnung zahlen, hat dementsprechend auch keinen Anreiz, Maß zu halten. Schließlich ist es gerade die Gewissheit, für die eigenen Entscheidungen einstehen zu müssen, die das Eingehen übertriebener Wagnisse verhindert und den Unternehmer dazu anhält, auf Grundlage seiner Erwartungen über zukünftige Entwicklungen die Balance zwischen übertriebenem Risiko und allzu passivem Verharren zu finden.

Das Unternehmerdasein ist untrennbar mit falschen Entscheidungen und dem aus ihnen eventuell folgenden Scheitern verbunden, das wie ein Damoklesschwert über dem Haupt des Unternehmers als persönlich Haftenden schwebt. Das Prinzip des Scheiterns selbst ist kein Fehler; im Gegenteil, Unternehmertum braucht vielmehr eine Kultur des Scheiterns. Das verlieren wir angesichts der gegenwärtigen oberflächlichen Überbetonung des finanziellen Erfolgs leicht aus den Augen, die oftmals den Eindruck vermittelt, dass dieser einer ausgewählten Sorte Mensch spielend leicht zuteilwird. Doch eine Gesellschaft, die dem Erfolglosen und seinen Fehlern keinen Platz einräumt, zerstört die Grundbedingung für Erfolg und damit für Fortschritt.

Der Unterschied zwischen dem langfristig erfolgreichen und dem langfristig erfolglosen Unternehmer besteht nicht in der Anzahl begangener Fehler, sondern darin, wie mit diesen umgegangen wird. Der erfolgreiche Unternehmer erhofft sich zwar den Erfolg und handelt in einer Weise, die ihm zu dessen Erreichung dienlich erscheint – aber er nimmt das Scheitern in Kauf und ist bereit, negative Erfahrungen in wertvolle Erkenntnisse zu verwandeln.

Warum aber übernehmen Menschen diese Verantwortungsbürde? Die Aussicht, für Entscheidungen mit dem eigenen Ruin geradezustehen, treibt Selbständige dazu an, selbst und ständig zu arbeiten. Ist der Selbständige verantwortungsbereiter? Die Daten zeigen, dass der typische Selbständige viele Entscheidungen fällt, die tatsächlich die Chancen reduzieren, dass seine Unternehmung von Erfolg gekrönt sein wird. Zum Beispiel gründen die meisten Selbständigen in Branchen mit den niedrigsten Erfolgsaussichten. Der typische Selbständige ist ein Durchschnittsmensch; schlimmer noch, in vielen Aspekten liegt er deutlich unter dem Durchschnitt. Im Laufe ihres Lebens erleben viele Menschen irgendwann Phasen der Selbständigkeit – der wohlklingende Begriff täuscht darüber hinweg, dass diese Selbständigkeit selten gewollt ist, bezeichnet sie doch bloß die Abwesenheit einer festen Anstellung mit regelmäßigem Gehalt. Wenig idyllisch beschreibt Scott A. Shane diesen Durchschnittsselbständigen:

> Der typische amerikanische Unternehmer ist ein verheirateter weißer Mann in seinen Vierzigern, der das College besuchte, aber nie abschloss. Er lebt an Orten wie Des Moines oder Tampa, wo er geboren wurde und den größten Teil seines Lebens verbracht hat. Sein neues Unternehmen ist im Niedrig-Technologie-Bereich, wie eine Baufirma oder eine Autowerkstätte, in einer Branche, in der er jahrelang gearbeitet hat. Das Unternehmen, das der typische Unternehmer gegründet hat, ist ein Einzelunternehmen, finanziert mit 25.000 Dollar aus seinen Ersparnissen und vielleicht einem Bankkredit, für den er persönlich haftet. Der typische Unternehmer plant nicht, viele Leute anzustellen oder viel Geld zu verdienen.

> Er will bloß seinen Lebensunterhalt verdienen und seine Familie ernähren. Kurz, der typische Unternehmer ist Ihr Nachbar – er ist der Unternehmer von nebenan.[83]

Noch trister wird das Bild, wenn man sich ansieht, welche Menschen eine besondere Tendenz zur Selbständigkeit aufweisen. Es sollte nicht überraschen, dass Arbeitslose, Geringverdiener und Drogendealer die höchste Wahrscheinlichkeit aufweisen, als »Unternehmer« in die Statistik einzugehen.

Selbständige arbeiten im Schnitt auch zu weitaus schlechteren Bedingungen als Angestellte. Deutschland führt die Liste der Länder mit deutlichem Mehraufwand für Unternehmer an: Selbständige arbeiten im Schnitt fünfzehn Stunden mehr pro Woche. Praktisch überall gilt: Der durchschnittliche Unternehmer arbeitet härter und verdient weniger. Unternehmer gehören zu der Gruppe mit den größten Einkommensunterschieden. Die erfolgreichsten zehn Prozent besitzen drei Viertel des Geschäftsvermögens. Blendet diese Verlockung? Sind die meisten Unternehmer schlicht überoptimistische Narren?

Trotz des schlechteren Abschneidens in praktisch allen quantitativ messbaren Faktoren ist die Arbeitszufriedenheit unter Selbständigen deutlich höher als unter Angestellten. So deutlich, dass im Schnitt ein zweieinhalb Mal höheres Einkommen nötig wäre, um dies auszugleichen. Das heißt: Menschen sind für die Selbständigkeit sogar bereit, auf mehr als die Hälfte ihres Einkommens zu verzichten. Es scheint eine anthropologische Tatsache zu sein, dass sich Menschen in kleineren Gruppen wohler fühlen. Die entscheidende Variable für die Arbeitszufriedenheit ist nämlich die Unternehmensgröße: Je größer das Unternehmen, desto geringer die Zufriedenheit.

Verständlich wird dies, wenn wir berücksichtigen, dass die Gegenseite der Verantwortung die Freiheit ist. Sich verantwortlich fühlen zu können, bedeutet, selbst über Relevantes verfügen zu dürfen. Hier verlassen wir die Ökonomik und treten in den Bereich der Psychologie. Es ist allerdings kein Zufall, dass im selben Wien, in dem die Ökonomik so große Fortschritte machte, auch die Psychologie zu Weltruhm gelangt. Der Wiener Psychologe Viktor Frankl nannte das Verantwortlichsein den »Wesensgrund der menschlichen Existenz«.[84] Er sah die Verantwortung als Schlüssel zum Lebenssinn:

> Das Leben selbst ist es, das dem Menschen Fragen stellt. Er hat nicht zu fragen, er ist vielmehr der vom Leben her Befragte, der dem Leben zu antworten – das Leben zu ver-antworten hat.[85]

Die Verantwortung des Unternehmers eröffnet die Aussicht, etwas selbst zu schaffen. Nach Frankl ist das Schaffen einer der Wege zu einem sinnerfüllten Leben. Verantwortung ist also zugleich ein limitierender und ein nährender Faktor des Unternehmertums. Wie Ludwig von Mises korrekt andeutet, ist Verantwortungsbereitschaft nicht gleich verteilt. Es ist die Verantwortungsübernahme, die das Bessermachen vom bloßen Besserwissen unterscheidet. Darum sind unternehmerisches Wissen und unternehmerischer Spürsinn nur notwendige, keine hinreichenden Bedingungen für Unternehmertum.

Doch trägt nicht eine angestellte Führungskraft in einem großen Unternehmen mehr Verantwortung als ein kleiner Selbständiger? Da Verantwortung die notwendige Gegenseite zur Freiheit ist, hält dieser Vergleich meist nicht. Darum treten Sinnkrisen eher bei Managern auf, die spüren, dass die getragene Verantwortung eigentlich in vorgegebenen Bahnen läuft und dadurch nicht wirklich mit Sinn erfüllt. Selbständige neigen zu einer anderen Art von Krise, die nahelegt, dass die Verantwortung realer und profunder ist. Eine häufige Schattenseite der Selbständigkeit ist die Depression aus Selbstzweifel. Der Angestellte zweifelt eher am Sinn, da er weniger Ungewissheit trägt, und im Rahmen vorgegebener Gewissheiten weniger Platz für Verantwortung und Freiheit ist. Der Selbständige zweifelt eher an sich selbst, zweifelt daran, ob er der Last von Verantwortung und Freiheit wirklich gewachsen ist.

Weder der leitende Angestellte noch der einzelne Selbständige sind jedoch eigentlich unter dem ökonomischen Phänomen des Unternehmertums gemeint. Es handelt sich um zwei häufige Missverständnisse: Die einen halten Management für ein Synonym des Unternehmertums, die anderen Selbständigkeit. Tatsächlich widerspricht nicht nur der historische Unternehmerbegriff, sondern auch die ökonomische Analyse diametral diesen Auffassungen. Wenn Mises vom Unternehmer im engeren Sinn spricht, hat er nicht den Cantillon'schen »Unternehmer der eigenen Arbeitskraft« vor Augen, wenngleich er dessen Unternehmertum keineswegs leugnet. Es ist eben Unternehmertum im weiteren Sinn, dass allerdings auch Angestellten bei ihren Karriereentscheidungen nicht erspart bleibt.

Das Unternehmertum im engeren Sinn hat mit Unternehmen zu tun: mit Kapitalstrukturen aus gemieteten und erworbenen Produktionsfaktoren. Gerade weil der Unternehmer nicht nur über den Einsatz seiner Arbeitskraft bestimmt, sondern auch über den Arbeitseinsatz anderer Menschen und den Einsatz eines überdurchschnittlichen Maßes anderer Güter, trägt er mehr ökonomische Ungewissheit als der typische Selbständige und damit auch mehr Verantwortung. Nach Mises ist der Selbständige also kein Unternehmer im engeren Sinn. Deshalb sind die meisten Unternehmerstatistiken unbrauchbar. Sie orientieren sich meist nur an der finanzbürokratischen Unterscheidung zwischen Selbständigkeit und Angestelltenverhältnis. Solche Statistiken zeigen dann etwa auf, dass mit höherem Wohlstand und damit größerem Kapitalbestand einer Gesellschaft das »Unternehmertum« sinke. Die höchsten Selbständigenquoten weisen nämlich unterentwickelte, arme Länder auf, in der die Menschen kaum eine andere Wahl haben als Selbständigkeit, da es zu wenige Arbeitsplätze gibt.

Unternehmertum als ökonomisches Phänomen würde im fiktiven Fall wirtschaftlichen Gleichgewichts verschwinden. In diesem Fall gäbe es aber immer noch Selbständige und Angestellte. Im Gleichgewicht würden sich beide Gruppen aber so sehr ähneln, dass es kaum die Mühe wert wäre, unterschiedliche Begriffe zu verwenden. Unter Bedingungen völliger Gewissheit ist es egal, ob man direkt für den Kunden oder vermittelt durch Zwischenleute für den Kunden arbeitet. Im Gleichgewicht führt der Selbständige die immer gleichen Handgriffe auf Zuruf des Kunden, der Angestellte auf Zuruf des Chefs aus, wobei letzterer des Kunden Zuruf bloß übermittelt.

Unternehmertum hat erst dann eine Bedeutung, wenn Irrtum und Scheitern möglich werden. Profite bleiben erst dann als Residuum übrig, wenn alle anderen wirtschaftenden Akteure durch ihre Irrtümer die Unterbewertung von Faktoren verursacht haben. Der Selbständige unterscheidet sich vom Angestellten dadurch, dass er seine eigene Arbeit in den angebotenen Einsatzmöglichkeiten für unterbewertet hält. Das bedeutet nicht notwendigerweise, dass er in der Selbständigkeit ein höheres Verdienst erwartet. Wert ist etwas anderes als Preis. Besonders in wohlhabenden Gesellschaften ist Selbständigkeit mit finanziellen Einbußen verbunden. Der höhere subjektive Wert der Eigenverantwortung und der damit möglichen Freiheit sowie die geringere Bereitschaft, unter den Anweisungen anderer zu arbeiten und für die Fehler anderer geradezustehen, überwiegen meist das finanzielle Kalkül. Dieses Kalkül kann jedoch freilich durch falsche Einschätzung und Überoptimismus getrübt sein.

Unternehmensführung

Mit dem steigenden Ausmaß der Faktoren, die der Unternehmer aufgrund seiner abweichenden Vision der Zukunft unter seine Kontrolle bringt, wächst die Entscheidungsverantwortung. Bald tritt die eigene Arbeitskraft des Unternehmers als Produktionsfaktor in den Hintergrund und seine Entscheidungskompetenz in den Vordergrund. Die Essenz des Unternehmertums im Sinn der Unternehmensführung ist Entscheidung unter Untergewissheit.[86] Warum sollte das so außergewöhnlich sein, und warum läuft die Analyse der Wiener Schule der Ökonomik auf diese Einsicht hinaus?

Jede Entscheidung, die wir in unserem Leben zu treffen haben, ist eine Entscheidung unter Ungewissheit. Und viele unserer Entscheidungen wirken sich auch auf unsere Mitmenschen aus. Die Bedeutung des unternehmerischen Entscheidens wird erst klarer, wenn wir die obigen Anhaltspunkte verbinden, um uns ein Bild von der Bedeutung der Unternehmen zu machen. Dazu sind zunächst zwei Typen von Entscheidungen zu unterscheiden, die andere Menschen direkt betreffen: Gemeinschaftsentscheidungen und Marktentscheidungen. Bei Gemeinschaftsentscheidungen kommen Menschen mit unterschiedlichen Mitteln zusammen, um sich hinsichtlich ihrer Ziele (Wertvorstellungen, Präferenzen) zu treffen. Bei Marktentscheidungen kommen Menschen mit unterschiedlichen Zielen zusammen, um sich hinsichtlich ihrer Mittel (Güter) zu treffen.

Eine Gemeinschaftsentscheidung könnte etwa so aussehen: Drei Personen kommen zusammen; die erste hat Eier, die zweite hat Mehl, die dritte hat Milch. Gemeinsam einigen sie sich auf das Ziel, mit diesen Zutaten einen Kuchen zu backen. Eine Marktentscheidung hingegen könnte etwa so aussehen: Von den drei Personen will die erste

Brot backen, die zweite einen Kuchen und die dritte ein Omelett zubereiten. Gemeinsam einigen sie sich auf freiwillige Austauschverhältnisse für die vorhandenen Güter, um ihre jeweiligen Ziele besser zu erreichen.

Unternehmensentscheidungen unterscheiden sich von diesen zwei Entscheidungsarten in subtiler Weise. Unternehmen schließen nach außen hin an den Markt an und bilden nach innen hin Zweckgemeinschaften. Deren Zwecke werden aber nicht durch gemeinschaftliche Entscheidungsregeln vorgegeben, etwa Konsens oder Abstimmung, sondern durch antizipierte Kundenwünsche. Der Markt umschließt und begrenzt das Unternehmen. Marktentscheidungen bieten die unmittelbare Gewissheit über angebotene und nachgefragte Mittel durch das Feedback der anderen Marktakteure, die Angebote annehmen oder ablehnen können. Gemeinschaftsentscheidungen bieten die unmittelbare Gewissheit über die zu verfolgenden Ziele durch das Feedback der anderen Mitglieder, die der Kooperation zustimmen oder sie ablehnen können. Unternehmensentscheidungen bedeuten mehr Ungewissheit, da sie Räume bilden, die nach außen Distanz zur klärenden Marktgrenze schaffen, aber von innen her nicht gänzlich durch gemeinschaftliche Gewissheit erfüllt sind.

Was ist unter Marktgrenze zu verstehen? Diese Perspektive deckt dominante Irrtümer über das Unternehmertum auf. Gemeinhin hält man Profite, Wettbewerb und Preise für die wesentlichen inneren Triebfedern des Unternehmertums. Diese Deutung stellt die Realität auf den Kopf. Tatsächlich sind Profite, Wettbewerb und Preise äußere Begrenzungen des Unternehmertums – daher war weiter oben von limitierenden Faktoren die Rede. Genauso wenig wie Profite die Essenz des Unternehmertums sind, ist es der Wettbewerb. Je näher am Markt, desto größer der Wettbewerb. Je größer der Wettbewerb, desto geringer die Profite. Je geringer die Profite, desto weniger Raum für Unternehmertum. Im »perfekten Wettbewerb«, in dem alle Unternehmer unmittelbar am Markt sind und alle relevanten Preise genau kennen, gibt es überhaupt keine Profite, da sie der Wettbewerb sofort beseitigt – daher auch kein Unternehmertum.

Unternehmertum gibt es nur dann, wenn Märkte auch irren können. Das ist freilich eine Metapher: Irren können nur Menschen. Der Irrtum von Menschen am Markt hat nichts mit Marktversagen zu tun. Der Markt ist ein Koordinationsmechanismus. Hinsichtlich der Pläne, Wünsche, Ziele und Mittel der anderen Menschen tappen wir alle im Dunkeln. Das »Irren« am Markt bezeichnet also das unausweichliche Herumirren im Dunkeln, das der einzige Weg ist, voranzukommen.

Wenn der Ökonom es so ausdrückt, dass der Markt koordiniert, dann ist das nur eine metaphorische Abkürzung. Tatsächlich koordiniert nicht *der* Markt, sondern Menschen koordinieren sich *am* Markt. Das Feedback am Markt ist die Freiheit der Mitmenschen, Angebote abzulehnen. Diese abgelehnten Angebote, Gegenangebote, konkurrierenden Angebote und das bekundete Interesse einer potentiellen Nachfrage bilden zusammen jene teilweise schmerzhaften Orientierungspfosten im Dunkeln. Zusätzlich erschwert wird der Orientierungslauf dadurch, dass diese Pfosten nicht statisch verankert sind, sondern sich laufend bewegen. Wo eben freie Bahn war, kann man sich im nächsten Moment schon eine blutige Nase holen. Durch seine Dynamik ist der Markt nicht nur Orientierungshilfe, sondern führt oft auch in die Irre. Dennoch ist die Marktkoordination aufgrund der Wissensteilung, der individuellen Anreize und der schonungslosen Ehrlichkeit des Feedbacks der beste bekannte Koordinationsmechanismus für Produktionsentscheidungen. Die vermeintlichen Alternativen, die sich der Marktungewissheit und dem scheinbaren »Chaos« entziehen wollen, schaffen nur falsche Scheingewissheiten. Die Komplexität des Marktes wird dann durch geplante Komplikationen ersetzt, die nur dadurch einfacher und klarer erscheinen, dass die lebendige Komplexität aufgrund des verursachten Mangels abgewürgt wird.

Die wesentliche Beschränkung des Marktes ist allerdings, dass er nur eine Grenze des Handelns darstellt. Eine der Grundlagen der Wiener Schule der Ökonomik ist der Marginalismus, die Einsicht, dass die Marktkoordination *at the margin* stattfindet. Am Markt lernen wir etwas über die *margins* der anderen Marktteilnehmer, nichts über ihre Strukturen, Motive, Ziele, Hintergründe abseits der Marktgrenze. Die Analogie eines realen Wochenmarkts illustriert diesen Marginalismus des Marktaustauschs: Einmal in der Woche lässt der Produzent seine Produktionsstruktur »zu Hause« und begibt sich auf den Markt. Dorthin bringt er seine Überschüsse, seine »marginalen« Güter. Seine Produktionsstruktur bleibt den Marktteilnehmern verborgen, sie liegt abseits des Marktes, wenngleich sie laufend an Markterfahrungen (im Nachhinein) und Markterwartungen (im Vorhinein) angepasst wird.

Das typische Unternehmen eines Anbieters am Markt liegt also eigentlich abseits des Marktes. Selbst die Kapitalstruktur des Einzelhändlers reicht in marktfernere Tiefe, sein Marktauftritt ist nur die Spitze des Eisbergs. Er besorgt die Handels- und Kapitalgüter bei Produzenten oder auf anderen Märkten. Nur ein Teil seines Kapitals ist auf dem konkreten Markt bewertbar. Der Obsthändler findet auf diesem Markt Nachfrage für sein Obst, aber kaum Zahlungsbereitschaft für sein Mobiliar, seine Kontakte, seine Marke, sein Wissen, sein Lokal, seine Lieferantenbeziehungen etc. Sein Kapital ist viel illiquider als seine Handelsware. Finden seine Waren zu den ihm möglichen Konditionen keine Nachfrage mehr, kann es sein, dass sein Kapital von heute auf morgen wertlos wird – obwohl davor noch der tägliche Warenumsatz wertmäßig nur eine winzige aufragende Spitze seines unter der Marktoberfläche liegenden Kapitalbergs war.

Je geringer das Kapital, desto weniger tief reicht ein Unternehmen unter die Marktoberfläche. Desto stärker wiederum steht es mit all seinen Faktoren im unmittelbaren Wettbewerb. Die Verwechslung von Wettbewerb und Unternehmertum ist genau wie die Verwechslung zwischen Profit und Unternehmertum der Grund zahlreicher Missverständnisse. Wettbewerb ist nicht die Essenz des Unternehmertums, sondern der Konsumentensouveränität. Insbesondere Hayek wurde in dieser Hinsicht vielfach missverstanden. Erst vor kurzem wagte der amerikanische Unternehmer Peter Thiel auf der Grundlage seiner Erfahrungen, auf das Missverständnis hinzuweisen, dass Unternehmertum einen Drang zu Wettbewerb bedeute und die erfolgreichsten Unternehmer knallharten Wettbewerb suchten.[87] Die Aufklärung dieses Missverständnisses war aber schon in der Wiener Schule der Ökonomik angelegt.

Wettbewerb ist ein limitierender Faktor des Unternehmertums, der die bessere Koordination unternehmerischer Projekte mit den Wünschen der Konsumenten erlaubt. Der Wettbewerb ist umso stärker, je weniger Unternehmertum im eigentlichen und engeren Sinn es in einer Volkswirtschaft gibt. In kapitalarmen Wirtschaftsräumen verdingen sich unzählige Selbständige damit, in kleinem Stil Handel zu betreiben, indem sie etwa ein Kilo Zucker am größeren städtischen

Markt besorgen und dann am kleineren ländlichen Markt in kleineren Portionen verkaufen. Der Wettbewerb für diese Form des kapitalarmen Einzelhandels lässt die Erträge schwinden. Die Profite, die der erste Kleinhändler verdient, ziehen sofort Nachahmer an, bis der Profit soweit reduziert ist, dass nur noch die letzte kleine Wertdifferenz übrig bleibt: der Zins. Daher sind viele Mikrokredite eigentlich keine Unternehmensinvestitionen, sondern schlichte Zinsarbitrage. Liquide Mittel aus künstlich kreditreichen Niedrigzinsregionen fließen in kapitalarme Hochzinsregionen. Selbständige Tätigkeit ist eben etwas anderes als Unternehmertum im engeren Sinn.

Wettbewerb mindert zugunsten der Konsumenten die Profite, hebt die Qualität (sofern die Qualität der Konsumentenkaufkraft nicht sinkt; mehr dazu später) und drückt die Preise. Wettbewerb ist der fünfte Melonenhändler, der neben vier anderen seine Melonen auftürmt. Das Prinzip dieses Selbständigenwettbewerbs drückt gut die südostasiatische Floskel aus: *same same – but different*. Das ist Wettbewerb ohne Unternehmertum. Freilich weist dieser Wettbewerb wie jede menschliche Aktivität gelegentlich Kreativität und Fleiß auf und ist durchaus wertschöpfend. Er ist die Mühe wert, solange die Zinsdifferenz alternative Lohnhöhen übersteigt. Sobald der Kapitalbestand in einem Wirtschaftsraum zunimmt, schwindet der Wettbewerb am Markt, da der Markt ausdifferenziert. Nach und nach geben die Melonenhändler ihr Metier auf, bald liegen nicht mehr fünf identische Melonenberge vor fünf ähnlichen Verkäufern aufgereiht, sondern nur noch drei.

Der Wettbewerb ist dann im Sinne des Konsumenten, wenn er als Entdeckungsverfahren wirkt. Dann ist er eine Phase der Marktdifferenzierung, in der Anbieter mit schlechteren Konditionen verdrängt werden. Der Wettbewerb ist also Korrektiv, nicht Essenz. Der Wettlauf ist wertlos ohne Läufer, und die trainieren abseits des Wettlaufs. Professionelle Läufer drängen nicht zu jedem Wettbewerb, um sich jeden Tag zu messen. Sie wählen Wettbewerbe aus, um ihre Vorbereitung abseits der Wettbewerbe gelegentlich zu prüfen. Ständiger Wettlauf wäre uninteressant und irrelevant. So wie ein Wettlauf ohne ernsthafte Läufer sportlich uninteressant ist, ist Wettbewerb ohne Unternehmertum ökonomisch uninteressant. Für die Konsumenten bedeutet er nur wenig Mehrwert, sondern bloß Ausweitung irrelevanter Auswahl. Oft übersteigt der für den Konsumenten geschaffene Entscheidungsstress den kleinen Mehrwert der Angebotsausweitung.

Der selbständige Melonenverkäufer wird dann Unternehmer, wenn er seinen kleinen Melonenmarkt transzendiert und ein alternatives Muster einer besseren Faktorenanordnung antizipiert. Diese Musterkennung unterscheidet sich von üblicher Erkenntnis dadurch, dass das zu erkennende Muster noch gar nicht existiert. Selbständige sind durchaus gute Erkenner bestehender Muster, kleinste Verbesserungen werden sehr rasch adaptiert und imitiert. Wenn der erste Melonenhändler vorgeschnittene Melonenwürfel anbietet und damit eine kleine Prämie erzielt, werden seine Nachbarn rasch nachziehen. Trotz deren Wettbewerbs wird der Preis für vorgeschnittene Melonen etwas höher liegen als für unbearbeitete – die Zinsdifferenz wird durch den Wettbewerb nicht reduziert. Der erste Melonenhändler war durchaus innovativ und zeigte eine unternehmerische Initiative, aber seine Innovation war zu nahe am Wettbewerb, um wirkliches Unternehmertum im engeren Sinn zu ermöglichen.

Unternehmerische Mustererkennung ist antizipierende Musterveränderung. Das antizipierte alternative Muster könnte man »Vision« nennen. In diesem Sinn sind Unternehmer Visionäre. Doch der Begriff ist politisch belastet. Sofern Konsumentensouveränität besteht, also unverzerrter Wettbewerb und Kostenwahrheit, ist es nahezu unmöglich, die Vision einer anderen Kapitalstruktur gegen die Konsumentenwünsche produktiv durchzusetzen. Konsumtive Umsetzung ist natürlich immer möglich – hinreichende konsumierbare Mittel vorausgesetzt. Ein Milliardär, ein Subventionsempfänger oder ein Politiker können ohne Konsumenten und Investoren ein »visionäres« Unternehmen auf die grüne Wiese setzen. Produktive Umsetzung aber würde bedeuten, dass der Aufwand durch die höhere Wertschöpfung aufgrund der besseren Faktorenverwendung kompensiert wird. Hier kommt dann der Wettbewerb als Korrektiv ins Spiel. Die Faktoren haben aufgrund alternativer Verwendungen für alternative Konsumentenwünsche einen Preis, und nur selten übertrifft diesen der geschaffene Mehrwert.

Unternehmerische Visionen, die sich produktiv umsetzen lassen, setzen mehr Empathie als bloßen Umgestaltungswillen voraus. Hier fügt sich Mengers vorausschauende Interpretation des Unternehmertums als Kombination von Wissen und Willen ineinander. Der bloße Wille als Entscheidungskraft reicht nicht aus, am Markt wird er diszipliniert. Es braucht Willen im Einklang mit der Marktdisziplin. Doch da der Gestaltungswillen nicht direkt auf Tuchfühlung mit dem Markt sein kann und sich die momentanen Marktsignale deutlich von den künftigen Marktbedürfnissen unterscheiden können, muss die Marktdisziplin gewissermaßen als Selbstdisziplin internalisiert werden. Diese Selbstdisziplin ist das unternehmerische Wissen oder Gespür, es ist die Fähigkeit, sich empathisch in künftige und hypothetische Kunden hineinversetzen zu können. Dieses innere Bild einer besser im Einklang mit den realen und aktuellen Bedingungen und den möglichen und künftigen Kundenwünschen stehenden Kapitalstruktur ist die unternehmerische Vision, die allerdings noch auf unternehmerischen Umsetzungswillen treffen muss. Letzterer bedeutet, Entscheidungen unter Ungewissheit zu treffen.

Die Ungewissheit ist dadurch verstärkt, dass der Unternehmer abseits des bestehenden Marktes ansetzt. Seine Vision umfasst schließlich eine alternative Marktkonstellation. Der Unternehmer »befreit« Produktionsfaktoren vom Markt, er löst sie aus den aktuell am Markt höchstpräferierten Verwendungen und zieht sie damit unter die Marktoberfläche. Die Kombination von Produktionsfaktoren abseits des Marktes für den Markt ist ein Unternehmen. So ist ein Unternehmen gewissermaßen ein Gegensatz zum Markt, es ist eine Insel der Pläne, der Vision, des Ausprobierens. Unternehmen sind kleine marktfreie Zonen.

Das mag für manchen Unternehmer schockierend klingen, diese Einsicht ist aber Grundlage der Unternehmenstheorie, der *theory of the firm*. Der britische Ökonom Ronald H. Coase, ein Kollege von Friedrich A. von Hayek an der London School of Economics und von Frank Knight an der University of Chicago, lieferte in einem berühmten Artikel 1937 eine Erklärung dafür, warum unternehmerische Organisation abseits der Märkte wirtschaftlich sein kann.[88] Er kam zu der Erkenntnis, dass Markttransaktionen nicht kostenlos sind und der Preismechanismus nicht ohne Mühe verwendet werden kann. Diese Erklärung wird verständlich, wenn wir die Grundfrage klarer formulieren: Warum gibt es Unternehmen und nicht nur Einzelunternehmer, die frei mit anderen Einzelunternehmern kooperieren, also je nach Bedarf

Freiberufler anheuern und Ressourcen anmieten? Die Antwort von Coase lautete, dass die Kontrahierung solcher flexibler Kooperation aufwendig und unsicher ist. Die Auswahl, Koordination, Evaluierung von und Einigung mit zahlreichen Selbständigen ist ein Aufwand, der durch feste Anstellungsverhältnisse reduziert werden kann.

Daher laufen viele Versuche, Unternehmen »unternehmerischer« zu machen, indem interne Märkte simuliert werden sollen, in die Irre. Meist erhöht der Koordinations- und Evaluationsaufwand nur die Transaktionskosten und reduziert damit den Vorteil, überhaupt ein Unternehmen zu sein und kein loses Netzwerk von Freiberuflern. Allerdings haben Unternehmen auch gewichtige Nachteile. Diese liegen eben in dem Paradoxon begründet, dass Unternehmen eine gewisse Marktferne bedeuten. Zwei Probleme ergeben sich daraus: das Wissensproblem und das Kalkulationsproblem.

Friedrich A. von Hayek stieß im Zuge seiner Analyse des Sozialismus auf das Wissensproblem. Planwirtschaften setzen ein Wissen voraus, das niemandem in seiner Gesamtheit gegeben ist. Je größer ein Unternehmen ist, desto mehr ähnelt es einer kleinen Planwirtschaft. Das für den Betrieb nötige Wissen wächst exponentiell an, und damit der Aufwand, Wissen zu sammeln, zu bewerten, zu verwenden. Große Unternehmen drohen bürokratisch zu werden: Sie sind dann vorwiegend mit sich selbst beschäftigt, nämlich mit der Erfassung der Abläufe, wobei das wesentliche Wissen stets übersehen wird, weil es allzu verstreut, zerteilt und versteckt ist. Marktwirtschaften haben gegenüber Planwirtschaften den Vorteil, dass ihre dezentralisierte Entscheidungsstruktur das dezentrale Wissen besser nutzen kann. Jeder einzelne Entscheider ist weitgehend unwissend, selbst wenn er Manager oder Parteivorsitzender genannt wird.

So wie Hayek stieß Ludwig von Mises im Zuge der Sozialismusdebatte auf das Kalkulationsproblem. Sein amerikanischer Schüler Murray N. Rothbard erkannte, dass dieses auch für Unternehmen Gültigkeit hat. Die Preise des Marktes drücken Austauschverhältnisse aus und dokumentieren damit Entscheidungen. Über den Weg von in Geld ausgedrückten Preisen fließt so das Wissen über die Entscheidungen anderer Menschen in die Kalkulation eines Unternehmens ein. Diese Kalkulation bietet eine Entscheidungsgrundlage. Die Preise drücken zwar nur vergangene Präferenzen und Knappheiten aus, doch sind sie ein erster Ausgangspunkt zur Vermeidung von Fehlentscheidungen. Wenn sich einem Unternehmer zwei mögliche Alternativen bieten, um ein Ziel zu erreichen, kann er die Kosten der jeweiligen Mittel miteinander vergleichen. Diese Kalkulation erlaubt ihm, den günstigeren und damit weniger verschwenderischen Weg zu wählen. Wüsste er über die Kosten der Mittel mangels Preisinformation nicht Bescheid, würde er oft Mittel einsetzen, die in anderen Verwendungen wichtiger, weil wertschöpfender sind. Entscheidungen ohne Kalkulationsgrundlage sind daher oft unwirtschaftlich und reduzieren sukzessive nicht nur die Ressourcen des Entscheiders, sondern auch den Wohlstand in einer Volkswirtschaft. Das ist der wesentliche Grund, warum Planwirtschaften so verschwenderisch mit Ressourcen umgehen. Das liegt nicht an der Inkompetenz oder moralischen Verkommenheit der Planer, sondern am blinden Entscheiden, das letztlich zufällig und willkürlich ist. Manchmal sind die Entscheidungen wirtschaftlich, doch mit der Zeit kumuliert die Verschwendung.

Je größer Unternehmen sind, desto weiter entfernt sind sie von der Marktgrenze. Das bedeutet, dass ein immer größerer Teil von Ressourcen, nämlich die innerbetrieblichen, nicht auf Märkten taxiert werden und keine Preisinformationen vorliegen. Zwar wurden die meisten Ressourcen auf Märkten bezogen, doch diese einmaligen Transaktionen treten dann in den Hintergrund gegenüber der längerfristigen produktiven Nutzung der Ressourcen durch unzählige innerbetriebliche Transaktionen und Prozesse. So kommt es dazu, dass Ressourcen verschwendet werden, etwa für künstlich erzeugte Transaktionskosten. In großen Unternehmen nehmen etwa die Arbeitsbesprechungen überhand. Besprechungen haben einen Nutzen, indem sie Koordination ermöglichen. Diese wird aufgrund des Wissensproblems immer notwendiger und aufwendiger. Der Nachteil von Besprechungen liegt in den gebundenen Ressourcen, nämlich der Arbeitszeit der Mitarbeiter. Da Zeit in Besprechungen aber eine innerbetriebliche Ressource ist, die nicht einzeln auf Arbeitsmärkten zugekauft wird, sondern Teil des betrieblichen Gesamtpakets ist, hat diese Arbeitszeit kein Preisschild. Sie erscheint kostenlos, weshalb mit ihr oft verschwenderisch umgegangen wird. So sinkt die Arbeitseffizienz in großen Unternehmen. Je weiter bestimmte Teile eines Unternehmens vom Markt entfernt sind, desto mehr tritt es in den Hintergrund, einem Konsumenten zu dienen, und desto mehr wird am Konsumenten vorbeigewirtschaftet.

Wenn Unternehmen kleine Planwirtschaften sind, stehen sie damit im Widerspruch zum Kapitalismus? Sind sie Inseln des Sozialismus? Dies ist ein Missverständnis, das in der Geschichte einige Unternehmer zu Fürsprechern des Sozialismus werden ließ. Der große Unterschied zwischen Unternehmen in einer Marktwirtschaft und Betrieben in einer Planwirtschaft ist, dass erstere stets unter der Marktdisziplin stehen, das heißt unter der Disziplin der freiwilligen Angebote und Angebotsablehnungen anderer Menschen, und letztere Teil eines Zwangsapparats sind, der über den Menschen steht und Angebote macht, die nicht abgelehnt werden können. Sozialisten sind Zwangsunternehmer, die falschlagen. Ihre Entfernung vom Markt haben sie stets damit begründet, ihrer Zeit voraus zu sein. Wer ein Omelett machen wolle, müsse ein paar Eier zerbrechen, erklärten sie. Wenn erst das wohlschmeckende Omelett serviert würde, wäre niemand mehr traurig über die zerbrochenen Eier und die Zwanglosigkeit des Sozialismus offensichtlich.

Unternehmer, die Unternehmen gründen, können ähnlich argumentieren: Wir müssen vorerst Verluste in Kauf nehmen und uns etwas vom Markt entfernen. Um dem Markt voraus sein zu können, muss man etwas abseits von ihm liegen. Wenn die Konsumenten einmal erkennen, was wir im geschützten Raum des Unternehmens geschaffen haben, wird ihre Wertschätzung den Aufwand aufwiegen. Unternehmen schaffen in der Tat Räume, die vor dem direkten Wettbewerb geschützt sind. Sie ermöglichen es Menschen, an noch nicht honorierten, unerkannten Dingen zu arbeiten, Ressourcen entgegen der Verwendungen einzusetzen, die der aktuelle Markt als dringlicher ansehen würde. Doch irgendwann gehen einem Unternehmen die Mittel aus, wenn es sich allzu lange fern vom Markt aufhält. Und wenn der Unternehmer falschlag, kommt der Markt zu seinem Recht. Der falsche, verschwenderische Einsatz von knappen Ressourcen wird eingestellt und die verbliebenen Ressourcen werden wieder dem Markt, das heißt den aktuell dringlichsten Verwendungen zugeführt.

Die Sozialisten lagen falsch. Sie zerbrachen unglaubliche Mengen an »Eiern«, am Ende gab es aber kein Omelett. Da aber die sozialistischen Großexperimente nicht der Marktdisziplin unterlagen, konnten ihre immer fauleren Angebote nicht abgelehnt werden. Wer ein Angebot nicht ablehnen kann, ist kein Mitarbeiter, sondern ein Sklave. Die Menschen selbst wurden zu verschwenderisch eingesetzten Ressourcen, und die »zerbrochenen Eier« bedeuteten Massenmord. Die fehlende Marktdisziplin führte dazu, dass die Entscheider kaum *skin in the game* hatten, das heißt, selbst nur in geringem Ausmaß die Kosten ihrer Fehler zu tragen hatten und daher in rücksichtslose Hybris verfielen und »risikofreudig« über Leichen gingen.

Im Kleinen wollte der Sozialismus Marktentscheidungen durch Gemeinschaftsentscheidungen ersetzen. Das funktioniert allerdings nur in zwei Fällen: bei sehr homogenen Gemeinschaften oder sehr niedriger Komplexität. Sozialismus kann in Primitiv- und Subsistenzwirtschaften, Agrarkommunen und in religiösen Gruppierungen funktionieren. Letztere können Klöster, Sekten, ideologische Gruppen sein – wesentlich ist die Homogenität und Loyalität. Je größer die Gruppierung, desto unmöglicher werden Gemeinschaftsentscheidungen. Sie verkommen dann meist zu Guru- oder Komitee-Entscheidungen, wobei unterschiedliche Ziele und Ungewissheiten durch Hirnwäsche, psychischen Druck oder Zwang kaschiert werden.

Entscheidungen unter Ungewissheit lassen sich nur schwer in Gruppen treffen, außer alle Individuen ticken völlig gleich und bieten eben jene »Gemeinschaftsgewissheit«, nach der sich viele Menschen instinktiv sehnen: Zugehörigkeit zu seiner Sippe, mit der man sich eins fühlen kann. Der Markt bietet mehr Gewissheit, weil er uns schonungslos aufzeigt, was gerade anderen wertvoll scheint und was nicht. Auch diese Gewissheiten führen allerdings oft in die Irre, eben weil sich Menschen ändern und auf Veränderungen reagieren. Das Automobil ist nicht am Postkutschenmarkt entwickelt worden. Wer dem Markt nicht traut, der muss sich auf Ungewissheit einlassen. Ungewissheit erfordert einen größeren Entscheidungswillen. Da für die Umsetzung einer nichttrivialen Vision ins Ungewisse hinein meist die Kooperation anderer Menschen und Ressourceneigentümer nötig ist, wird Führung zu einer notwendigen Voraussetzung.

Der Unternehmer im engeren Sinn als Wegbahner durch das Ungewisse abseits des Marktes hin zu einer neuen, besseren Marktkonstellation ist damit notwendigerweise ein Unternehmensführer. Er entweicht dem Wettbewerb durch Innovation und stellt sich dem Wettbewerb erst dann, wenn er davon überzeugt ist, dass die Mitbewerber falschliegen – oder anderswo liegen. Dann fühlen sie sich fälschlicherweise im Wettbewerb, doch der Innovator weiß es besser; er ist eben kein derivativer Selbständiger. Je höher der Kapitalbestand, desto differenzierter sind die Wege durch die Ungewissheit und desto unverwechselbarer sind die Unternehmen. Die Essenz der Innovation und damit der unternehmerischen Vision liegt weniger im veränderten physischen Arrangement von Ressourcen, sondern mehr im Erkennen und Transportieren einer *value proposition*, eines innovativen Wertangebots für den Kunden.

So schließt sich der Kreis der ökonomischen Betrachtung des Unternehmertums. Ungewissheit ist der Ausgangspunkt des Unternehmertums, Innovation der Weg durch die Ungewissheit, der ein Wissensproblem durch besondere Marktmustererkennungsgabe – unternehmerisches Gespür – löst und diesen Lösungsversuch zu verantworten hat, was Entscheidungsverantwortung und Führungskompetenz bedeutet. Unternehmertum als Essenz wirtschaftlicher Dynamik ist in aller Regel nur dann von weitreichender ökonomischer Relevanz, wenn es Unternehmensführung bedeutet. Die Unternehmensgröße ist dabei durch das Wissensproblem und das Kalkulationsproblem aufgrund der Marktferne begrenzt.

Doch diese Marktferne ist zugleich der wesentliche Vorteil von Unternehmen. Der Ansatz von Coase erklärt nur zum Teil die Bedeutung von Unternehmen. Aufgrund der technischen Entwicklung, insbesondere der Digitalisierung, schwinden die Transaktionskosten. Doch das hat nicht zum Verschwinden von Unternehmen geführt, obwohl die Kooperation mit Angestellten im Vergleich zur Kooperation mit Selbständigen steuerlich und regulativ massiv belastet ist. Wenn die Transaktionskosten auf den Märkten sinken, die Kooperationskosten in Unternehmen aber steigen, müsste das Unternehmen eigentlich verschwinden und nur noch der Einzelunternehmer übrig bleiben. Was Unternehmen am Leben hält, ist ihr Charakter als Innovationslabor. Jede Unternehmensgründung ist eigentlich ein Lernunternehmen, das dem Markt Ressourcen für eine Weile entzieht, um mit alternativen Konstellationen zu experimentieren.

Schumpeters Perspektive war nahe daran, und dennoch völlig daneben, weil er sich nicht in die Erkenntnisse seiner Kollegen aus der Wiener Schule der Ökonomik fügen konnte und wollte. Originalität war ihm wichtiger als Synthese. Mit etwas zeitlichem Abstand kann nun die Synthese gelingen. Seine Perspektive schrieb dem Unternehmer als überlebensgroße Figur die Aufgabe zu, den Markt zwischen zwei Gleichgewichtszuständen dynamisch fortzustoßen. Wir können diese Einsicht nun korrekt formulieren: Der Unternehmer schafft und führt ein Unternehmen als Ungleichgewichtsraum kontrollierter Ungewissheit, der zwischen den wettbewerblichen Marktinteraktionen den Gleichgewichtstendenzen der Märkte entzogen ist. Ein Unternehmen ist eine Zelle innerhalb des Marktes, deren Zellwand die »Marktgrenze« darstellt, über die mit den Märkten nach Maßgabe unternehmerischer Entscheidungen kontrolliert kommuniziert wird. Ohne diese Zellstruktur würde die Gleichgewichtstendenz der Märkte zur voreiligen Liquidation unfertiger Kapitalstrukturen neigen. Unternehmertum ist deshalb von der ökonomischen Funktion her eine paradoxe Kombination aus Marktempathie und Marktrenitenz. Der erfolgreiche Unternehmer leistet dem Markt Widerstand, bis er die Bedingungen verändert hat. Das können die Tauschbedingungen der eingesetzten Ressourcen sein, wobei der Unternehmer als realer Wertalchemist aus Blei Gold zu machen vermag. Aus einzelnen Ressourcen hat der Unternehmer dann den Wert eines von ihm gegründeten oder geführten Unternehmen gemacht. Oder er hebt den Markt gänzlich aus den Angeln – was ebenfalls ein Unternehmen erfordert. Unternehmertum im engeren Sinn zeigt sich daher vorrangig in Unternehmen.

Unterscheiden sich Unternehmer also von Selbständigen dadurch, dass sie Angestellte haben? Diese Unterscheidung würde etwas zu kurz greifen, schließlich ist der Angestellte heute vor allem ein steuergesetzliches Konstrukt. Typische Angestellte ähneln Selbständigen unter Pauschalvertrag mit nur einem Kunden. Typische Selbständige ähneln seriellen Angestellten mit mehreren Vorgesetzten. Unternehmen sind in den Markt eingebettete, über bewusste Entscheidungen aufgebaute und koordinierte Kapitalstrukturen. Sie erfordern in besonderem Ausmaß Entscheidungen unter Ungewissheit. Natürlich muss jeder Angestellte mit der Ungewissheit leben, morgen seinen Arbeitsplatz zu verlieren, und jeder Selbständige mit der Ungewissheit, morgen seine Kunden zu verlieren. Dennoch sind Angestellte und Selbständige im Gegensatz zu Unternehmern »spezifizierter«. Spezifikation bedeutet Entscheidung über den Einsatz eines Produktionsfaktors. Angestellte sind durch ihre Vorgesetzten »vor-spezifiziert«, Freiberufler durch ihre Kunden. Unternehmer hingegen gehen per Definition davon aus, dass der Markt irrt. Entweder sind die Kundenspezifikationen oder die Spezifikationen der vorhandenen Kapitalgüter (darunter etwa die Industrieerfahrung) noch nicht unmittelbar ausreichend. Wenn der Markt nicht irren würde, wäre dem konkreten Unternehmer schon jemand zuvorgekommen. Die Grundfrage lautet stets: Warum hat das noch niemand so gemacht? Meistens liegt das daran, dass man selbst etwas übersehen hat: die Kunden oder die Marktbedingungen falsch einschätzt. Manchmal aber irrt der Markt tatsächlich, und das Unternehmertum ist nötig, um Ressourcen in die richtige Richtung zu verschieben. Unternehmertum ist also der Selbstreinigungsmechanismus der Marktwirtschaft.

Ein Selbständiger kann grundsätzlich auch Unternehmer sein, wenn er einen Raum zur »Respezifikation« abseits des Marktes (wiewohl unter Marktberührung) erschließt. Da er sich dabei aber durch ungewisses Gebiet bewegt, kann er sich nicht auf die Selbstspezifikation von anderen selbständigen Kooperationspartnern verlassen. Die Transaktionskosten schießen in die Höhe, weil die nötige Marktentfernung die Beziehung zu Selbständigen unter Spannung stellt: Die Anreize werden für diese immer größer, abzuspringen oder selbst unternehmerisch aktiv zu werden. Entweder weil sie der Respezifikation des Generalunternehmers nicht trauen und ihnen attraktive alternative Marktangebote stets gewisser erscheinen werden. Oder weil sie die Respezifikation als Innovation erkennen und, da sie selbständig sind, diese leicht selbst übernehmen können. Respezifikation bedeutet den vom aktuellen Marktgebrauch abweichenden Einsatz von Produktionsfaktoren, darunter die Arbeit der kooperierenden Selbständigen. Da Unternehmen jedoch zur Entwicklung und Ausformung der neuen Kapitalstruktur etwas Beständigkeit und Vertrauen erfordern, haben Angestelltenverhältnisse einen Vorteil gegenüber Selbständigennetzwerken. Das gilt freilich nur, solange die steuerliche Belastung nicht den Vorteil aufwiegt, was nur noch in hochproduktiven, kapitalintensiven Unternehmen gewiss ist.

Unternehmertum im Papiergeldzeitalter

Die Wiener Schule der Ökonomik entstand im 19. Jahrhundert und damit in einer Hochphase des europäischen Bürgertums. Von ihren sozialistischen und national-sozialistischen Gegnern wurde diese ökonomische Tradition daher »bürgerliche« Ökonomik geschimpft. In gewisser Hinsicht ist dieses Etikett nicht ganz falsch. Zwar waren die Vertreter der Wiener Schule um wertneutrales Verständnis der Realität bemüht und versuchten Gesetzmäßigkeiten zu erkennen, die unabhängig von Ideologie, ethischer Zugehörigkeit und religiöser Überzeugung gelten. Doch befanden sie sich in einem bestimmten historischen Kontext, der ihre Begriffe, Betonungen und Auslassungen erklärt: Das Zeitalter des Bürgertums war jene kurze Phase zwischen dem Zeitalter des Feudalismus und dem aktuellen Zeitalter, das man als Papiergeldzeitalter bezeichnen könnte.

Im feudalistischen Zeitalter wäre eine Unternehmertheorie eher eine martialischere Theorie der Führung gewesen. Joseph A. Schumpeter, der sich selbst als besten Reiter und besten Liebhaber Wiens bezeichnete, war mit seinem Ansatz ein Überbleibsel dieses Zeitalters. Das macht seine Überlegungen nicht wertlos, nur waren sie schon für seine Kollegen der Wiener Schule anachronistisch. Gleichzeitig war Schumpeter seiner Zeit voraus. Während die Ziele seines Unternehmertypus eher feudal sind, erscheinen dessen Mittel modern im schlechtesten Sinn. Schumpeter betonte Kredit durch Geldmengenausweitung und »Reklamepsychotechnik« – also Konzentration auf den manipulierbaren Massenkonsumenten – als wesentliche Werkzeuge des Unternehmertums. Damit nahm er die Verzerrungen unserer Zeit vorweg. Je näher wir uns der Gegenwart annähern, desto realistischer klingen Schumpeters überzogene Beschreibungen und desto anachronistischer die Worte von Ludwig von Mises. Das spricht freilich, angesichts des Zynismus in Schumpeters Worten, mehr gegen die Zeit als gegen Mises.

Dennoch kann man nicht einfach auf Theorie beharren und übersehen, dass Begriffe und Assoziationen ihre Bedeutung ändern. Die heutigen »Gründer« sind im Durchschnitt von einem gänzlich anderen Schlag als die der sogenannten Gründerzeit – jener Epoche, in der das bürgerliche Zeitalter nahtlos in das Papiergeldzeitalter überging. Wer die Phänomene, die mit dem Unternehmertum verbunden sind, wirklich verstehen will, muss die gegenwärtige Realität mit dem historischen Hintergrund der Begriffsentwicklung kontrastieren. Darum ist es sinnvoll, nach der Theorie nochmals zur Geschichte zurückzukehren. Zunächst lohnt ein näherer Blick auf den österreichischen Merkantilismus – mit seinen Vorzügen (stabiles Geld) und seinen Nachteilen (staatlicher Absolutismus). Danach ist eine genauere Betrachtung der Gründerzeit und der Anfänge des Papiergeldzeitalters geboten. Die komplexe europäische Zentralbankgeschichte muss an dieser Stelle leider aus Platzgründen ausgeklammert werden. Stattdessen folgt nach einem kleinen Sprung eine Analyse der für die Moderne relevanteren Entwicklung des *Federal Reserve System* der USA als Beispiel der Verflechtung unternehmerischer und staatlicher Interessen. Dieser kursorische Aufriss der jüngeren Geschichte mit Fokus auf Österreich und die USA als die zwei relevanten historischen Bezugsräume der *Austrian School* soll einen ersten Einblick in die Schwierigkeiten geben, die sich bei einer Bewertung heutigen Unternehmertums auftun. Zuletzt wird der historische Überblick in eine Analyse münden, die das ökonomische Unternehmertum in den großen Unternehmen unserer Zeit etwas in Frage stellt und neu bewertet.

Gründerzeithausse

Ein Blick in die österreichische Geschichte hilft, die Verbindung von Staat und Unternehmertum besser nachzuvollziehen und das Umfeld zu ergründen, in dem schließlich durch die Österreichische Schule der Ökonomik die wegweisenden Ansätze einer theoretischen Erklärung des Unternehmertums geschaffen wurden. Die Gründerzeit, jene paradoxe Phase, die sich gleichzeitig durch Verdichtung und Verzerrung des österreichischen Unternehmertums auszeichnete, bedeutete auch einen Höhepunkt des Welthandels. Schon die Welt vor Ausbruch des Großen Krieges 1914 war händlerisch eng verflochten. Österreich, das »Reich im Osten« und historisches Grenzgebiet zum Orient, nahm dabei eine besondere Vorrangstellung im Orienthandel ein.

Die Bedeutung Österreichs im Orient ist heute in Vergessenheit geraten. Tatsächlich war Wien lange Zeit eine wichtige Brücke zwischen Orient und Okzident. Der Balkan beginnt in Wien, sagt man. Seit dem 16. Jahrhundert verstärkten sich die Kontakte zwischen Österreich und dem Orient – so wurde damals die erste syrisch-aramäische Bibel in Wien gedruckt. Die wirtschaftlichen Beziehungen zur Levante nahmen ebenfalls zu, hatten allerdings schon eine ältere Grundlage: Die Donau ist der einzige große Strom Europas, der ostwärts fließt, wodurch Handelsbeziehungen in den Orient naheliegen, wie Helmut Andics in seiner wunderbaren Geschichte der Gründerzeit beschreibt:

> Die Lage im Donauraum zwang der Stadt nicht nur die Rolle der Festung auf, sondern bestimmte sie auch dazu, reich zu werden. Hier kreuzten einander die beiden großen europäischen Handelswege: Nordwest-Südost die Donau entlang, zwischen Abendland und Morgenland; und Nord-Süd, die uralte Bernsteinstraße von der Ostsee zum Mittelmeer. Vom Balkan kamen die Viehtransporte für Mitteleuropa stromaufwärts nach Wien. Von Venedig kamen die Levantewaren, seit 1160 der Semmering auch für Schwerfuhrwerke passierbar gemacht wurde.[89]

Kaiser Karl VI. erklärte 1719 Triest und Fiume zu Freihäfen, von denen ausgehend der Orient wirtschaftlich im Wettbewerb mit Venedig erschlossen werden sollte. Freihafen bedeutete kostenloses Anlegen von Handelsschiffen, absolute Handelsfreiheit inklusive Grundstückserwerb vor Ort und Steuerfreiheit bis auf eine pauschale Zollgebühr von einem halben Prozent des Warenwertes. Insbesondere Maria Theresias Orientpolitik war dann von ausgeprägter Friedlichkeit. Sie lehnte Eroberungskriege im Osten ab und wollte um jeden Preis den Frieden an der Donaugrenze bewahren. Dazu war sie an der Stabilität des Osmanischen Reiches interessiert. Diese geopolitische Devise bestimmte weitgehend die zukünftige österreichische Politik, insbesondere die Metternichs ein halbes Jahrhundert später. Die Haltung Maria Theresias erklärt sich auch dadurch, dass der osmanische Sultan im Österreichischen Erbfolgekrieg neutral geblieben war.

Der Verlust von Schlesien an Preußen war ein herber Rückschlag für die Habsburger, denn es handelte sich um die industriell am weitesten entwickelte Region und den Wirtschaftsmotor der Monarchie. Daher war der Druck groß, Industrialisierung und Handel massiv auszuweiten, um den Verlust zu kompensieren. 1754 gründete Maria Theresia die K.k. Akademie für Orientalische Sprachen, die Vorläuferinstitution der heutigen Diplomatischen Akademie Wien, die im sogenannten Theresianum beherbergt ist. Zunächst war es eine Schule zum Studium der drei großen Sprachen des Orients: Persisch, Türkisch und Arabisch. Durch diese frühe Förderung brachte Österreich die führenden Orientalisten der Welt hervor. Wie die Ausbildung wurde allerdings auch der Fernhandel staatlich gefördert – immerhin befand man sich im Zeitalter des Merkantilismus. Maria Theresia war stark beeinflusst von Schriften wie jener des Kameralisten Philipp Wilhelm von Hörnigk mit dem vielsagenden barocken Titel: *Oesterreich über alles, wann es nur will. das ist: wohlmeinender Fürschlag, wie mittelst einer wolbestellten Lands-Oeconomie, die Kayserl. Erbland in kurzem über alle andere Staat von Europa zu erheben, und mehr als einiger derselben von denen andern independent zu machen.* Dieser Titel inspirierte übrigens das Deutschlandlied, das also nicht nur die Melodie von den Österreichern gestohlen hätte – um ein nicht ganz ernst gemeintes Klischee zu bedienen.

Als Bankier des Vertrauens erwählte sich die Kaiserin den Schweizer Johann Fries. Zunächst verwaltete er die britischen Hilfsgelder für ihre Kriege gegen Preußen. Für seine Dienste revanchierte sich Maria Theresia auf die typisch merkantilistische Weise:

> Sie verlieh ihm 1751 taxfrei ein Privilegium zur Textilerzeugung. Er begann mit Barchent, ging aber bald zu Samt und Seide über. Seine erste Fabrik stand in Oberdöbling. Im niederösterreichischen Ort Weißenbach verlegte er sich auf die Metallwarenerzeugung. Dann pachtete er den Vertrieb der k. k. Bergwerksprodukte. Außerdem verhalf er seiner Kaiserin zum einträglichen Orienthandel mit den Maria-Theresien-Talern; er selbst verdiente dabei in zwanzig Jahren ein Million Gulden. Er kaufte Schlösser und

> Grundherrschaften. Zum Reichsgrafen aufgestiegen, ließ er sich gegenüber der Hofbibliothek ein prunkvolles Palais bauen, das heutige Palais Pallavicini. Als Spekulant, Fabrikant und Grandseigneur nahm er mit seinem Lebensweg den Aufstieg der Ringstraßenbarone im nächsten Jahrhundert vorweg.[90]

Die erwähnten Maria-Theresien-Taler sind ein beachtenswertes Phänomen, das für den Orienthandel und das Bild Österreichs im Orient große Bedeutung haben sollte. Innerhalb von 20 Jahren wurden bereits 20 Millionen Taler in das Osmanische Reich exportiert. Auf Arabisch *AbuTair* – »Vater des Vogels« (nach dem Doppeladler) – und *Riyal nemsaoui* – österreichischer Taler – getauft, war er eine unglaubliche Erfolgsgeschichte:

> Noch immer ist das Konterfei der großen Kaiserin auf ihren anziehenden, silberhell »klingenden Münzen« in der arabischen Halbinsel präsent, in Privathorten wie als Schmuck, aber auch als Nebenwährung, insbesondere im Jemen und im benachbarten Südjemen. Selbst in Djeddah, besonders zur Zeit des Hadj, der großen Pilgerfahrt, gibt es kaum einen Wechsler, der auf sich hält, welcher auf seinem Tischchen nicht zumindest eine kleine Säule solcher Taler zur Schau stellen würde.[91]

Zusätzlichen Auftrieb erhielt der Taler dadurch, dass ihn französische Kaufleute im Orient nutzten und daher auch eine Nachfrage nach Talern in Frankreich entstand. Der französische Merkantilismus verbot nämlich den Export eigener Münzen – die klassisch merkantilistische Position: Was das Land nicht verlasse, nähre den Wohlstand vor Ort, so die antiökonomische (Un-)Logik, die auch im heutigen Leistungsbilanzfetisch nachklingt. Der österreichische Merkantilismus war da weiser.

Vielfach wurde gerätselt, warum der Maria-Theresien-Taler im Orient und schließlich auch in Afrika so erfolgreich war. Da die wenigsten Intellektuellen von Ökonomik oder Geld viel verstehen, überwiegen soziologische Deutungen. Am beliebtesten ist die These, wonach die aufgeprägte Monarchin mit ihrem prallen Dekolleté archaischen Schönheitsvorstellungen in idealer Weise entsprochen hätte. Tatsächlich ist der Grund für den Erfolg dieser Münze im Vergleich zu anderen Münzen simpel: Der Maria-Theresien-Taler stellt eine der raren Ausnahmen staatlich geprägter Münzen dar, bei denen das Münzregal nicht missbraucht wurde. Der Feingehalt ist bis heute gleich geblieben. Gerade Händlervölker wie die Araber wussten um den Wert stabilen Geldes. Viele meinten, das Vertrauen in die Donaumonarchie, die man keiner imperialistischen Absichten verdächtigte, wäre auf die Münzen übertragen worden. Das Gegenteil ist der Fall: Das ungetrübte, nie enttäuschte Vertrauen in die Münzen hat dem Ruf Österreichs im Orient viel Gewinn eingetragen. Leider weiß man das, wie so vieles, heute in Österreich nicht mehr.

Nachdem die Basis für Handel im großen Stil durch allgemeine Zirkulation des Maria-Theresien-Talers aufgebaut war, wurde 1832 als großes staatsnahes Orientunternehmen der Österreichische Lloyd begründet, der später Dampfschiffe auf festen Kursen von Triest nach Konstantinopel, Alexandria und später bis Schanghai fahren ließ. Typisch für die merkantilistischen Konzerne ist der Unternehmer als gefeierte und angefeindete, etwas überlebensgroße Gestalt. Leider ist der Unternehmerbegriff, wie die Geschichte zeigt, seit seinen Anfängen durch besondere Staatsnähe befleckt. Ein typischer Unternehmer der damaligen Zeit war der Initiator des Österreichischen Lloyd: Karl Ludwig Bruck, ein junger Abenteurer vom Niederrhein.

Um als Freiwilliger am griechischen Unabhängigkeitskampf teilzunehmen, war er nach Triest gekommen. Dort verlor er die Lust am Kämpfen, erkannte stattdessen die unternehmerischen Gelegenheiten im Bereich der Schiffsversicherungen und initiierte die Gründung des Österreichischen Lloyd nach britischem Vorbild. Kurz darauf rief er selbst eine neue Dampfschifffahrtsgesellschaft ins Leben, mit der er die Linienverbindung Triest-Alexandria aufnahm. Diese machte jedoch große Verluste. Mehrmals suchte er um staatliche Subventionen an, diese schlug Metternich aber aus. Stattdessen vermittelte er Bruck eine Investition von Salomon Rothschild. Mit Millioneninvestitionen wurde aus der Gesellschaft eines der wichtigsten Transport- und Postunternehmen des gesamten Orients. Der Staat unterstützte es mittels Schutz durch Kriegsschiffe. Später wurde Karl Ludwig Bruck Handelsminister und förderte intensiv den österreichischen Levantehandel.

Hier wird wieder die enge Verflechtung des frühen Unternehmertums mit staatlicher Privilegierung deutlich. Doch im Fernhandel spielten eben auch andere Staaten groß mit, und wie das Beispiel des Österreichischen Lloyd zeigt, ist es sehr schwierig, in einem derart verzerrten Wettbewerb ohne Privilegien mithalten zu können. Wer auf staatliche Unterstützung angewiesen ist, verhält sich allerdings auch bald untertänig. Große Worte werden dann gewälzt, wie jene, die der erste Verwaltungsrat des Unternehmens an die Regierung richtete:

> »Wenn je eine Unternehmung aus reinem Eifer für das allgemein Beste vorgeschlagen und mit Uneigennützigkeit von den Beitretenden unterstützt wurde, so ist dies unsere Dampfschifffahrtsgesellschaft.«[92]

Die Vertreter des Österreichischen Lloyd traten im Orient wie Gesandte der österreichisch-ungarischen Monarchie auf. Die Pünktlichkeit der Dienste führte zu einigem Ansehen, und nach und nach übernahm das Unternehmen einen immer größeren Teil des Postverkehrs – auch für nicht-österreichische Kundschaft. Das türkische Postwesen war schon früh österreichisch dominiert; bereits seit 1718 gab es einen regelmäßigen Kurierdienst der Botschaft in Konstantinopel, der später auf andere Städte ausgedehnt und ab 1837 dem Österreichischen Lloyd anvertraut wurde. Seit 1882 übernahm dieser auch Geldsendungen. Gegen Ende des Jahrhunderts jedoch wurde offensichtlich, dass der Lloyd die Entwicklung jedes typischen Staatsbetriebs nehmen würde. Die Abhängigkeit von staatlicher Energie (Geld, Kontakte, Privilegien, Schutz etc.) wirkt stets wie eine Droge – sie lässt nach immer höheren Dosen gieren und den Organismus erschlaffen:

> In hohem Maß vom Staat kontrolliert und subventioniert, hatte es seinen privatwirtschaftlichen Charakter und die daraus resultierende Energie weitgehend eingebüßt. Allzu oft unterhielt der Lloyd lediglich vom Staat vertraglich auferlegte Verkehrsverbindungen; zudem beeinträchtigte ein komplizierter und teurer Verwaltungsapparat dessen Handlungsfähigkeit erheblich. Selbst heimische Experten mussten unmittelbar vor dem Ersten Weltkrieg eingestehen, dass der Österreichische Lloyd dringend reformbedürftig war, wollte er seinen vormals exzellenten Ruf wiedergewinnen.[93]

Metternich war stets Förderer des Lloyd, und so ist sein Interesse verständlich, das Osmanische Reich stabil zu halten. Doch sein Interesse hatte, wie schon bei Maria Theresia, nicht primär wirtschaftliche Gründe – es überwogen letztlich die politischen. Metternich ahnte, dass eine Auflösung des Osmanischen Reiches aufgrund der konkurrierenden Begehrlichkeiten der europäischen Mächte zu einem großen Krieg führen würde. So sehr der Ruf Metternichs auch ramponiert ist, so sehr muss man ihm doch zugutehalten, dass der Kern seiner Politik und sein Lebenswerk war, es nicht zu einem Weltkrieg kommen zu lassen. Dabei zeigte er prophetische Voraussicht.

In Ägypten hatte der albanische Krieger Muhammad (oder türkisch: Mehmet) Ali als Vasall der Osmanen die Macht übernommen. Er erwies sich als ein tüchtigerer und wesentlich fortschrittlicherer Despot als der Sultan in Konstantinopel. Während der Rest des Reiches stagnierte, zeigte Ägypten eine rasante Entwicklung. Merkantilistische Wirtschaftspolitik funktioniert durchaus, wenn man die gesellschaftlichen Folgeschäden vernachlässigt und sich auf die Wirtschaftsdaten konzentriert. Das sollten später auch die asiatischen Tigerstaaten demonstrieren. Bereits nach 15 Jahren des von Muhammad Ali initiierten Industrialisierungsprogramms waren 29 Spinnereien und Webereien, zwölf Färbereien, eine Fez-Fabrik, 20 Waffen- und Munitionsfabriken, eine große Werft in Alexandria, vier Reisschälereien, drei Zuckerraffinerien und eine Druckerei entstanden. Mitte der 1830er-Jahre hatte Ägypten bereits nahezu mit europäischen Staaten gleichgezogen, der Wert des ägyptischen Außenhandels pro Kopf entsprach jenem Frankreichs.

Die Gewinne der Staatsunternehmen »investierte« Muhammad Ali in die Rüstung. 1838 hatte er mit einem Aufgebot von 157.000 Soldaten eine der größten Armeen seiner Zeit geschaffen. Der Sultan wollte diese Bedrohung früh ausschalten und sicherte sich daher russische Militärhilfe. Diese ließen sich die Russen teuer bezahlen, obwohl die Hilfe letztlich gar nicht genutzt wurde: Der deutlich unterlegene Sultan zog den Schwanz ein und hoffte auf eine gütliche Einigung mit dem renitenten Vasallen. Im Abkommen von Hunkiar Skelessi wurden den Russen zahlreiche Vorrechte vom Sultan zugestanden. Dadurch drohte das Mächtegleichgewicht zu kippen und ein Weltkrieg auszubrechen (bereits 1833!). Metternich unternahm einige politische Rettungsversuche. Daraufhin versuchte Muhammad Ali Wirtschaftsinteressen gegen politische Interessen auszuspielen. Er bot Österreich einseitig günstigere Handelskonditionen an und hoffte dadurch, einerseits die Mächte zu entzweien, andererseits die politische Unterstützung Österreichs zu erlangen. Der gesamte Baumwollexport aus Ägypten wurde über Triest abgewickelt, nun sollten auch alle anderen Produkte ausschließlich über die Hafenstadt gehandelt werden.

Damals lagerten in Triest bis zu 6.000 Tonnen ägyptische Baumwolle. Nach dem Zustrom günstiger Rohstoffe aus dem Orient begann die österreichische Textilindustrie, die sich im 18. Jahrhundert entwickelte hatte, zu florieren. Der Reichtum vieler Wiener Gründerzeitfamilien entstand in der Textilproduktion. Doch zugleich galten die neuen Textilfabriken als negatives Anschauungsmaterial über den neuen »Kapitalismus«. Hier heuerten die Ärmsten an, in aller Regel Landflüchtige, teilweise Kinder, und arbeiteten 14 Stunden pro Tag, sieben Tage die Woche. Die Preise in der Stadt stiegen schneller als die Löhne; Wohnraum war durch allerlei Beschränkungen knapper als Arbeitskräfte, wenngleich in den Vorstädten eine rege Bautätigkeit eingesetzt hatte.

Die mit dem Zustrom von Massen aufgekommene Polizei versuchte für Sittlichkeit zu sorgen. Die diesbezüglichen Vorstellungen verschärften die Lage aber noch. Die Polizei veranstaltete wahre Treibjagden auf Frauen, die nach Einbruch der Dunkelheit auf den Straßen waren, und auf »Müßiggänger«, außerdem durchkämmte sie die Armenviertel nach unehelichen Paaren, denen die Kinder weggenommen wurden. An der Börse schritten die strengen Sittenwächter, die man damals im Orient wohl verlacht hätte, gegen Kursschwankungen (!) ein. Börsenhändler wurden bei Verdacht eingesperrt.

Sichtbarstes Zeichen des Gründerzeitwohlstands wurde die Wiener Ringstraße. Der Ringstraßenbau verschlang insgesamt 410 Millionen Gulden, die zu einem großen Teil von Privaten aufgebracht wurden. Allerdings befand sich alles im Gründerzeittaumel, der auf einer künstlichen Inflationsphase beruhte. Daher kam es zu massiven Fehlallokationen: Anstelle von dringend benötigten Bürgerwohnungen wurden hauptsächlich staatliche und private Prestigebauten sowie spekulative Zinshäuser mit Luxuswohnungen errichtet, für die in dem Ausmaß kaum Nachfrage bestand. Eine ähnliche Art von Fehlallokation lässt auch heute Wien allerorts von Presslufthämmern und Kränen brummen, bloß mit weit weniger Bürgertum und weit mehr Staat und Banken. Bürgerliche Blasenprojekte, da auf private Rechnung, behalten weitaus eher ihren Wert, selbst wenn sie teurer werden und weniger einbringen als gedacht. Das beweist gerade die Wiener Ringstraße, die als tatsächlicher Kapitalaufbau bewertet werden könnte, wenn die sozialen und politischen Folgekosten der Fehlallokation nicht so groß gewesen wären. 300 Quadratmeter große Luxuswohnungen, die leer standen und zu nicht unerheblichem Teil in jüdischer Hand waren, während die breite Masse in der überfüllten Kleinwohnung darbte, zu der man sich mit den Nachbarn ein Waschbecken am Gang zu teilen hatte, gaben ein allzu offensichtliches Fanal für populistischen Sozialismus oder Antisemitismus – nach Bebel: Sozialismus für Dumme – ab. Die Wut des Stadtpöbels wurde jedenfalls im Wien des 19. Jahrhunderts immer lauter. Die staatlichen Behörden richteten sich darauf ein und rangen mit dem reichen Bürgertum zäh darum, mehr Platz für militärische Aufbauten und weniger für Luxusimmobilien vorzusehen – denn was nützen alle Zinshäuser, wenn sie dem Pöbel schutzlos ausgeliefert sind? Das Kaiserhaus versuchte damals seine Position durch eine Allianz mit dem vermögenden, eher liberalen Bürgertum zu stärken:

> Dass Arsenal und Defensivkaserne, Ringstraße und Lastenstraße als Truppentransportwege kaum gegen einen militärischen Angreifer von außen gedacht waren, sondern gegen die Unterschichten der eigenen Untertanen, gegen die Masse der Bevölkerung also in den Vorstädten, den Vordörfern und den in die Landschaft hinauswachsenden Industrieorten, das demonstrierte die ganze Problematik des abtretenden Säbelregimes und des nachfolgenden konstitutionellen Liberalismus. Im feudalen und großbürgerlichen Ring rund um den Stephansdom richteten sich Staatsgewalt und Unternehmertum auf die Dauerverteidigung gegen den künftigen Ansturm der Besitzlosen ein. Die Verfassungsexperimente der Jahre 1860 und 1861 waren auf das gleiche Ziel ausgerichtet: ein konstitutionelles Bündnis der Dynastie mit dem Besitzbürgertum.[94]

Die Industrialisierung schien immer mehr Pöbel in die Stadt zu locken. Dieser Eindruck war allerdings irreführend. Tatsächlich waren es technischer Fortschritt und unternehmerische Kreativität, welche die Massen nährten. Doch geschaffener Wohlstand alleine erklärt keine massive Wanderung – schließlich bringt der Handel die Güter zu den Konsumenten. Einerseits löste die Bauernbefreiung Strukturen auf dem Land auf. Andererseits erklärt sich der Zustrom in die Stadt durch eine ökonomische Verzerrung, die wie eine schiefe Ebene in Richtung Stadt wirkt: Wien war das Zentrum staatlicher Kreditwirtschaft, was stets einen Cantillon-Effekt auslöst. Die Politik ist – wie meist – den durch sie ausgelösten Phänomenen gegenüber ratlos und sehnt nach noch mehr Politik. Zum Glück reagierte Kaiser Franz Joseph nicht kategorisch, sondern ästhetisch, was eine gewisse Liberalität zeigt. Die verordneten Verbote würgten die wirtschaftliche Entwicklung nicht ab, sondern verlagerten sie nur – mit durchaus positiven Spätfolgen. Eine unbequeme Lehre für Liberale: Regulierung kann Strukturzerstörungen durch Kreditausweitung eindämmen. Es wurden damals jedenfalls wichtige Entscheidungen für die Wiener Stadtentwicklung gefällt. Franz Joseph verhinderte, dass Wien zu einer Industriestadt wurde. Wien sollte eine Stadt der Handwerker und kleinen Gewerbetreibenden bleiben; die Industrialisierung spielte sich außerhalb der Stadt ab. Später wurde das Bauverbot in Wien noch verschärft, insbesondere zwischen den Vorstädten, was den bis heute hohen Grünanteil der Stadt erklärt.

Der dadurch bedingte Unmut der Bürgerschaft sollte wohl später durch die starke Beteiligung am Ringstraßenbau besänftigt werden. Hier durften die vermögenderen Bürger endlich nahezu schrankenlos Geld verdienen. Die privaten Bauherren erhielten 30 Jahre Steuerfreiheit zugesichert, obwohl die damaligen Steuersätze im Vergleich zu heute ohnehin minimal waren. Erst Eugen Böhm von Bawerk hatte eine Einkommenssteuer von fünf Prozent eingeführt – mit einer winzigen, aber extrem effizienten Finanzbehörde. Das war ein staatsökonomischer Geniestreich, aber freilich ein verhängnisvoller Beginn staatlicher Einkommenserfassung. Doch der alte Liberalismus war sich seines Bündnisses mit der Krone so sicher, dass der Optimismus überwog, mit hochmotivierten, effizienten und unkorrumpierbaren Elitebeamten einen eng beschränkten Nachtwächterstaat führen zu können, der den aufstrebenden Bürgern Schutz und Stabilität bot. Die städtischen Dienste, wie Verkehr, Gasversorgung und Leichenbestattung, wurden damals von privaten Gesellschaften betrieben. Das Budget für Stadtpolitik war gering, um 1850 betrug es 1,7 Millionen Gulden und stammte vor allem aus Gebühren für Mietverträge. Alleine der Bau des Burgtheaters kostete 8 Millionen. Die Bausubstanz Wiens ist also weitgehend privat entstanden. Auch die großen staatlichen Prestigebauten am Ring wurden nicht durch Steuern, sondern durch die Grundstückserlöse der Glacisparzellierung finanziert. Der gesamte Ringstraßenbau war ein Paradebeispiel für die Effizienz und Fähigkeit der damaligen Beamten:

> Eine kleine Abteilung des Innenministeriums mit einem Häuflein mittelmäßig bezahlter Beamter wirkte unermüdlich am größten Projekt der Wiener Stadtgeschichte, und die Aufgabe der Planung wurde ohne Telefon und ohne Schreibmaschine bewältigt. Insgesamt nahm der Fonds bis 1914 über 112,5 Millionen Gulden ein und gab über 102 Millionen aus. Der gesamte Verwaltungsaufwand lag unter 3 Prozent; nicht mehr als 50.000 Gulden jährlich für Gehälter und Bürokosten. In dem halben Jahrhundert seiner Tätigkeit flog beim Fonds kein einziger spektakulärer Fall von Korruption auf.[95]

Kein Wunder, dass die Altliberalen durchaus staatsfreundlich waren, der damalige Staat war ihnen gegenüber auch recht freundlich. Staat und Unternehmer bildeten ein immer engeres Bündnis, um die verspätete Industrialisierung in Österreich nachzuholen. Dem Kaiser stieg die Gründerzeiteuphorie ebenfalls etwas zu Kopf. In der Leopoldstadt regte er einen neuen Stadtteil am Donaukanal an, mit seinem eigenen Denkmal in der Mitte. Er sollte den Namen Franzensstadt tragen und neben zahlreichen Kulturbauten vor allem einem mächtigen Geschäftszentrum rund um eine neue Börse Platz bieten. Dies sollte das Zentrum des österreichischen Großhandels werden – insbesondere des Handels mit dem Orient, der auch den Kaiser faszinierte. Der regulierte Donaukanal sollte Dampfschiffen die Zufahrt bis in das Stadtzentrum ermöglichen und Wien endlich wieder ans Wasser bringen. Zudem gab es schon damals konkrete Planungen für den Rhein-Main-Donaukanal. In Wien hätte der Schifffahrtsweg von Konstantinopel bis London die Bahnverbindung von der Ostsee zur Adria kreuzen sollen – die Stadt wäre die unbestrittene Donaumetropole und der wichtigste europäische Verkehrsknotenpunkt geworden. Leider platzte die Blase zuvor. Die Enttäuschung über die Wirtschaft, den Liberalismus und das Kaiserhaus war so groß, dass sich eins nach dem anderen auflöste.

Das liberale Unternehmertum der damaligen Zeit, das großartige Persönlichkeiten hervorbrachte und zweifellos einen Wohlstand erzeugte, von dem Österreicher noch heute zehren, hatte einen beträchtlichen Schönheitsfehler. Der theresianische Merkantilismus hatte eine fortschrittlichere Form gefunden, die nicht mehr bloß Talerflüsse in Tabellen fasste und Warenströme kritisch beäugte und behinderte, sondern in Kategorien von Investitionen und Renditen dachte. Der Staat gewährte nahezu völlige Wirtschaftsfreiheit, aber nur für eine kleine, dadurch loyale Minderheit: die »k. k. privilegierten Großhändler«. Dieses Privileg war eine begehrte Konzession, die nur einem winzigen und exklusiven Club von Unternehmern zuteilwurde. Es war die Lizenz zu nahezu vollkommener unternehmerischer Freiheit. Viele dieser Unternehmer waren Financiers der Krone und Gläubiger des Staates, allen voran die Familie Rothschild. Andics gibt eine grobe Liste dieser privilegierten Großunternehmer:

> Am Vorabend der Revolution von 1848 besaß das Gremium 90 Mitglieder, darunter 23 Adelige, und die Wertschätzung dieses Standes war so groß, dass es sogar Stadtpläne gab, die die Comptoirs und Niederlagen der Großhandelshäuser eingezeichnet hatten. An der Spitze stand zu Beginn des 19. Jahrhunderts immer noch das Bankhaus Fries [...]. Da war die Familie Sina [...], Tabakhändler aus Mazedonien. Da waren die Brüder Johann Heinrich und Johann Jakob Geymüller aus Basel [...]. Da war die Familie Honig aus Kuttenplan in Mitteldeutschland, die um die Mitte des 18. Jahrhunderts das österreichische Tabakmonopol gepachtet hatte. Israel Honig war der erste Jude, der von Josef II. geadelt wurde, ohne dass er sich vorher hatte taufen lassen. [...] Und da gab es schließlich den weitverzweigten Clan der Familien Arnstein, Eskeles und Pereira. Ein Arnstein hatte schon 1741 zum Tabakkonsortium des Hauses Honig gehört. Bernhard Eskeles, Sohn eines Wiener Rabbiners, war Finanzberater Josefs II. 1774 wurde das Bankhaus Arnstein & Eskeles gegründet. 1795 erhob Kaiser Franz die beiden Kompagnons in den Adelsstand. Als dritter Teilhaber kam Nathan Arnsteins Schwiegersohn Heinrich Pereira dazu. Die Pereira kamen über die Türkei nach Wien; ein Vorfahre hatte sich zum Finanzberater des Sultans hochgearbeitet. Die Pereira waren sephardische Juden aus Portugal; [...] Pereira gab es auch in Bordeaux; dort nannten sie sich Pereire. Als Eisenbahnindustrielle sollten sie dann auf dem Höhepunkt der Wiener Gründerzeit auch in Österreich eine gewichtige Rolle spielen.[96]

Die erwähnten Gebrüder Pereira sind ebenso typisch für den modernen »Kapitalismus« wie die Eisenbahn, die zu ihren wichtigsten Projekten zählte. Die Eisenbahn war eine wichtige Voraussetzung für die Massenproduktion, weil sie den schnellen Gütertransport großer Warenmengen über weite Entfernungen ermöglichte. Leider machte sie später auch den Massenkrieg möglich, durch schnelle Verschiebungen der riesigen Wehrpflichtigenarmeen. Darum trafen sich auch bei der Eisenbahn staatliche und unternehmerische Interessen. Zwar wurde die Eisenbahn vorwiegend von privaten Unternehmen gebaut, allerdings nicht durch Privatinvestoren oder Privatbanken finanziert. Staatlich privilegierte Aktienbanken traten auf den Plan. Immerhin gab es ein Minimum an Wettbewerb dadurch, dass das Bankhaus Rothschild mit dem Bankhaus Sina um die staatliche Gunst konkurrierte. Sina setzte sich durch und übernahm die gesamte Südbahn (zur Adria). Die österreichische Nordbahn (nach Russland) kauften die Brüder Pereira gemeinsam mit Arnstein & Eskeles dem klammen Staat um 77 Millionen Gulden ab. Der Staat hatte in das Streckennetz 94 Millionen investiert. Doch die Rendite war gering, immer mehr Investoren lockte die Staatsanleihenblase. Letztlich konnte man mit Nichtstun im Konjunkturzyklus risikolose Renditen erwirtschaften, wenn man sich nur an den Staat hielt:

> Nach dem ersten stürmischen Anlauf war der Ausbau des Verkehrsnetzes schon im Vormärz ins Stocken geraten. Angesichts der geringen Rendite wollte das Großkapital nicht mehr in das Eisenbahngeschäft einsteigen. Man kaufte lieber Staatsanleihen und ließ den Staat selbst investieren, wie es das Haus Sina praktiziert hatte. So musste der selbst am Rande des Bankrotts dahinlavierende Staat die meisten Privatbahnen übernehmen und die neuen Strecken bauen, nach denen die Militärs riefen.[97]

Ein Teil der österreichischen »Kapitalisten« waren also privilegierte Großhändler und Bankiers mehrheitlich jüdischer Herkunft. Ein anderer Teil waren heimische Großgrundbesitzer, die durch liberale Politik gerade einen Geldsegen erlangt hatten: Im Zuge der Bauernbefreiung, also der Aufhebung der Grundherrschaften, war es zur Grundentlastung gekommen. So bezeichnete man Ablösesummen, welche die einstigen Grundherren zugesprochen bekamen. Durch diese Grundentlastung, die viele Bauern in die Verschuldung trieb, floss Geld aus allen Teilen der Monarchie nach Wien, was wohl eine der Grundlagen für die Gründerzeithausse war. Auf der Grundlage all dieser Gelder und Geldansprüche konnte eine Kreditblase entstehen. Wie jede Blase vergrößerte auch diese die Gegensätze. Nicht nur der »Kapitalismus« wuchs, sondern auch der »Antikapitalismus«.

Schon 1840, vor der Grundentlastung, hatte ein Tiroler Adeliger eine anonyme Kampfschrift gegen Metternich verfasst. Er warf ihm vor, eine Politik für die Bankiers und Fabrikanten und gegen den Großgrundbesitz zu betreiben. Paradoxerweise wurde das Buch zum geheimen Bestseller unter Proletariern. Hier trat eine typische Frontstellung auf, wie sie in der Geschichte immer wieder zu finden ist. Kaiser und Könige vereinen sich in aller Regel mit dem Bürgertum gegen den Adel, der sich wiederum mit der Unterschicht gegen König und Bürgertum vereint. Es handelt sich um das typische Muster, das hinter der antiken Weisheit von den drei politischen Ordnungsmotiven steht: demokratisch – oligarchisch – monarchisch. Ein guter Teil der sozialistischen Literatur geht auf Adelige zurück, die freilich etwas entfesselten, das ihnen noch teuer zu stehen kommen sollte. Der erwähnte Großgrundbesitzer aus Tirol beschimpfte die neureichen Bürger als Blutsauger, die alles aufkaufen und die Mieten in die Höhe treiben würden. Er beklagte sich, dass die Grundbesitzer Grundsteuern zu zahlen hätten, aber die Fabrikanten nur lächerlich geringe Abgaben. Zudem beschuldigte er die Fabrikanten durch ihre Innovationen die Menschen arbeitslos zu machen. Der typische ökonomische Irrtum der Maschinenstürmer!

Die Zeiten schienen schlechter zu werden. Die Teuerung brach voll durch; dazu kamen Missernten. Bäckerläden wurden geplündert. 1845 konnte bei zwei Dritteln aller Wiener Gewerbetreibenden die Erwerbsteuer nur durch Exekution eingetrieben werden. In Prag wurden Hungerdemonstrationen vom Militär niedergeschlagen. Die Stimmung wurde immer sozialistischer:

> In der Hauptstadt kursierten Greuelgeschichten von hungernden Familien, die die eigenen Kinder geschlachtet hätten. Jetzt fuhr auch den konservativen Standesherren, die sich bis dahin nur für und wider die Grundablöse ereifert hatten, der Schreck in die Glieder. [...] Der Bankier Andreas

> Freiherr von Stifft brachte im März 1847 die verzweifelte Lage der Arbeiterschaft in der hochvornehmen Ständeversammlung zur Sprache, und Moritz Reichsgraf von Fries setzte eine Resolution durch, die für den »arbeitsamsten« Teil der Bevölkerung Hilfe forderte: »Ausgleichung seines Elends durch den Überfluss begünstigter Klassen.« Dann ging es geradezu sozialistisch weiter: »Der Gewinn, der sonst der Lohn der Arbeit war, hat sich von ihr losgerissen und ist auf die Mittel übergegangen, die sie in Bewegung setzen.«[98]

An den Namen Fries erinnert sich der aufmerksame Leser. Bei dem sozialistischen Grafen handelte es sich um den Enkel von Johann Fries, Maria Theresias Bankier. Sein Hintergrund ist insofern typisch, als dass die meisten Sozialisten die Söhne oder Enkel Adeliger oder staatlich protegierter Unternehmer waren, die später im Wettbewerb nicht bestehen konnten. Moritz von Fries lastete Metternich und den neureichen Bürgern den Niedergang seiner Familie an. Tatsächlich wurde sein Vater zur literarischen Vorlage des »Flottwell« in Ferdinand Raimunds bekanntem Stück *Der Verschwender*. Bei der kommenden Blasenkorrektur unserer Tage ist wohl auch reichlich etatistischer Nachschub von Bürgersöhnen und -töchtern zu erwarten, wenn sich die Eltern nicht bald ihrer Verantwortung besinnen. Die weitere Entwicklung rund um krachende Banken, von denen nicht alle aufgefangen werden, tönt aktuell:

> Rothschild hätte das Haus Fries retten können, hatte es aber fallenlassen. Bald darauf ging auch das zweite alteingesessene Wiener Bankhaus, Geymüller & Co., in Konkurs. Die alte Garde der Wiener Geldleute trat ab. Die Söhne und Enkel der Firmengründer waren der neuen Zeit nicht gewachsen. An Rothschild blieb der Ruf hängen, die Konkurrenz zu ruinieren. [...] In Wahrheit kennzeichnete das Schicksal der alten Firmen die Finanzpolitik im Vormärz. Der Geldhunger des Staates war unersättlich. Die militärische Interventionspolitik Metternichs, gegen neapolitanische Liberale ebenso wie gegen polnische Bauern und syrische Aufständische, verschlang Unsummen. [...] Der jeweilige Finanzminister musste die Staatskasse von einer Anleihe zur nächsten auffüllen. Nur noch ein Geldgigant wie Rothschild mit seinen Familienverbindungen nach London und Paris konnte Kredite beschaffen. Die vielen Anleihen fraßen den Kapitalmarkt

> leer. Die hohe Verzinsung verlockte die Bankiers zum Geschäft mit dem Staat. Auch die Bankkunden kauften lieber Anleihen als irgendwelche ihnen unbekannte Aktien.[99]

Die vermeintlichen Fürsprecher der Unterschichten priesen sich als Demokraten, gar als Liberale. Die revolutionäre Stimmung gegen die alte Ordnung und ihr Symbol Metternich vermengte nationalistische und sozialistische Ideen. Intellektuelle, vorwiegend aus dem höheren Bürgertum und dem Adel, vernetzten sich international. Der Nationalismus war paradoxerweise eine der ersten globalisierten Bewegungen. Erdacht wurde der neue Wahnsinn zum Teil in Wien, organisiert aber in Brüssel. Dort trafen sich auch Karl Marx und Friedrich Engels, und Lenin formierte später in Brüssel die Bolschewiki.

Nach dem Ersten Weltkrieg kam der historische Moment der Sozialisten. Sie traten an als Friedensbewegung – der Kapitalismus sei der Kriegsmotor gewesen, schimpften sie. Es ist leicht, als Liberaler darüber den Kopf zu schütteln. Das ist die Gunst der späten Geburt. Wer sich allerdings in den – überwiegend nationalen – Sozialismus des 20. Jahrhunderts nicht hineinversetzen kann, kann auch die Geschichte nicht verstehen. Die These von der Kriegsschuld des Kapitalismus ist nämlich nicht ganz falsch. Der Begriff »Kapitalismus« zeigt ja schon an, dass es hierbei um eine wahrgenommene Entgrenzung des Kapitals ging. Die neokonservative Erzählung vom »Ende der Geschichte«, an dem sich der liberaldemokratische Kapitalismus als bestes System durchgesetzt habe, blendet vieles aus – und beschwört Gegenreaktionen herauf, wie sie aktuell wieder in Russland zu beobachten sind. Der Erste Weltkrieg kann nicht allein historisch erklärt werden, viel wesentlicher ist die ökonomische Erklärung. Woher kamen die Mittel für den totalen Krieg? Welche Rolle spielte der »Kapitalismus«?

Zentralbankkorruption

Eine detaillierte Schilderung der Entwicklung des modernen Systems der Schuldenfinanzierung, das auch die Finanzierung der Weltkriege ermöglichte, findet sich in meinem Buch *Österreichische Schule für Anleger*:

> Die alchemistische Formel hat unendlich viele Variationen, folgt aber im Kern folgendem Muster: Staatliche Schuldtitel werden mit privaten gemischt und bilden die Grundlage, auf der dann eine Pyramide von Umlaufsmitteln aufgebaut wird. Der Staat löst dabei das Dilemma der Finanzierung, indem er die Institutionen, die private Händler aufgebaut hatten, usurpiert und seinen Zwecken zuführt. Dabei trocknet zunächst die private Wirtschaftstätigkeit aber nicht aus, sondern wird durch die Ausweitung der Umlaufsmittel gar belebt – zumindest kurzfristig. Umlaufsmittel sind nach Ludwig von Mises Bankwerte, die anstelle von Geld treten, durch dieses aber nicht hinsichtlich der Fälligkeit und Liquidität voll gedeckt sind. Die Umlaufsmittelausweitung müsste damit das Risiko der ausgebenden Banken, illiquide zu werden, rapide erhöhen. Doch die moderne Alchemie beruht darauf, die Banken im Gegenzug für ihre Mithilfe bei der Staatsfinanzierung zu privilegieren und über das bislang unter Kaufleuten gültige Recht zu stellen. Die monetäre Revolution war ein Geniestreich auf Raten. Die unternehmerischsten Elemente einer Gesellschaft, die sonst dem Machtanspruch des Staates gefährlich werden würden, werden nun durch Scheinwerte gewissermaßen eingekauft.[100]

Da sie für heutiges Unternehmertum besonders relevant ist, soll die Kollusion zwischen Staat und Unternehmertum anhand des für die Moderne bahnbrechenden *Federal Reserve System* der USA nachgezeichnet werden. Als wichtige Ergänzung zur theoretischen Analyse der Wiener Schule empfiehlt es sich, den Praktiker Felix Somary hinzuzuziehen. Somary war einer der beeindruckendsten, aber heute nahezu gänzlich in Vergessenheit geratenen Vertreter der Wiener Schule. Direkt nach dem Gymnasium, mit 18 Jahren, schrieb er seine erste große ökonomische Arbeit, die viel Aufsehen erregte und sogar von Luigi Einaudi, dem späteren italienischen Präsidenten und Weggefährten der Wiener Schule, rezensiert wurde. Carl Menger bot Somary daraufhin sofort eine Assistentenstelle an, obwohl dieser gerade erst sein Studium begonnen hatte. Menger arbeitete damals an seinem nie erschienenen Hauptwerk, einer Grundlegung der Soziologie.

Im Weiteren wird Somary ausführlich zu Wort kommen, damit seine ökonomisch geschulten historischen Beobachtungen vor dem Vergessen bewahrt werden. Sehr aufschlussreich ist Somarys Analyse des Federal Reserve System (kurz: Federal Reserve oder Fed). Sie rückt einige

Verschwörungstheorien zurecht, die frühere Intention und spätere Umsetzung gleichsetzen. Schlechte Intentionen bringen manchmal gute Ergebnisse hervor, und gute Intentionen haben oft schlechte Folgen. Somary schildert die Absichten des demokratischen Abgeordneten Carter Glass, den er als Vater des amerikanischen Notenbanksystems ansieht:

> Er hat an die Stelle von zahllosen Notenbanken einige wenige gesetzt und wollte statt der früheren Deckung durch Staatsbonds den Wechsel setzen, um die Währung gesund zu machen. Nun ist der Wechsel verschwunden, die Bonds sind in großer Menge zurückgekehrt, und die Zentralisation des Währungswesens gibt die Möglichkeit zu gigantischer Ausdehnung der Inflation. Er hat das Gegenteil von dem erreicht, was er wollte.[101]

Somary schilderte den Bruch, der sich bei den Bilanzierungsrichtlinien ereignet hat, als von dieser Wechselgrundlage abgegangen wurde:

> Wer erinnert sich heute noch an die Entstehungszeit der Federal Reserve Banks vor viereinhalb Jahrzehnten? Die Noten waren damals von einzelstaatlichen Banken auf Grundlage von Schulden der öffentlichen Hand (nicht des Bundes) ausgegeben worden, und die Regierung wollte mit guten Gründen die Geldausgabe auf den Warenwechsel basieren. Nun sind wieder die damals verfemten Schulden zur Grundlage des Geldwesens geworden, in der hundertfachen Höhe gegenüber 1910 und sie haben sogar ihre theoretische Rechtfertigung gefunden. Gleich dem Holländer Pinto im 18. und dem dritten Napoleon im 19. Jahrhundert sehen ja neuerdings bekannte Ökonomen in den Staatsschulden ein Aktivum der Wirtschaft.
>
> Zu diesen Bundeswechseln – deren Zins zwischen 1½ und 2½ Prozent schwankt und die den Charakter von verzinslichen Noten haben – kommen noch eine große Menge von Industrieakzepten, von einzelnen Gesellschaften in Höhe bis zu einer Milliarde. Seit jeher gilt diese Form der Finanzierung als besonders gefährlich, da sie nur die äußere Form, aber nicht das Wesen des Wechsels hat; billige Geldbeschaffung, ohne dass dazu die Berechtigung vorliegt. Wir haben somit mit einem Geldmarkt von ganz anderem Charakter zu tun als vordem: maßlos erweitert und aufgebaut auf Schulden, wie wenn man auf Sumpfboden immer höhere Wolkenkratzer errichten würde.[102]

Das ist eine treffliche Devise für die Blasenökonomie: Wolkenkratzer auf Sumpfböden! Immerhin gibt es eine Korrelation zwischen der Fertigstellung des jeweils höchsten Wolkenkratzers der Welt und dem Ausbruch von Wirtschaftskrisen – der sogenannte Wolkenkratzer-Index. Bei dem erwähnten Holländer handelt es sich um Isaac de Pinto, einen sephardischen Juden und Hauptinvestor der Niederländischen Ostindien-Kompanie – dem ersten modernen Weltkonzern, mit allen Begleiterscheinungen: Staatsnähe mitsamt Privilegien, Schuldenpyramide, Bereicherung der Manager, Ablehnung von Wettbewerb. Pinto verfasste den frühen inflationistischen Traktat *Traité de la Circulation et du Crédit*. Darin führte er aus:

> Es folgt zudem aus dem Gesagten, dass 6. aus der Staatskasse das Geld an die Öffentlichkeit zurückgeht, das dieser entnommen wurde, indem durch Zinsenzahlungen und Pensionen die Steuerleistung erhöht wird, auch wenn die Zuteilung an die einzelnen Untertanen nicht immer gleich hoch ist, sondern sich auf die Gesamtheit bezieht; 7., dass die öffentlichen Schulden Reichtum, Handel, Industrie, Konsum und Steuerleistung erhöhen; sie sind notwendig und von einer gänzlich anderen Art, als man bislang glaubte.[103]

Pintos Werk ist hochmodern, er verteidigt nicht nur den »Kapitalismus« gegen die feudale und agrarische Ordnung, sondern auch eine aktive Rolle des Staates, Umverteilung und all die auf statistische Aggregate ausgerichtete Volkswirtschaftspolitik. Sobald Schulden als Aktivum erscheinen, ändert sich die Bewertung der Inflation grundlegend. Bislang galt die Münzverschlechterung als Verbrechen, gar als Sünde. Nun wurde sie zu einer wissenschaftlich verbrämten »volkswirtschaftlichen Notwendigkeit«. Den großen Durchbruch brachte aber erst der Erste Weltkrieg. Er läutete eine neue Phase der Inflationierung ein, die über die bisherigen historischen Möglichkeiten dank der monetären Revolution nun weit hinausging:

> Mit der Eliminierung der Diskontpolitik begann die monetäre Verlotterung, die der Reihe nach alle kriegführenden Staaten ruinierte. Zwei Argumente führten die Regierungen für ihre Politik der Geldverschlechterung an: das Beispiel der Gegner und die Unmöglichkeit anderer Finanzierung

> des Krieges. Die wohltönende Phrase, die Sorge um das Vaterland sei wichtiger als die Sorge um den Geldwert, wurde von der politischen Demagogie schon damals bis zum Überdruß wiederholt. Und gewiß hätte der Krieg bei allseitiger seriöser Diskontpolitik kaum über zwei Jahre geführt werden können. Aber wäre das nicht besser gewesen als die Fortsetzung bis zur totalen Erschöpfung? Wäre Amerika der wirkliche große Neutrale geblieben, so hätte es internationale Diskontpolitik und damit die Limitierung des Krieges durchzwingen können. So wurde der Betrug am Sparer zur patriotischen Maxime und blieb es mit kurzer Unterbrechung die ganze Generation hindurch; aus der Inflation, das heißt der Enteignung ohne Gesetz und Grenzen, wuchsen der Bolschewismus und der Hitlerismus hervor. Man hat uns damals, die wir in den Anfängen warnten, als Geldmonomanen, als engherzige Finanzmänner verhöhnt, als Pessimisten verurteilt. Aber auch der tiefste Pessimismus wurde durch die Furchtbarkeit der Folgen weit übertroffen.[104]

Die Folgen waren verheerend, noch ist das letzte Kapitel dieser revolutionären Etappe aber nicht abgeschlossen:

> Aus der russischen Inflation erwuchs der Erfolg des Bolschewismus, aus der deutschen der Erfolg Hitlers, und was aus der überseeischen kommen mag, beginnen wir zu ahnen. Aber noch ist bis heute kein einziger all der Demagogen, die dieses Mephisto-Gift in die Welt geschleudert haben, von gerechter Strafe erreicht worden. Ob sie aus Unwissenheit, Dummheit oder Feigheit versagt haben, ob sie das Unheil herbeizuführen halfen, aber vorher absprangen – man lässt sie alle ungeschoren laufen.[105]

Das Schlimmste an der Inflationierung ist die politische Reaktion, die sich dann stets gegen das freie Wirtschaften der Menschen richtet. Das erklärt den unbändigen Drang zum Etatismus – nach dem Ersten Weltkrieg verschwand der Liberalismus praktisch rückstandslos aus der politischen Landschaft. Das erklärt auch, wie ein »nationaler Sozialist« wie Naumann einer der letzten öffentlichkeitswirksamen Liberalen der Zwischenkriegszeit sein konnte – beziehungsweise wie selbst Liberale nicht umhinkamen, der moralischen Zähmung der vermeintlichen »Wirtschaft« das Wort zu reden. Im eigentümlichen Staatskapitalismus nach der monetären Revolution bleibt nach Haussephasen nur ein Bodensatz an Unternehmern übrig, die weder Sympathie noch Vertrauen genießen:

> Nichts würdigt den Unternehmer wie den Kaufmann so sehr herab wie eine Inflationsära; denn sie werden von der Masse identifiziert mit den Inflationsgewinnern, und alle Angriffe gegen den Kapitalismus gewinnen vielfältig an Stärke. Es mag für den Soziologen interessant sein, zu eruieren, woher diese Menschengattung kommt, die man sonst nie sieht. So wie es in jeder Nation eine Gruppe von Individuen gibt, die nur in Revolutionen an die Oberfläche kommen, so gibt es auch einen Typ von Inflationsgestalten. Die Physiognomie dieser Crapule ist unverkennbar. Wie oft staunte ich in den beiden letzten Jahren, wenn ich jetzt, dreißig Jahre nach der deutschen Katastrophe, dieselben Gesichter sehe, wie sie sich damals in der Zürcher Bahnhofstraße oder in den Pariser Hotels oder am Lido zeigten – man möchte glauben, diese Art Leute sei unsterblich, weil sie nur in den Inflationsjahren leben. Man weiß nicht, woher sie kommen und wohin sie verschwinden.[106]

Als Reaktion auf den politischen Wahnsinn zog sich Somary aus dem Bankwesen zurück. Obwohl Inflationsphasen großartige Gewinnmöglichkeiten für Spekulanten bieten, beharrte er auf seinen Prinzipien und weigerte sich, an der schleichenden Enteignung seiner Mitmenschen zu partizipieren. Darum ist der Bankier Somary, der vermutlich letzte große Bankier des alten Österreichs und erste große Bankier der modernen Schweiz, heute nahezu völlig unbekannt. Er half maßgeblich bei der Sanierung der österreichischen Währung nach der Inflation. Sein Grundsatz für die Gesundung einer Währung war die möglichst rasche, geordnete Abwicklung eines Staatshaushalts.

Kommen wir noch einmal auf den erwähnten Carter Glass und die Errichtung des US Federal Reserve System zurück, um uns wieder der Gegenwart anzunähern. Seit der Gründung der Bank of England 1694 vertiefte sich das Zusammenwirken von Staat und Banken, bis es die heutige Struktur hervorbrachte. *Big business* und *big government* entdeckten sich als Alliierte, die ähnlichen Interessen folgten. G. Edward Griffin stellt es in seinem berühmten Buch *The Creature from Jekyll Island* (deutscher Titel: »Die Kreatur von Jekyll Island«) ein wenig so dar, als hätte die Bankenwelt die Staaten korrumpiert. Seine Nachzeichnung einer Verschwörung ist aber etwas einseitig. Mit gleicher Berechtigung kann man aufgrund der geschichtlichen Erkenntnisse davon ausgehen, dass die Korruption vom Staat ausging und dann gewissermaßen zu ihren Urhebern zurückkehrte. Das ist aber letztlich nicht so relevant. Ein Teil der Polarisierung zwischen »links« und »rechts« scheint auf die zwei Seiten dieser Struktur hinauszulaufen: Sie hat daher mit wirklichen Ideen und Prinzipien erstaunlich wenig zu tun, sondern ist bloß ein Abdruck des Machteifers der zwei Seiten unserer Wirtschaftsstruktur in der Bevölkerung. Zwar herrschen sie in ihren Interessen weitgehend geeint, doch sind sie gegeneinander eifersüchtig. Am deutlichsten zeigt sich der Gegensatz in den USA, die am weitesten bei der Ausformung der Struktur fortgeschritten sind: Die »linken« (sozialdemokratischen) Wähler lassen sich dafür einspannen, mehr Autonomie für den Staat zu erlangen, die »rechten« (neokonservativen) Wähler dafür, die Autonomie des Banken- und Großindustriesektors zu verteidigen. Beide Tendenzen sind Illusionen, und das ahnen sie wohl auch, denn das eine besteht nicht ohne das andere, nur gemeinsam sind sie »autonom«, nämlich gegenüber dem Recht.

In den USA zeigt sich ebenso, dass die Anti-Eliten-Themen eher auf der vermeintlich »rechten« Seite zu Hause sind. Wenn es stimmt, dass sich hier im Wesentlichen Banken- und Großindustrieinteressen des Staatsapparates bedienen wollen, dann müsste man daraus schließen, dass heute die Autonomie des Staates überwiegt – die Elite also eher nach diesem einfachen Schema »links« steht. So einfach ist es allerdings nicht, denn die Gelder, die vom vermeintlichen »Privatsektor« in die Politik fließen, sind ziemlich gleich verteilt – zwischen den Scheinwidersprüchen »links« und »rechts«. Zum Teil finanzieren sogar dieselben juristischen Personen sich gegenüberstehende Kandidaten, in aller Regel sind die Mittelflüsse aber diskreter aufgeteilt.

Die gleichzeitige Finanzierung scheinbar verfeindeter Kandidaten als Usus etablierte sich erstmals, als es darum ging, das US-Zentralbankwesen politisch durchzusetzen. Auf Seiten der Politik ist damit insbesondere der Name Nelson W. Aldrich verbunden. Der Plan für das Federal Reserve System wurde eben in jener geheimen Unterredung führender Banker auf Jekyll Island entworfen. Doch ein solcher Plan konnte unmöglich auf demokratische Zustimmung hoffen, und entsprechend schwierig war es zunächst, willige Politiker zu finden.

Wer wirkliche Veränderungen in die Wege leiten will, muss wesentlich früher ansetzen: bei den Ideen. Entgegen heutiger Empfehlungen angeblicher Pragmatiker waren die Banker praktisch genug, zunächst in Theorie zu investieren. Fünf Millionen Dollar flossen in einen Fonds, der im Wesentlichen die Universitäten Princeton, Harvard und die University of Chicago beglückte, die bereits zuvor massiv durch Banken und Großindustrie gefördert wurden. Die Fondsgelder trieben die Durchsetzung des Ökonomikstudiums als neue und respektierte Disziplin an. Der durch Finanzgeschäfte und Industrieunternehmungen schwerreiche Aldrich spielte dabei als vermeintlich »erfolgreicher Unternehmer und Staatsmann« eine führende Rolle. Der Ökonom Kenneth Galbraith bemerkte dazu ganz beiläufig:

> Unter Aldrichs Leitung wurde eine ganze Menge von Studien der Finanzinstitutionen in den Vereinigten Staaten und in anderen Ländern bei der aufstrebenden Profession der Ökonomen in Auftrag gegeben. Es ist zumindest möglich, dass die Wertschätzung des *Federal Reserve System*, das es seitdem von Seiten der Ökonomen erfahren hat, auch auf die Tatsache zurückgeführt werden kann, dass so viele, die zu den Pionieren dieser Profession gehörten, gleichzeitig an der Geburt des Systems beteiligt waren.[107]

Gleichzeitig mit der Finanzierung von Theorieproduktion wurde eine neue Strategie eingesetzt, die bis heute ein wesentliches Rezept politischer Durchsetzung geblieben ist: *Astroturfing*. Der Ausdruck ist ein kluges Sprachspiel, es handelt sich um die Abwandlung eines Markennamens für Kunstrasen. Dieser subventionierte »Kunstrasen« von Menschen hat die Aufgabe, den Anschein einer Graswurzelbewegung zu erwecken. Der durch Bankgelder dotierte Fonds förderte nicht nur bestimmte Universitäten, sondern schuf sich seine eigene *Astroturfing*-Zelle. Das *Astroturfing* kaschiert *top-down*-Initiativen, indem sie sie als *bottom-up*-Initiativen erscheinen lässt. Der Fonds finanzierte die National Citizens' League, eine vermeintliche Bewegung engagierter Bürger, die sich für die Reform des Bankwesens einsetzte. Dabei vermied es Aldrich, selbst in Erscheinung zu treten. Die »Bewegung« gab sich parteilos, und über sie wurden Hunderttausende von Dollar für die Popularisierung der Finanzwissenschaften verteilt.

Die Öffentlichkeitsarbeit der Bewegung übernahm der Ökonom J. Laurence Laughlin, der als wirtschaftsliberal galt. Das hinderte ihn nicht daran, den karrierefördernden Posten anzunehmen und nun besonders vehement für die Regulierung des Bankensektors aufzutreten. Es sollte nicht überraschen, dass es im Sinne der großen Banken war, die Regulierung ihres Sektors zu verschärfen. Jede Regulierung hat einen Kartelleffekt.

Der erste prominente Akademiker, der sich für den Aldrich-Plan aussprach, war ein gewisser Woodrow Wilson. 1902 wurde er Präsident der Princeton University, doch seine Zustimmung zum Federal Reserve System sollte ihm noch höhere Ämter einbringen, bis zum höchsten überhaupt. 1912 stand der republikanische Präsident William Howard Taft zur Wiederwahl. Griffin schreibt:

> Seine politische Macht gründete sich, wie die der meisten Republikaner zu dieser Zeit, auf die Unterstützung der Großindustrie und der Banken in den Industrieregionen. Er war in die erste Amtszeit in der Erwartung gewählt worden, dass er die protektionistischen Strategien seines Vorgängers Teddy Roosevelt fortsetzen würde, und zwar vor allem in den Geschäftsbereichen Zucker, Kaffee und Früchte aus Lateinamerika. Doch sobald er im Amt war, handelte er wesentlich zurückhaltender in diesen Dingen und zog sich damit die Feindschaft vieler mächtiger Republikaner zu. Der endgültige Bruch trat ein, als Taft sich weigerte, den Aldrich-Plan zu unterstützen. Er war nicht dagegen, weil dieser eine Zentralbank vorsah, die der Regierung Einfluß auf die Wirtschaft geschaffen hätte, sondern weil ihm die eingeräumte Regierungskontrolle nicht groß genug war. Es war ihm bewusst, dass die auf Jekyll Island entwickelte Formel die Banker auf den Fahrersitz gesetzt und der Regierung nur eine nominelle Beteiligung eingeräumt hätte. Er hatte überhaupt nichts einzuwenden gegen die uralte Partnerschaft zwischen den Finanzleuten und den Politikern. Er wünschte jedoch eine wesentlich einflußreichere Rolle für die Politik.[108]

Dieselben Finanzkräfte, die bislang die Republikaner finanziert hatten, wollten nun Taft loswerden. Ein Einstellen der Parteispenden wäre zu auffällig gewesen und hätte die Aufmerksamkeit auf die Interessen im Hintergrund geleitet. Taktisch sinnvoller war es, einen Herausforderer aus dem Hut zu zaubern, der Taft Stimmen kosten würde. Vertreter von J.P. Morgan überredeten den ehemaligen Präsidenten Theodore Roosevelt, seinen Nachfolger Taft bei der Parteinominierung herauszufordern. Roosevelt hatte sich schon früher als verlässlicher Interessenvertreter von J.P. Morgan hervorgetan. Während Roosevelt etwa den Industriegiganten US Steel stützte, der sich im Besitz von J.P. Morgan befand, wollte Taft diesen mittels der Kartellgesetze zerschlagen. Roosevelt lag zwar bei den Vorwahlen um die Parteinominierung vorne, doch Taft beherrschte den Parteiapparat und setzte sich letztlich durch. Daraufhin wurde Roosevelt Unterstützung zugesagt, wenn er als »Unabhängiger« gegen Taft antreten würde. Er gründete die Progressive Party. Es war zwar klar, dass diese im Zweiparteiensystem der USA nicht gewinnen würde, aber so konnte er Taft hinreichend viele Stimmen stehlen. Diesmal waren nämlich die Demokraten die bessere Alternative für die Finanzinteressen: Ihr Kandidat hieß Wilson.

So finanzierten die Banker die Wahlkämpfe aller drei Kandidaten. Roosevelt, dessen Antreten überhaupt erst auf Initiative der Banker erfolgte, führte einen scharfen Wahlkampf gegen die *Money Trusts* und die Wall Street, insbesondere gegen Aldrichs Gesetzesvorlage. Taft hingegen wurde von seinen Mitbewerbern als alleiniger Vertreter der Finanzinteressen hingestellt. Die Taktik ging auf: Wilson siegte mit nur 42 Prozent der Stimmen als vermeintlich »linker« Kandidat – der Wunschkandidat der Banken.

Nun ging es um die Verabschiedung des *Federal Reserve Act*, jenes Gesetzes, wodurch das Zentralbankwesen in den USA ein für alle Mal verankert werden sollte, nachdem die bisherigen Bemühungen gescheitert waren. Es gab jedoch noch heftigen Widerstand von einigen Politikern, die witterten, was hier beabsichtigt wurde. Besonders Charles Lindbergh Senior tat sich hervor, der Vater der Luftfahrtlegende. Er setzte die Resolution durch, eine Kommission mit der Untersuchung der Konzentration der Wirtschaft in den Händen weniger Banker zu beauftragen. Der Abgeordnete Arsène Pujo aus Louisiana wurde daraufhin vom Kongress autorisiert, einen Unterausschuss mit dieser Aufgabe zu bilden – kurz das Pujo Committee genannt. Im Abschlussbericht stellte der Ausschuss fest, dass 18 der größten Finanzunternehmen unter der Kontrolle eines von J.P. Morgan geführten Kartells standen. Paradox waren nun die Folgen dieses Berichts, denn damit wurde unter der Bevölkerung die Stimmung für mehr Regulierung angeheizt. Die Banken ließen es so erscheinen, als fürchteten sie sich unglaublich vor dem Federal-Reserve- oder Glass-Owen-Gesetz und der Scheinkontrolle einer Zentralbank.

Die ursprüngliche Gesetzesvorlage von Aldrich war jedoch noch zu suspekt. Benötigt wurde ein weiterer unverbrauchter Politiker, der Karriere machen wollte. Der Demokrat Carter Glass übernahm die Aufgabe: Er stimmte in die Kritik der Gesetzesvorlage ein und argumentierte, es brauche einen gänzlich neuen Ansatz, der nicht aus der Feder der Finanzinteressen stamme. Glass präsentierte eine neue Gesetzesvorlage. Die Politiker und die Bevölkerung waren nun hinreichend darauf vorbereitet: Es herrschte Konsens über eine zentrale Regulierung des Banksektors und darüber, dass diese Regulierung aus »unabhängigen« Händen kommen sollte. So war es ein Leichtes, 1913 das Gesetz durchzubringen. Mit dem Glass-Owen-Gesetz wurde im dritten Anlauf in der amerikanischen Geschichte das Zentralbankwesen etabliert. Scheinbar hatte damit die Politik und das Volk über die Banken gesiegt. Nur Lindbergh wusste, dass die Folgen seines verzweifelten Kampfes so gar nicht in seinem Sinne waren. Die vorherrschenden Ideen hatten sich als der praktischen Politik überlegen gezeigt – nun fruchtete die bankfinanzierte Kunstrasenbewegung für »Finanzreformen« und »Bankenkontrolle«. Dasselbe Muster wiederholt sich immer wieder.

Das endgültige Gesetz entsprach in allen wichtigen Punkten dem Aldrich-Entwurf, der von den Bankern auf Jekyll Island ausgeheckt worden war. Das Gesetz war hinreichend unklar formuliert, um eine genauere Debatte bei kritischen Punkten zu vermeiden. So konnte es durch langfristiges Lobbying nach und nach an die Wünsche der Profiteure angepasst werden: Es wurde bislang knapp 200 Mal (!) abgeändert. Um über die Machtkonzentration hinwegzutäuschen, wurde ein System von zwölf regionalen Zentralbanken eingeführt. Schon die Formulierung ist ein Widerspruch in sich. Es handelt sich um dieselbe Masche, die auch in der EU gepflogen wird, indem die Behördensitze mehrfach geographisch verteilt sind. Da damit keinerlei reale regionale Autonomie verbunden ist, die subsidiär wirken kann, führt dies nur zu einer Vervielfachung der Kosten. Die Zusatzgebäude sind nichts als teure Potemkinsche Dörfer.

Dabei ist es keinesfalls so einfach, dass das Fed schlicht eine Bastion von Privatinteressen sei. Immer wieder wird von Kritikern beklagt, es sei gar in Privatbesitz. In der Tat halten die Mitgliedsbanken »Aktien«, doch diese sind keine realen Eigentumsverbriefungen. Das Stimmrecht ist unabhängig von diesen »Anteilen«, die weder verkauft noch gehandelt werden können. Die Entscheidungsgewalt liegt beim Vorstand, der vom Präsidenten ernannt wird. Griffin fasst den Status des Fed so zusammen:

> Zwar ist es richtig, dass das FED unabhängig von direkter politischer Kontrolle ist, doch sollte man nicht vergessen, dass es vom Kongreß gegründet wurde und deshalb auch von ihm abgeschafft werden könnte. In Wirklichkeit ist die Federal Reserve weder ein Arm der Regierung noch privatwirtschaftlich organisiert. Sie ist ein Hybrid. Sie ist ein Zusammenschluß großer Geschäftsbanken, dem vom Kongreß besondere Privilegien gewährt wurden. Eine genauere Beschreibung könnte lauten, sie ist ein von Bundesgesetzen geschütztes Kartell. [...] Das FED ist weder eine Regierungsbehörde noch eine private Institution im üblichen Sinne. Es unterliegt politischer Kontrolle und hat es doch geschafft – wegen der unerhörten Macht über Politiker und deren Wahlkampfmechanismen –, sich von tatsächlicher politischer Beaufsichtigung freizuhalten.[109]

Künstliche Skaleneffekte

Der vermeintliche »Kapitalismus« moderner Prägung, der besser als Kreditismus oder Konsumismus zu bezeichnen wäre, transzendiert die Trennung Staat und Markt. Daher ist die hart umkämpfte Front, die heutige Debatten um die Wirtschaftspolitik durchzieht, die Chimäre eines Nebelgefechts. Zwei Seiten stehen sich unversöhnlich gegenüber, getrennt durch zwei völlig konträre Deutungen der Gegenwart. Während die eine Seite einen wildgewordenen Staat sieht, der Märkte zunehmend gängelt und abwürgt, sieht die andere wildgewordene Märkte, die Staaten gängeln und einschränken. Die Unversöhnlichkeit ist dabei einem Scheinwiderspruch geschuldet. Marktwirtschaft und Planwirtschaft sind zwar Konzepte mit realer ökonomischer Grundlage, die zur Differenzierung geeignet sind, doch es handelt sich dabei nicht um einen Schwarz-Weiß-Kontrast, sondern vielmehr um ein Kontinuum unzähliger Graustufen.

So gibt es keine Planwirtschaft ohne Märkte. Selbst im Paradebeispiel einer völlig zentral gesteuerten Planwirtschaft, der Sowjetökonomie, erfolgte ein großer Teil der Wertschöpfung über Märkte. Ein Ökonom der gegenwärtigen *Austrian School*, Peter Boettke, beschreibt diese Schattenmarktwirtschaft wie folgt:

> Märkte sind wie Unkraut, sie sprießen überall und können nie gänzlich ausgerottet werden. Wo auch immer es eine Lücke gibt, werden wachsame Unternehmer versuchen, die Gelegenheit für persönlichen Vorteil zu nutzen. Im Produktionsprozess verließ man sich auf besondere Mittelsmänner (die *tolkachi*), die Ressourcen (Produktionsfaktoren) zusammenführten, damit die Betriebe ihre Zielvorgaben erreichen konnten. Die *tolkachi* arbeiteten für Staatsbetriebe, die auf der einen Seite überschüssige Güter verkauften, und auf der anderen benötigte Produkte kauften. Es entwickelte sich ein vollständiges sekundäres Versorgungssystem rund um die *tolkachi*. Auf der Seite des Konsums versuchten illegale Markttransaktionen die langen Warteschlangen und die niedrige Qualität der Konsumgüter in den offiziellen Staatsläden zu kompensieren. [...] Die doppelte Realität, in der Sowjetbürger lebten, war nicht auf wirtschaftliche Aktivitäten beschränkt, sondern erstreckte sich auf ihr kulturelles, intellektuelles und politisches Leben. Jazz war beispielsweise lange Zeit ein Untergrundphänomen. Bücher und Artikel, die von staatlichen Zensurbehörden unterdrückt wurden, liefen *samisdat* [selbst herausgegeben] unter Gelehrten und Intellektuellen um.[110]

Umsätze entsprechen Mengen mal Preisen, und der Verdrängungsdruck auf Mengen erhöht meist die Preise. Das wird besonders deutlich, wenn wir uns den einen Bereich ansehen, bei dem staatliche Planung und Regulierung das explizite Ziel verfolgt, einen Markt nicht bloß zu steuern, sondern völlig auszulöschen. Dieser Markt erreicht paradoxerweise ein globales Volumen von 600 Milliarden Dollar, was 7,6 Prozent des gesamten Handelsvolumens entspricht. Es handelt sich dabei um den Drogenmarkt, bei dem keineswegs gewiss ist, dass er ohne Verdrängung durch nahezu alle Staaten der Welt größer wäre. Planung führt also primär zu Veränderung und Verzerrung von Märkten, nicht zu ihrem Ersatz.

So wie es keine Planwirtschaft ohne Märkte gibt, kann auch keine Marktwirtschaft ohne Planung bestehen. Der Gegensatz Planung versus Chaos ist irreführend, denn es gibt ebenso geplantes Chaos wie chaotische Planung. Wesentlicher ist, wer die Pläne macht. Jedes Unternehmen ist ein Versuch der Planung und Organisation. Ganz wertneutral kann man daher Unternehmen als Inseln der Planwirtschaft innerhalb einer Marktwirtschaft ansehen. Wie alle Pläne, scheitern auch Unternehmen in der Mehrzahl der Fälle, entgegen aller Illusionen vom leichten unternehmerischen Erfolg. Die Analogie zwischen Unternehmen und Planwirtschaft ist nicht weit hergeholt: Von Fünfjahresplänen reden neben den Räten in Zentralverwaltungswirtschaften hauptsächlich Unternehmensvorstände. Viele Businesspläne zeichnen sich durch jene Anmaßung von Wissen aus, die Friedrich A. von Hayek Planwirtschaften vorwarf. So überrascht es nicht, dass der Begriff »Sozialismus« von Industrieunternehmern geprägt wurde: von Robert Owen und Henri de Saint-Simon.

Üblicherweise hintertreibt die Dynamik einer realen Wirtschaft die Planung und zwingt Unternehmer zur ständigen Änderung und Anpassung ihrer Pläne. Doch parallel zu den Konjunkturzyklen einer monetär verzerrten Wirtschaft verläuft ein Zyklus veränderlichen Planungserfolges. Auf Phasen künstlich erhöhter Stabilität folgen Phasen künstlich erhöhter Volatilität. In der monetär genährten Hochkonjunktur scheint die Planung von Unternehmen besser zu laufen als erwartet; oft überrascht das nominale Ergebnis positiv. Dafür scheitern in der Krise Unternehmer in besonderer Häufung und zeitlicher Nähe.

Der Planungsüberoptimismus der Hochkonjunktur war eine der wesentlichen Triebfedern der Planwirtschaft. Im 19. Jahrhundert kam die Vorstellung auf, dass der natürliche Marktprozess einer der ständigen Konzentration sei: Besser planende Großkonzerne würden nach und nach die kleineren Unternehmen auffressen, bis schließlich die gesamte Wirtschaft in einer Hand konzentriert sei – einem vertikal und horizontal integrierten Mischkonzern. So erschien der Übergang zu einer staatlichen Planwirtschaft als moralische Notwendigkeit, um an die Stelle einer privaten Planwirtschaft zu treten, die nach und nach alle Produktionsmittel wenigen Eigentümern zugeführt hätte.

Als vermeintlich »dritter Weg« zwischen Planwirtschaft und Marktwirtschaft trat der Interventionismus an, der vor allem von Kleinunternehmern gefordert wurde. Diese Handwerker und Händler hofften auf Schutz vor den Großen, denen die Zukunft zu gehören schien. Der größte Teil der Regulierung und insbesondere die staatlich gestützte Kreditausweitung fanden in diesen Sorgen ihre Begründung und Berechtigung. Im Zuge der industriellen Entwicklung der Hochkonjunktur fielen die positiven Skaleneffekte größerer Betriebe ins Auge. Größere Skalen von Produktion, Vertrieb und Marketing versprechen günstigere Grenzkosten. Doch diese Perspektive, die von den ersten, großen und teuren Dampfmaschinen geprägt war, führte in die Irre. Tatsächlich gibt es nicht nur positive Skaleneffekte, sondern auch negative. Größe ist oft unökonomisch.

Der wichtigste Grund für negative Skaleneffekte wurde von Ludwig von Mises in seiner Analyse von Planwirtschaften aufgedeckt. Je weniger Produktionsmittel direkt über Märkte bezogen, sondern über Vorgaben und Pläne zugeteilt werden, desto schwieriger ist die Wirtschaftskalkulation: Es fehlen die Preise und damit der Ausdruck individueller Entscheidungen. Mises fand dafür in seinem Werk *Die Bürokratie* ein schönes Bild:

> Ein Produktionsfaktor warnt den Unternehmer der kapitalistischen Gesellschaft durch seinen Preis: Fass mich nicht an, ich bin für die Befriedigung eines dringenderen Bedürfnisses vorgesehen. Aber im Sozialismus bleiben diese Produktionsfaktoren stumm.[111]

Jedes Unternehmen ist ein Versuch der Planung des Einsatzes von Produktionsfaktoren, der, je größer das Unternehmen, desto mehr von aktuellen Preisen abstrahieren muss. Je größer das Unternehmen, desto weiter sind Teile desselben vom Kunden entfernt. Es kommt zum Phänomen »geschützter Werkstätten«, die dem unmittelbaren Feedback des Marktes entzogen sind. Das führt zur Verschwendung von Ressourcen, mangelnder Innovation und geringerer Wettbewerbsorientierung.

Langfristig hemmen diese negativen Skaleneffekte die Konzentrationsprozesse in der Wirtschaft. Doch nicht nur die künstlichen Phasen vermeintlicher Stabilität nähren sie. Zahlreiche künstliche Skaleneffekte sind die paradoxe Folge von staatlichen Interventionen, die eigentlich die Kleinen schützen sollten. Zu diesen künstlich herbeigeführten positiven Skaleneffekten gehört die Steuerlast. Hierbei fällt allerdings weniger der finanzielle, sondern der zeitliche Aufwand aufgrund immer komplexerer Steuergesetze ins Gewicht. Heute stehen Unternehmer in weiten Teilen Europas mit einem Fuß im Gefängnis, da die Einhaltung der undurchschaubaren und sich ständig ändernden Gesetzeslage kaum zu bewältigen ist. Je kleiner das Unternehmen, desto höher der relative Aufwand für *Compliance*, um den Steuergesetzen und anderen Regulierungen zu genügen. Größere Konzerne können sich Rechtsabteilungen leisten, die relativ zur Unternehmensgröße einen geringeren Aufwand bedeuten. Viele Einzelunternehmer sind hingegen heute überwiegend mit Bürokratie befasst, auf Kosten ihrer eigentlichen unternehmerischen Tätigkeit.

Auch die erwähnte Kreditausweitung, die es eigentlich gerade den Kleinen erlauben sollte, unternehmerisch tätig zu werden, schafft tatsächlich künstliche Skaleneffekte für die Großen: In der Kreditblase ist die Fremdkapitalfinanzierung größerer Unternehmen gegenüber der Eigenkapitalfinanzierung kleinerer Unternehmen privilegiert. Zusätzlich verschärft wird die Lage dadurch, dass sich nur Große den Zugang zur Politik durch Lobbying und *Public Affairs* leisten können und so eher in den Genuss von Subventionen und für sie günstigen Gesetzesänderungen kommen. Unter heutigen Rahmenbedingungen bedeutet selbst eine »Liberalisierungspolitik« in aller Regel bloß eine Umschichtung von Staats- zu Privatverschuldung. Diese kann zwar bei höherer Unternehmensverschuldung produktivitätssteigernd wirken, doch Produktivität ist kein Selbstzweck, wenn zugleich der gesellschaftliche Verschuldungsgrad wächst.

Die Zunahme künstlicher Skaleneffekte zeigt, dass es nicht mehr um den Gegensatz von Markt und Staat geht. Vielmehr sind heute Phänomene der Marktverzerrung von Bedeutung. Ein Markt ist umso verzerrter, je weniger es die Konsumenten sind, die über Art und Umfang der Produktion bestimmen. Im besten Fall, so Ludwig von Mises, ähnelt ein Markt einer Demokratie, in der jeder Cent oder Rappen einen Stimmzettel darstellt. Je verzerrter ein Markt, desto eher sind es die richtigen Kontakte und der Zugang zu Krediten und Politik, die über die Produktion bestimmen. Die Marktverzerrung durch künstliche Skaleneffekte führt zu dem Phänomen, das man früher »Vertrustung« nannte (nach englisch: *trust*). Klarer wäre der Ausdruck »Verkrustung«. Dabei wachsen Strukturen wechselseitiger Beziehung zwischen Staat und Markt, die durch mangelnde Flexibilität gekennzeichnet sind. *Big business* und *big government* beginnen sich so zu ähneln wie ein Hund und sein Herrchen – man sagt, dass Hundehalter mit der Zeit den Gesichtsausdruck ihrer Haustiere annehmen. Mit der Zeit wird es dann schwer zu sagen, ob das Herrchen den Hund ausführt oder der Hund das Herrchen.

Doch die Phasen künstlich erhöhter Stabilität, in denen diese Verkrustung voranschreitet, werden irgendwann von Phasen höherer Volatilität abgelöst. Je dynamischer eine Wirtschaft, desto weniger spielt Quantität eine Rolle, desto schwieriger werden die Pläne und desto stärker der Wettbewerb. Viel wichtiger ist dann die Qualität von Kapital, nicht dessen Quantität, die unternehmerische Fähigkeit, den Umständen angepasste Kapitalstrukturen aufzubauen und durch laufende Adaption lebendig zu halten. Je stärker die Veränderung, desto deutlicher wird, dass Wissen dezentral ist und nicht zentral erfasst werden kann, wie Friedrich A. von Hayek warnte. In einem solchen Umfeld überwiegen negative Skaleneffekte und damit die Vorteile kleinerer Unternehmen: Kleine und mittlere Unternehmen (KMU) können besser kalkulieren und motivieren. Da sie besser kalkulieren können, zeigen sie einen besseren Umgang mit Werten: Es kommt zu weniger Ressourcen- und Human-Verschwendung. Das führt auch zu einem stärkeren Sinngefühl der Mitarbeiter.

Hierbei erweist sich der Gegensatz von Konkurrenz und Kooperation, der in den Phasen der Verkrustung besonders empfunden wird, als Scheingegensatz. Tatsächlich dominiert in einer echten Marktwirtschaft die Kooperation für den Wettbewerb. Erst dieser Wettbewerb erlaubt kooperierenden Teams die Gewissheit, gemeinsam wirklich etwas Besseres und Neues zu schaffen, was Sinn stiftet. Der Gegensatz dazu ist die Kooperation als Selbstzweck, der ein äußerer Maßstab fehlt. Dies ist das Wirtschaften von Komitees, Sippen, Sekten, bei dem das Wachstum der Gruppe oder Ideologien und Glaubenssätze zum Selbstzweck wird und nicht das gemeinsame Schaffen und Verbessern im Vordergrund steht. KMU zeigen in der Regel eine stärkere Werte- und Sinnorientierung; erstere bedeutet bessere Kalkulation und höhere Empathie nach außen (Erfassung von Kundenbedürfnissen), letztere bessere Kalkulation und höhere Empathie nach innen (Nutzung und Entfaltung des vollen Mitarbeiterpotentials).

Im Zuge der Verkrustung verkommt der Markt leicht zu einer Fassade der Ausbeutung. Daher nimmt auch die Ablehnung der Marktwirtschaft zu, aus dem unbewussten Gefühl, dass sich die Märkte von den Wünschen und Werten der Konsumenten entfernen und mächtigeren Interessen dienen. Krusten sind Gerinnsel, die fest, aber fragil sind. Nimmt die Dynamik einer Wirtschaft zu, brechen sie. Interventionen, um Kleine vor der Übermacht der Großen und vor der Veränderung zu schützen, bewirken das Gegenteil ihrer vermeintlichen Absichten. Das einzige Gegenmittel gegen die Verkrustung der Wirtschaft ist freies Unternehmertum, bei dem kleinere Unternehmen stets überwiegen, weil nur kleinräumige Pläne, die durchaus groß und verwegen sein können, genügend Raum zum Scheitern und Lernen lassen. Dieses richtig dimensionierte, dynamische Unternehmertum wird in Phasen künstlicher Stabilität und Verkrustung immer schwieriger, doch zugleich wächst auch das Wertschöpfungspotential, das solche unternehmerische Bemühung lohnt, wenn sie das Bersten bestehender Strukturen überleben. Der Fehler der Planwirtschaft lag nicht in den Plänen, nicht in der Inkompetenz oder Dummheit der Planer, sondern stets in der mangelnden Möglichkeit dynamisch-unternehmerischen Scheiterns.

Ein typischer Indikator einer Blasenwirtschaft ist die wachsende Verachtung für Spekulanten und das sinkende Vertrauen in Unternehmen. Die Spekulation scheint eine immer stärkere Volatilität von Preisen anzufachen, und die Unternehmen scheinen sich zunehmend nach der Masse zu richten und bei der Qualität Abstriche zu machen. Beides aus den inhärenten Dynamiken einer Marktwirtschaft zu erklären, ist zwar naheliegend, aber völlig falsch.

Beide Phänomene sind Facetten einer Dynamik, die jeder kreditfinanzierten Blase eigen ist: Die Dummheit des durchschnittlichen Investors steigt ebenso wie die Dummheit des durchschnittlichen Konsumenten. Diese Perspektive bietet neue Indikatoren für die Position im Konjunkturzyklus. Marktbeobachter können sich an der Tendenz der Anlageentscheidungen orientieren – viele klagen über die verblüffende Dummheit, die institutionelle Investoren an den Tag legen. Menschen, welche die Finanzwelt weniger im Auge haben, können ihr

Augenmerk dem Konsummarkt schenken: Solange die Absurdität neuer Produkte steigt und die intellektuelle Anforderung der Unterhaltungsformate sinkt, können wir davon ausgehen, uns noch weiter vom realwirtschaftlichen Boden zu entfernen.

Der Grund ist einfach: Wir müssen erklären, woher der Wohlstand der Nachfrager kommt. Da Intelligenz bis zu einer gewissen Schwelle mit der Fähigkeit korreliert, Wohlstand zu mehren und zu bewahren, kann bei Intelligenzmangel nur durch externe Liquiditätszuschüsse Kaufkraft erhalten bleiben: durch Verschuldung und Subventionen. Das ist freilich keine Arroganz des Intelligenten, sondern nüchterne Ökonomik. Die wirklich kolossalen Fehler und Dummheiten erfordern einen relativ hohen IQ. Allerdings befindet sich unsere Blasenwirtschaft bereits weit unter dieser Schwelle, sodass der durchschnittliche Konsum die durchschnittliche Wertschöpfungskompetenz übersteigt – beziehungsweise die durchschnittliche Anlageentscheidung die durchschnittliche Werterhaltungskompetenz übersteigt.

Was bedeutet sinkende Durchschnittsintelligenz von Investoren und Konsumenten? Es verstärken sich Mitläufereffekte, wodurch Anlagehypes und Kaufmoden ausgeprägter werden: Sowohl an der Börse als auch in den Produktzyklen wird die Volatilität größer. Durchschnittlich dümmere Konsumenten bedeuten allerdings nicht, wie viele glauben, einen höheren Beratungsbedarf und dadurch Chancen für den spezialisierten Einzelhandel. Ganz im Gegenteil; Dummheit besteht ja gerade darin, das eigene Wissen zu überschätzen bzw. gar nicht zu wissen und zu beachten, was man nicht weiß. In der Psychologie nennt man dies den *Dunning-Kruger-Effekt.* Darum profitieren Einzelhändler mit Straßenläden nur in geringem Ausmaß vom steigenden Konsumismus, die meiste Nachfrage wird direkt in digitale und mobile Angebote abgesaugt, die noch niedrigschwelliger, da konsumnäher sind. Und hier befinden wir uns erst ganz am Anfang einer Entwicklung. Die Hoffnung vieler Ökonomen, dass mehr Konsumnachfrage Arbeitsplätze halten würde, ist also auch in dieser Hinsicht völlig verfehlt. Im Folgenden soll im Detail gezeigt werden, was hinter dieser Dynamik steckt und warum sie eigentlich kein Marktphänomen ist.

Beginnen wir bei dem Phänomen dummer Investoren. Die landläufige Vorstellung der Wirkung von Spekulation sieht ungefähr so aus:

An irgendeinem willkürlichen Zeitpunkt, bringt die Gier »die Spekulanten« dazu, für ein bestimmtes Gut oder Wertpapier immer höhere Preise zu bieten und die Kurse somit in die Höhe zu treiben. An einem späteren Zeitpunkt ist ihre Gier gesättigt und sie gehen zum Abverkauf über: Sie verkaufen die nun teuren Güter oder Wertpapiere, stecken das Geld ein und schicken die Kurse auf rasante Talfahrt. Wenn wir an dieses Bild näher herangehen, wie es der gute Ökonom auf der Grundlage des methodologischen Individualismus (der nichts mit normativem Individualismus zu tun hat) macht, sehen wir, dass »die Spekulanten« aus vielen einzelnen Käufern und Verkäufern bestehen: Für jeden Spekulanten, der zu Anfang billig eingekauft hat, muss es einen geben, der auf der Höhe der Kursentwicklung teuer eingekauft hat. Für jeden Spekulanten, der später teuer verkauft hat, muss es einen Nachzügler geben, der dann nur noch billig verkaufen kann. Natürlich sind die Spekulanten unterschiedlich. Es gibt klügere und dümmere Spekulanten. Das landläufige Bild der Spekulation geht von ein paar wenigen, gerissenen Profiteuren und einer Masse dummer Mitläufer aus.

Tatsächlich spricht man vom *dumb money* im Gegensatz zum *smart money*, vom Geld der Dummen, das erst durch deren Masse ins Gewicht fällt. Warum gibt es so viele Dumme, die ihr Geld verzocken? Wieder ist die Gier eine beliebte Erklärung, doch sie greift viel zu kurz. Tatsächlich existiert auf Märkten nämlich eine Dynamik, die dazu tendiert, die durchschnittliche Dummheit von Investoren rasant abzusenken. Das liegt nicht so sehr daran, dass Märkte auf wundersame Weise die Intelligenz der Einzelnen erhöhen (wiewohl sie wohl zu den besten Schulen gehören). Die Erklärung ist viel einfacher, wie man auf Englisch so schön sagt: *a fool and his money are soon to be parted* (ein Narr und sein Geld, die werden bald getrennt). Das für den Anleger Unangenehme und für den Markt Schöne liegt eben darin, dass das Geld die Tendenz hat von den dümmeren zu den klügeren Anlegern zu wandern. Bei beschränkter Geldmenge bedeutet das nichts anderes, als dass die Kompetenz des durchschnittlichen Anlegers mit der Zeit steigt.

Diese Kompetenz hat freilich nicht nur mit Intelligenz etwas zu tun; unter dem etwas unpräzisen Begriff »Dummheit« war die Abwesenheit dieser Kompetenz gemeint – bzw. die Unfähigkeit, die eigene

Kompetenz richtig einzuschätzen. Der gefährlichste Anlegerfehler ist Überschätzung des eigenen Wissens und das korreliert eher mit hoher Intelligenz. Deshalb ist das Bild Intelligenz versus Dummheit etwas überzeichnet – wie gesagt: die Schwelle liegt relativ niedrig. Dauert eine Blase lange genug, verliert diese Spitzfindigkeit aber an Bedeutung, denn eine Mindestintelligenz benötigt auch die Kompetenz aus Erfahrung, Intuition oder schierem Glück, abgesehen von einzelnen Ausreißern.

Der erfolgreiche Spekulant zeichnet sich dadurch aus, Preisveränderungen zu antizipieren. Anstatt einem Hype zu folgen, durchblickt er ihn früher als andere. Seine Funktion ist die der Arbitrage, und diese verhält sich genau umgekehrt zum landläufigen Bild von der Spekulation. Arbitrage mindert Preisunterschiede. Ohne Spekulation erfolgen Preisveränderungen in dramatischen Sprüngen: Die Dürre, die niemand vorhergesehen hat, erzeugt plötzliche Knappheit. Der Spekulant antizipiert mögliche Preissteigerungen und kauft Güter an, die er nicht konsumiert. Dadurch treibt er die Preise etwas in die Höhe, was die Konsumenten zu etwas mehr Sparsamkeit drängt. Er hält diese Güter und bringt sie bei höheren Preisen, also größerer Knappheit, wieder auf den Markt. Durch den Verkauf dieser Reserven senkt er die Preise in der Not. Dank wird ihm dabei natürlich nicht zuteil. Es ist offensichtlich, warum ihn seine ökonomisch ahnungslosen Mitmenschen hassen: Sie sehen ihn als Nutznießer ihrer Not, dabei hat er sie nur etwas besser verteilt und dadurch eher gelindert.

Spekulation kann nur dann Volatilität verstärken anstatt sie zu lindern, wenn der Markt mit immer neuem *dumb money* geflutet wird. Und genau das geschieht natürlich durch politisch gewollte Kreditausweitung. Durch den Zuschuss liquider Mittel, die nicht realem Wertaufbau und Werterhalt entstammen, steigt die durchschnittliche *dumbness* des umlaufenden Geldes. Das englische *dumb* ist dabei klarer als das deutsche dumm. Es enthält noch die Konnotation mangelnder Empfindsamkeit für die Realität (»dumpf«), was wenig mit dem IQ zu tun hat und eben nur bis zu einer relativ niedrigen Schwelle das Gegenteil dieses analytisch-abstrakten Denkvermögens ist. Die *dumbness* ist oft eine *numbness*, eine Betäubung, die viele durchaus ersehnen, um manch hochintelligentem Wahnsinn unserer Welt zu entkommen.

So erklärt sich auch die steigende *dumb-/numbness* des durchschnittlichen Konsumenten. Ein Warnsignal sollte es etwa sein, dass in den Medien als einer der größten Unternehmenserfolge im Bereich der Internetunterhaltung das mittlerweile professionell geführte Unternehmen »Grumpy Cat« vorgeführt wurde. Es handelt sich dabei um eine Katze mit durch eine leichte Missbildung besonders grimmiger Mimik, deren Videos »virale« Erfolge wurden. Mehr als 100 Millionen Dollar (!) – so berichteten verschiedene Zeitungen und Zeitschriften – seien durch Werbeeinnahmen und Merchandising verdient worden. Der Manager hat sich auf Internet-Memes (visuelle Hypes) spezialisiert und nimmt jeweils 20 Prozent Honorar. Einen Film mit der Katze in der Hauptrolle gibt es auch schon.

Immerhin ist das noch einer der amüsanteren Blaseneffekte – der Katze und ihrer Besitzerin sei das Luxusleben also von Herzen vergönnt. Tatsächlich ist die Pointe allerdings, dass diese Geschichte vielmehr ein Symptom für die Hochkonjunktur der Dummheit im Journalismus ist. Für die 100 Millionen gibt es keinerlei glaubwürdigen Beleg. Realistischer ist ein gesamter Unternehmenswert von einer Million US-Dollar. Ist dümmer als der durchschnittliche Konsument nur noch der durchschnittliche Journalist? Der Journalismus zeigt jedenfalls einen dramatischen Verfall: Der durchschnittliche Leser wird dümmer. Das liegt nicht am Intelligenzabfall, sondern wieder an der Kaufkraftverschiebung der Leser. Die meisten Leser sind heute keine zahlenden Kunden der Medien mehr, sondern werden indirekt bewirtschaftet. Durch den künstlich mittels Geldmengenausweitung genährten Konsumismus breiter Massen werden die Werbeerlöse für Medien quasi subventioniert; zusätzlich zu den direkten staatlichen Subventionen für Funk- und Printmedien. Die Medienindustrie ist damit eine der eher stärker verzerrten Branchen. Im Zuge der Börsenblähungen wurden *eyeballs*, also die immer knapperen Aufmerksamkeitsspannen von Medienkonsumenten, zum Ersatzmaßstab für »unternehmerischen« Erfolg.

Eine weitere paradoxe Folge der Verzerrungen ist, dass sich der Wettbewerbsdruck immer stärker anfühlt. Die weiter oben beschriebene Verwechslung von Wettbewerb und Unternehmertum führt zum Missverständnis, den steigenden Wettbewerbsdruck als positives Symptom globalisierter marktwirtschaftlicher Verhältnisse zu interpretieren. Tatsächlich ist der steigende Wettbewerbsdruck zumindest teilweise eine Verknappungs- und Verdummungserscheinung. Auf der Konsumentenseite drückt sich die oben geschilderte Verdummungstendenz durch schwindende Differenzierung aus. Der Literat und Medienkritiker David Foster Wallace schloss aus einer tiefsinnigen Analyse des Fernsehkonsums, dass Menschen dazu neigen, in ihren vulgären, obszönen und dummen Interessen ähnlich zu sein, in ihren verfeinerten, moralischen und intelligenten Interessen jedoch vollkommen unterschiedlich.[112] Wenn von Verdummung von Konsumenten die Rede ist, meint dies wie bei den Spekulanten keinesfalls notwendig eine tatsächliche Intelligenzabsenkung von Individuen. Gemeint ist das Intelligenzniveau der Konsumentenkaufkraft. Je niedriger das Niveau der durchschnittlichen Konsumentenkaufkraft, desto ähnlicher also die Nachfrage und desto mehr wird der Preis zum einzigen Unterscheidungskriterium. In vielen Bereichen führt die psychologische Kostenaversion mangels anderer Kriterien zu einem Kult der Kostenlosigkeit. Das bedeutet, dass Werbefinanzierung und Aufmerksamkeitsbewirtschaftung zu zentralen Säulen der Unternehmung werden.

Durch die Verzerrungen des Papiergeldzeitalters fließen Mittel von langfristigeren, heterogeneren, nachhaltigeren, stärker wertorientierten Entscheidern zu kurzfristigeren, homogeneren, hedonistischeren Entscheidern. Sparer verlieren, Nicht-Sparer sind Nutznießer. So verstärkt sich der Wettbewerbseindruck: Sinkende Zahlungsbereitschaft und Zahlungsfähigkeit wird durch Masse und unsichtbare Umverteilung kompensiert, die Kaufkraft qualitätsorientierter Käufer sinkt im Verhältnis zur Kaufkraft quantitätsorientierter Käufer.

Knapper wird der reale Wohlstand durch Kapitalkonsum, zunächst insbesondere im Bereich der Kapitalgüter mittlerer Ordnung. Die Ausdünnung bei »mittleren« Kapitalgütern (das heißt solche, die weder besonders konsumnah noch extrem konsumfern sind) ist ein typisches Phänomen einer künstlichen Hausse. Das bedeutet einen steigenden Wettbewerbsdruck bei Gütern erster und höherer Ordnung. Aus der Sprache der Ökonomen übersetzt: Die Konkurrenz um Konsumenten und Kredite nimmt zu. Allerdings nimmt dieser Konkurrenzdruck in der Korrekturphase der Baisse nicht ab, sondern verstärkt sich noch. Je weniger reales Kapital eine Volkswirtschaft zur Verfügung hat, desto intensiver ist der Wettbewerb: Immer ähnlichere Unternehmungen konkurrieren um immer ähnlichere Kunden. Weniger Kapital bedeutet geringere Möglichkeiten, sich vom Markt abzuheben und dadurch stärkeren Wettbewerbsdruck.

Das schöne Wort von der Flexibilität steht im Verdacht, diesen unschönen Umstand zu überdecken. Man wirft den Freunden der Marktwirtschaft vor, ihre Mitmenschen dazu zu ermahnen, stets flexibel zu sein. Diese Kritik ist berechtigt, aber einseitig. Die Flexibilität, jede beliebige Tätigkeit ausüben zu können, setzt entweder seltenes Multitalent voraus, oder sie bedeutet die Unfähigkeit, sich irgendetwas anzueignen. Eine Wirtschaft, die aus flexiblen Netzwerken besteht, ist daher ein Symptom für Kapitalarmut. Die Angleichung der Fähigkeiten und des Wissens im Zuge des Bildungssystems, die den Charakter einer Nivellierung hat, ist eines der Symptome des Kapitalkonsums, der gegenwärtig stattfindet. Am Ende beraten sich dann flexibel Universitätsabgänger gegenseitig dabei, wie man Facebook-Seiten aufmacht. Die Beraterflut, beispielsweise für *social media*, ist ein klarer Indikator für Kapitalschwund. Ebenso die zunehmende Bedeutung des *Networking.*

Als Unternehmer und zunehmend auch als typischer atypischer Beschäftigter entkommt man kaum dem Trend zum *Networking.* Ein wesentlicher Teil des Unternehmenserfolges liege im gekonnten Knüpfen von Beziehungen, heißt es. Wer erfolgreich sein möchte, müsse zum Profi-*Networker* werden. Dafür werden Seminare, Lehrgänge, Diplome und bald wohl auch ganze Studienrichtungen angeboten. Titel wie *Business Relation Manager* locken. In einer Broschüre eines Anbieters solch hochpreisiger Lehrgänge vermitteln erfolgreiche Unternehmer, warum das professionelle *Networking* unverzichtbar sei: Der Geschäftserfolg sei die logische Folge einer großen Datenbank an Kontakten, eine solche Datenbank schließlich das wertvollste Kapital, obwohl es nicht in der Bilanz aufscheine. Zudem wird auf den ersten Blick überzeugend erklärt, woher dieser plötzliche *Networking*-Trend denn komme: Die Bedeutung der Netzwerke sei eine direkte Folge der zunehmend integrierten und dadurch immer komplexeren Wirtschaft. Eine Rückübersetzung aus dem Neudeutschen, das meist Trivialitäten überdecken soll, zeigt, dass es im Wesentlichen um Beziehungen geht: »Vitamin B«, wie man so schön sagt. Die zunehmende Bedeutung von

Beziehungen ist generell ein äußerst negatives Zeichen, was die Entwicklung eines Wirtschaftsraumes betrifft.

Marktbeziehungen zeichnen sich durch ihre Flexibilität und Substituierbarkeit aus. Dies wird von Gegnern der Marktwirtschaft seit jeher gegen diese ins Feld geführt: Selbst der Fremde, der Unverwurzelte, der Vagabund kann erfolgreich sein, wenn er bessere oder günstigere Dienste anbietet. Dem gegenüber steht eine andere Klasse von Beziehungen: Privilegien. Privilegien sind als Vorrechte deutlich unflexibler und an Personen oder Gruppen gebunden. Ein Privileg kann etwa ein staatliches Monopol sein: Wenn nur ein Privilegierter mit einem gewissen Gut handeln darf, ist die Beziehung zu diesem unersetzlich und entsprechend bedeutsam: Jene, die von diesem Gut abhängen, sind auch von der Beziehung zum Monopolisten abhängig. Je stärker ein Wirtschaftsraum auf Privilegien basiert, desto stärker dessen Desintegration.

Da in Westeuropa die Zahl der Beschäftigten in sogenannten »geschützten« Bereichen in Relation zur Gesamtzahl der Werktätigen beständig zunimmt, nimmt auch die Abhängigkeit von Beziehungen zu. So wie in oben erwähnter Broschüre direkt neben dem *Business Relation Manager* die Lobbyisten-Ausbildung beworben wird, sind auch in der realen Wirtschaft diese beiden Bereiche eng verwandt. Ein zweiter Aspekt der Bedeutung von Beziehungen ist monetärer Natur. Bei der Kreditausweitung breitet sich aufgrund des bereits geschilderten Cantillon-Effekts das zusätzliche Geld wie eine Welle durch die Wirtschaft aus. Je höher die Kreditausweitung, desto wichtiger wird es, möglichst nahe an der »Ausgabestelle« zu sein. Beziehungen werden zu einer existentiellen Notwendigkeit: Wer die richtigen Geschäftskontakte hat – je staatsnäher und je näher zu den Banken, desto besser –, ist dem Konkurrenten mit mangelnden Kontakten haushoch überlegen.

Interessant ist vor allem die Dynamik. Wenn man heute Investorenhandbücher für europäische Länder und China vergleicht, fällt die stärkere Betonung der Beziehungen für China auf. Dies ist ein Nachhall aus der Vergangenheit und eine schlechte Anleitung für die Zukunft: Vielfach führt der Mangel einer dynamischen Perspektive in solchen Empfehlungen zu Holzwegen. Dann benehmen sich europäische Unternehmer in China wie überkorrekte Bücklinge, die erfolgreiche

Managementkonzepte zu Lasten einer Anpassung an bereits aus der Mode kommende, schlechte Angewohnheiten opfern, während chinesische Unternehmer in Europa von der Verpolitisierung der Wirtschaft vollkommen unvorbereitet überrascht werden. Entscheidend ist der Trend: Während in aufstrebenden Wirtschaftsräumen die Bedeutung von Beziehungen abnimmt, nimmt sie in absteigenden Wirtschaftsräumen, wie etwa in Westeuropa, rasant zu. Je höher die Zugangsbeschränkungen zu einem Geschäftsbereich, desto wichtiger wird die Kundenkartei. Je regulierter und verbürokratisierter ein Wirtschaftsraum, desto wichtiger werden Beziehungen und Netzwerke.

Unternehmer, die ihre Zeit zunehmend mit *Networking* verbringen, sollten sich die Frage nach ihrem Selbstverständnis stellen: Betriebsführer oder Unternehmer? Erstere leiten geschützte Werkstätten. Letztere schaffen bessere und/oder günstigere Produkte. Hinreichende Kunden sind die Folge dieser Leistung und der Beweis, nicht die Ursache für unternehmerischen Erfolg. Ein Unternehmer, der sich mehr »vernetzt« als produziert, sollte dies also nicht mit einem Anzeichen für wirtschaftliche Dynamik in seinem Sektor verwechseln.

In Zeiten steigender Arbeitslosigkeit und stagnierender Wirtschaft setzen immer mehr Politiker, Akademiker und Journalisten Hoffnung in neue Unternehmensgründungen. Politiker halten Lobreden auf das Unternehmertum, während ihre Taten das Leben kleiner Selbständiger oft unerträglich bis unmöglich machen. Die beste Wirtschaftspolitik sei die Förderung von Unternehmensgründungen. Insbesondere für einkommensschwache Gruppen wird der Weg in die Selbständigkeit, der praktischerweise ein Weg aus der Arbeitslosenstatistik ist, gepriesen. *Start-ups* befinden sich in einer Hausse, die an die Hochstimmung der *dot-com*-Blase erinnert. Solche jungen, dynamischen und kreativen Gründungen lassen sich am besten definieren als unternehmerische Lernexperimente mit dem Ziel, skalierbare Geschäftsmodelle zu entdecken. Sie sind schwer bewertbar und entziehen sich den meisten herkömmlichen Methoden der Betriebswirtschaftslehre und des Managements. Das Silicon Valley gilt dabei als Vorzeigemodell einer dichten Gründerkultur, die Innovation und Arbeitsplätze verspricht. Ließe sich nach diesem Vorbild auch anderswo eine vergleichbare Gründungskonzentration schaffen, die kreative Ideen mit einem Netzwerk von Investoren zusammenbringt?

Leider dominieren zahlreiche Missverständnisse und Verzerrungen dieses Feld junger Skalierversuche. So ist das grundlegende Versprechen, jungen Menschen, denen in Europa der Eintritt ins Berufsleben zunehmend schwerer fällt, durch Förderung von Unternehmensgründungen Beschäftigung zu verschaffen, eine verheerende Täuschung. Gut bezahlte Arbeitsplätze, die voll besteuert und versichert sind, entstehen eher durch Erweiterung von Konzernen als durch Neugründungen. Die Empirie zeigt selbst für die gründungsfreundlicheren USA ein erschreckendes Missverhältnis: Durchschnittlich 43 Unternehmensgründungen sind nötig, um letztlich neun Arbeitsplätze zu schaffen, die länger als zehn Jahre Bestand haben. Das liegt vor allem an der hohen Quote des Scheiterns von Neugründungen: je nach Schätzung sechs bis neun von zehn gescheiterte Gründungen. Ein Fünftel der *Start-ups* werden in den USA bereits nach einem Jahr aufgegeben, in Europa ein Viertel. Nur 45 Prozent überleben fünf Jahre, nur 30 Prozent zehn Jahre. Ein Fünftel der Unternehmer bleibt für immer in der *Start-up*-Phase stecken, das heißt, das Unternehmen kommt nie über das Versuchsstadium hinaus und stellt eher ein teures Hobby dar. 70 Prozent der Unternehmer, deren Unternehmen bis dahin überlebt haben, schätzen nach vier Jahren ihre Unternehmensgründung als nicht erfolgreich ein. Nur ein Drittel aller Kleinunternehmen wirft überhaupt jemals mehr als 10.000 Dollar jährlichen Profit ab.[113]

Skalieren bedeutet immer auch das Hebeln von Risiko. Skalierversuche haben oft den Charakter von binären Wetten, die entweder großen Gewinn oder Totalverlust bedeuten. Andererseits ist Skalierung die Voraussetzung für zusätzliche Arbeitsplätze, da nur hochskalierte Produktivität die hohen Steuern und Lohnnebenkosten erwirtschaften kann. Nichtskalierende Unternehmen von Selbständigen, etwa Handwerkern, Künstlern und Ärzten, bieten nur wenig Beschäftigung – weisen aber auch ein wesentlich geringeres Verlustrisiko auf. Die spezifische Förderung von *Start-ups* als Beschäftigungspolitik darzustellen, ist also Irrtum oder Irreführung.

Die Logik, wonach es zur Steigerung von Unternehmensgründungen leichteren Zugang zu Fremdkapital bräuchte, erweist sich zudem als die übliche Verwechslung von Korrelation und Kausalität in Statistiken. Nicht wo mehr Kapital – heute in der Regel Kredit – zur Verfügung steht, werden mehr Unternehmen gegründet, sondern, wo mehr

Unternehmen gegründet werden, wird in Summe mehr Fremdkapital aufgenommen. Die Konzentration auf das wundersame *Venture Capital* schließlich, dessen Abwesenheit die größte Bedrohung des Unternehmertums wäre und dringend überwunden werden müsste, resultiert aus der Verzerrung der Realität durch die Medien. Tatsächlich werden selbst im Mutterland des *Venture Capital*, den USA, auf diese Weise bloß 0,03 Prozent aller Unternehmen finanziert.

Gewiss ist Selbständigkeit die wesentliche Alternative zu einem Arbeitsplatz. Deshalb wird steigende Arbeitslosigkeit durchaus ein wenig durch höhere Selbständigenquoten aufgefangen. Letztere sind aber in der Regel ein Indikator für niedrigere Produktivität. Die höchsten Selbständigenquoten haben unterentwickelte Wirtschaftsräume, in denen Subsistenzwirtschaft und Kleinstunternehmertum vorrangige Tätigkeiten darstellen. Eine niedrige Selbständigenquote ist heute zwar ein Indikator für die höhere Kapitalintensität einer Wirtschaft; dies ist aber nur die halbe Wahrheit. Tatsächlich führen zahlreiche künstliche Skaleneffekte zu einer Senkung der Selbständigenquote, ohne dass tatsächliche Produktivitätsgewinne dahinterstehen. Der stärkste künstliche Skaleneffekt ist die Kreditmengenausweitung in der Hausse, welche durch überhöhte Lohnabhängigkeit gekennzeichnet ist, die in der Baisse zu schmerzhaften Korrekturen führt. Sobald das Wachstum stagniert, kündigt sich daher eine wachsende Selbständigenquote an, die schnell als Lichtblick unter den sonst negativen Schlagzeilen gilt, was die plötzliche Begeisterung für das Unternehmertum seitens der Politik, Medien und Bildungseinrichtungen erklärt.

Ohne die künstlichen Skaleneffekte im Zuge der gegenwärtigen massiven Verzerrung der Wirtschaftsstruktur wäre die durchschnittliche Unternehmensgröße kleiner und daher die Selbständigenquote – auch bei kapitalintensiver Produktion – höher. Eine höhere Selbständigenquote ist in der Tat ein Wert für sich, da sie mehr Menschen erlaubt, etwas Eigenes aufzubauen. Das Aufbauen, Gestalten, Entwickeln und Führen eigener Projekte und das Leben eigener Berufungen stiftet Sinn. Die Sehnsucht nach dem Eigenen macht auch den wesentlichen Reiz des Gründens aus. Leider schafft die *Start-up*-Kultur hier aber ein unüberwindliches Paradoxon: Zwar ist jede Neugründung zunächst für den engeren Gründerkreis tatsächlich identitäts- und sinnstiftend. Doch ihr Zweck als *Start-up* ist die Skalierbarkeit, und das bedeutet eben im Erfolgsfall ein Aufblähen dieses Identitäts- und Sinnbezugs auf immer mehr, immer entferntere Menschen. Die logische Folge von Skalierung ist, dass mehr Menschen an Unternehmungen mitarbeiten als Unternehmungen gründen, gestalten und verantworten.

Start-ups sind zweifellos großartige Lernerfahrungen für die Gründer, zumal sie – richtig verstanden – Lernunternehmen sind bzw. unternehmerische Experimente. Sie sind konkrete Umsetzungs- und Problemlösungsversuche und haben daher viel Potential, die Welt zu bereichern und das Leben der Mitmenschen ein wenig zu verbessern. Gefährlich ist bloß die Verzerrung, die jedem Hype innewohnt. Insbesondere die politische Entdeckung der *Start-ups* als ideale, medial attraktive Projektionsfläche einer Symbolpolitik in Krisenzeiten schadet dem realen Unternehmertum. Mittlerweile sind Subventionen für Unternehmensgründungen schon so sehr die Regel, dass die erste Frage von potentiellen privaten Investoren an ein junges Unternehmen oft ist, ob schon alle Förderungen abgegriffen wurden. Ohne diesen staatlichen Hebel, der wettbewerbsverzerrend wirkt, wollen immer weniger Investoren privates Kapital riskieren.

Jede Förderung entbindet ein Unternehmen allerdings etwas von der Marktdisziplin, wodurch die Lernfähigkeit des Unternehmens gefährdet wird. Es entstehen geförderte Parallelwelten, die zwar das Etikett des Unternehmertums führen, damit real aber immer weniger zu tun haben. Solche Parallelwelten, bei denen die schönen Worte, guten Intentionen und richtigen Kontakte immer wichtiger werden als der konkrete Dienst an konkreten Kunden, führen die Lernversuche in die Irre. Nach Wegfall der Förderung läuft das Unternehmen oft aus, wenn die letzten Mittel ausgegeben sind. Solche *Start-up*-Förderung ähnelt eher Künstlerstipendien. Es handelt sich um Zuschüsse zur individuellen Selbstverwirklichung, die sich etwa in der Schaffung einer *Corporate Identity* als Selbstzweck ausdrückt: Visitenkarten, Büros und Internetpräsenz.

Die Überbetonung der Kreativität solcher Gründungen ist dabei ein weiteres bedenkliches Symptom. Natürlich ist vieles an der Gründerkreativität real, es handelt sich um ehrliche Gestaltungsversuche von Marken, Prozessen, Auftritten, Arbeitsformen, Orten, Technologien und Kundenerfahrungen, die viel Wertschöpfungspotential aufweisen. Doch die Überbetonung der Ideen ist oft ein Hinweis auf einen schwindenden Kapitalstock. Tatsächlich ist Kapital knapper als Ideen: Ideen sind weniger beschränkt als die realen Mittel und der zur Entscheidung und Umsetzung nötige Mut. Der reale Kapitalmangel trotz der nominalen Liquiditätsexplosion kann durch übertriebene und kurzfristig orientierte Skalierungsversprechen und -erwartungen, die Unternehmensgründungen letztlich zu einer Lotterie machen, eine Weile überdeckt werden. Dann verkommt das Unternehmertum zur Selbstverwirklichung von wohlhabenden oder subventionierten Jugendlichen, die mehr auf Hochgeschwindigkeits-Marketing als auf realen Kundennutzen setzt und nur eine Weile über den erschwerten Eintritt in den Arbeitsmarkt hinwegtröstet.

Aufgrund der beschriebenen Verzerrungen schwindet das Vertrauen in den Markt und damit auch in das Unternehmertum. Andererseits ist das Papiergeldzeitalter von scheinbar massiv gestiegenem materiellem Wohlstand geprägt. Ein Teil dieses Wohlstands wird sich als Täuschung, Kapitalkonsum und Konsumvorziehung (das heißt Leben auf Kosten von später Geborenen) erweisen. Doch ein Teil hat eine reale Grundlage, die allerdings paradoxer ist, als die meisten ahnen. Einerseits wirken die geschilderten künstlichen Skaleneffekte in Richtung einer Produktivitätssteigerung, da sie technische Skaleneffekte anregen und verstärken. Andererseits wirkt die Steuer- und Regulierungslast wie ein Selektionsmechanismus, der Unternehmen mit niedrigerer Produktivität absterben lässt und damit höherproduktive Unternehmen noch künstlich fördert. Der hohe Wohlstand ist nicht die Folge des regulierenden Steuerstaates, sondern es ist genau umgekehrt: Starke Wirtschaften können sich ein hohes Ausmaß an Umverteilung, Verschwendung und Regulierung leisten. Während in ärmeren Gesellschaften der Vergangenheit Steuersätze über zehn Prozent als tyrannisch angesehen wurden und zu Widerstand führten, leiden Menschen heute auch nach einer Enteignung von bis zu 70 Prozent des Einkommens nicht an Hunger – auch wenn für einen durchschnittlichen Lebensstandard heute beide Ehepartner lange arbeiten müssen. Dies wiederum ist eine Folge des Entwertungsdrucks, der ebenfalls eine paradoxe Wirkung auf die Produktivität hat. Dieser Druck wirkt als Disziplinierungsmechanismus und ersetzt damit die offenen staatlichen Disziplinierungsregime früher Industriestaaten. Der Entwertungsdruck schafft ein Hamsterrad, in dem der Eindruck von Freiheit und Wohlstand aufrechterhalten wird. Auch hier zeigt sich der Vorteil des Papiergeldzeitalters in seiner unsichtbaren und unverstandenen Wirkweise, die mit wenig minimaler Gewalt maximale Menschenbewirtschaftung erlaubt.

Der Preis dieser Art von Wohlstandsteigerung ist die Verzerrung der Kapitalstruktur. Das bedeutet, dass der Einsatz von Ressourcen, menschlicher Arbeit, Energie, Zeit, Kreativität und menschlichem Vertrauen immer weniger mit den langfristigen Wünschen und Zielen der Menschen in Übereinstimmung ist, sondern nur noch mit kurzfristigen Bedürfnissen. Noch nie wurden diese Bedürfnisse so überwältigend, bequem, schnell und günstig befriedigt. Doch wir können den verzerrten Märkten nicht mehr vertrauen, die Koordination heutiger und künftiger Bedürfnisse korrekt durchzuführen. Trotz sinkenden Vertrauens in die Politiker, steigt daher das Vertrauen in die Politik, uns vor uns selbst zu schützen. Es ist ein ohnmächtiges und schizophrenes Vertrauen, das droht, den schlimmsten Förderern und Profiteuren der Kurzfristigkeit auch das letzte Kapital zum Konsum zu überlassen.

Entrepreneur oder Contrepreneur?

Die heutige Realität im Papiergeldzeitalter stellt den Unternehmer etwas in Frage und unter Verdacht – so wie einst im feudalen Zeitalter. Damals wie heute ist das Unternehmertum mit Gewalt überlagert, heute allerdings in unsichtbarer Weise. Die Genialität des Papiergeldzeitalters liegt im Beutemachen ohne Blutvergießen. Doch diese Friedlichkeit könnte eine bloß vorübergehende Erscheinung sein. So wie der Konjunkturzyklus könnte auch der Zyklus der Zyklen – das Papiergeldzeitalter im Rahmen seines Legitimitätszyklus – in eine Korrektur münden. Die Erträge der Menschenbewirtschaftung sinken, die Herrschaftskosten steigen bereits. Die Menschen verlieren nach und nach die Zuversicht, auch in Zukunft immer mehr zu haben und dadurch immer besser zu leben – und dass dieses Mehr den Aufwand lohnt. Die Skepsis gegenüber dem Unternehmer wird dadurch wieder steigen.

Die Geschichte zeigte uns den Unternehmer oft als Verzerrungsgewinner, gar als Verzerrungsakteur. Wie soll sich der Unternehmer unter Bedingungen einer verzerrten Wirtschaftsstruktur verhalten? Das Soll erfordert stets Klarheit über das Ist. Können wir schon sagen, was der Unternehmer eigentlich ist? Leider lassen sich die geschichtliche und die ökonomische Perspektive nicht einfach überlagern. Reale Geschichte liefert keine Idealtypen, so wie reale Sprache keine reinen Begriffe bietet. Der Unternehmer oder *Entrepreneur* ist ein Begriff des feudalen Zeitalters. Der Krieger mag als Idealtyp ein Held sein, als Realtyp ist er aber meist nur Zerstörer oder Befehlsempfänger oder Söldner im Dienste von Verbrechern. Das bürgerliche Zeitalter löste das feudale niemals mit einer sauberen Trennung ab. Es war anfangs vom feudalen und gegen Ende vom Papiergeldzeitalter überlagert. Der bürgerliche *merchant* schwankte zwischen *adventurer* und *projector.* Als Idealtyp mag der Projektemacher ein Wohlstandsmehrer sein, als Realtyp ist er in einer verzerrten Wirtschaftsordnung aber oft Subventionsempfänger oder Profiteur und – um Mises' Begriff zu verwenden – ein *Promoter* von Maßlosigkeit, Hässlichkeit und Dummheit.

Diese Wertungen scheinen so gar nicht der Wertneutralität und dem Subjektivismus der Wiener Schule der Ökonomik zu entsprechen. Kann es überhaupt Maßstäbe für das Unternehmertum geben, die auf ethischen Werten und nicht bloß auf ökonomischen beruhen? Die Wertneutralität bezieht sich auf die ökonomische Analyse, auf das Verständnis der Handlungen und der sich daraus ergebenden Phänomene. Sie verlangt dem Ökonomen nicht ab, Relativist oder Nihilist zu sein, sondern nur Unparteilichkeit bei der Analyse. Die Wertneutralität soll eine nüchterne Betrachtung der Realität ermöglichen, ohne Schönfärben und Schlechtreden. Sie postuliert aber nicht, dass es nichts Schönes und nichts Schlechtes gäbe.

Es geht bei der Wertneutralität realistischer Ökonomik im Kern darum, dass angesichts grundlegender Beschränkungen des menschlichen Wissens bestimmte Urteile generell anmaßenden Charakter haben. Da wir in die Köpfe unserer Mitmenschen nicht blicken können, kann die Motivation von Handlungen nur indirekt erkannt werden. Dabei liefert aufgrund der komplexen menschlichen Psychologie auch die Aussage des Handelnden nur indirekten Aufschluss, und wir können uns nicht auf diese verlassen. Die kulturellen Unterschiede bei moralischen Regeln könnten zumindest teilweise auf unterschiedliche Rahmenbedingungen, Mentalitäten, psychische und physische Konstitutionen zurückzuführen sein. Das nährt freilich den Eindruck, Lob und Tadel seien stets subjektiv. Darum enthalten sich Erwachsene in bürgerlichen Marktgesellschaften untereinander oft des Tadels, da dieser die Gefahr einer paternalistischen Standesübertretung bzw. besserwisserischen Respektlosigkeit bedeutet. All diese Argumente beschreiben allerdings nur die Schwierigkeit moralischer Urteile und begründen noch nicht ihre generelle Unmöglichkeit.

Gewiss ist die moralische Bewertung von Produkten und Dienstleistungen, die Unternehmer anbieten, schwer objektivierbar. Sie ist aber nicht gänzlich unmöglich. Ein Beispiel ist die Bewertung des Betriebssystems MS-DOS als *evil* (bösartig) durch den von Apple bezahlten Produktmissionar Guy Kawasaki. Die Interessenlage ist klar, Geschmäcker sind verschieden, und dennoch lässt sich eine Debatte über die Qualität von Benutzeroberflächen führen. Produkte und Angebote haben eine reale Wirkung auf die Benutzer und Kunden und können dadurch Lob und Tadel verdienen.

Liegen dem Unternehmertum bestimmte ethische Werte zugrunde? Weder der Begriff noch das Konzept geben das her. Natürlich kann man den Begriff normativ aufladen, und es ist verständlich, das zu tun. Unternehmertum hat eine ökonomische Funktion, die positiv bewertet werden kann, aber nicht unabhängig vom wirtschaftlichen und politischen Rahmen. Unternehmertum führt, wie wir gesehen haben, zu einer besseren Übereinstimmung der Verwendung knapper Ressourcen mit den Wünschen der Menschen. Die Voraussetzung dafür ist aber die Einbettung in die Disziplin des Marktes, die vollkommene Konsumentensouveränität voraussetzt. Diese Souveränität wiederum ist an institutionelle und intellektuelle Voraussetzungen geknüpft. In einer Wirtschaftsordnung, die ein hohes Maß an Eigenverantwortung voraussetzt und gewährt, in der die Bürger dieser auch gewachsen sind (was eigentlich definitorisch für den Bürger ist), und in der hohes gegenseitiges Vertrauen berechtigt ist, wirkt Unternehmertum als positive Gestaltungskraft, die für das menschliche Potential Hindernisse aus dem Weg räumt, Denkmäler setzt, großartige Werkzeuge bereitstellt und es damit hebt. Doch diese Kraft wird sich unter anderen Rahmenbedingungen andere Wege bahnen. Wenn Gewalt regiert, wie im feudalen Zeitalter, ergeben sich unternehmerische Chancen der Gewaltarbitrage, und wenn Täuschung regiert, wie im Papiergeldzeitalter, ergeben sich unternehmerische Chancen der Illusionsarbitrage.

Eine neutrale Definition des Unternehmertums findet sich im Werk des der Wiener Schule nahestehenden französischen Philosophen und Ökonomen Bertrand de Jouvenel. Er verwendet die lateinischen Begriffe *dux* und *auctor*, um sowohl ökonomisches als auch politisches Unternehmertum zu fassen. Unter unternehmerischer Führerschaft versteht er die Fähigkeit, die freiwilligen Handlungen anderer Menschen zu koordinieren:

> Aber wie kann ein Mensch die Quelle freiwilliger Handlungen anderer Menschen sein? Indem er ihnen einerseits ein Beispiel gibt – das ist eine andere Bedeutung des Wortes *Auctor* –, andererseits indem er für die Richtigkeit der Handlung geradesteht, für die Gewissheit, dass sie demjenigen, der die Handlung durchführt, gute Früchte bringen wird. Der *Auctor* [Urheber] ist der Garant, der Mensch, der für den Erfolg des Unternehmens bürgt; und das scheint die grundlegendste Bedeutung zu sein. Die Wurzel des Wortes bezeichnet die Idee der Vermehrung: der Garant vergrößert die Zuversicht desjenigen, der auf seine Anregung hin oder gedeckt durch seine Sicherheit den jeweiligen Handlungsweg beschreitet; und die dank seiner gesteigerten Zuversicht unternommene Handlung wird sich am Ende als Mittel zur Zielerreichung für den Ausführenden erweisen.[114]

Damit meint Jouvenel aber nicht bloß eine Organisationsgabe, sondern eben das Schultern von Ungewissheit durch ein Schaffen von Zuversicht. Ein solches wertneutrales Verständnis des Unternehmertums ist sinnvoll. Die Ökonomik der Wiener Schule stand kurz vor diesem Verständnis, beschränkte sich aber letztlich, bis auf die Ausnahme von Joseph Schumpeter, auf ökonomisches Unternehmertum. Schumpeter betrachtete das politische Unternehmertum aber nicht aus einer Perspektive der Wertneutralität, sondern eher aus seinem typischen Zynismus heraus. Ludwig von Mises schließlich gewährte nur dem freien ökonomischen Unternehmer das Etikett des Unternehmertums. Er erkannte dabei aber am deutlichsten, dass dieses Unternehmertum im Schwinden begriffen war, und nannte ökonomische Unternehmer, die unter politischem Diktat stehen, »Betriebsführer«.

Die Unterscheidung zwischen ökonomischen und politischen Unternehmern folgt einer berühmten Sphärentrennung des deutschen Ökonomen Franz Oppenheimer zwischen politischem und ökonomischem Mittel. Der Bereich der politischen Mittel beruhe auf Gewalt, derjenige der ökonomischen Mittel auf Freiwilligkeit. Leider, so zeigt die Geschichte, verläuft die Grenze nicht so eindeutig. Das Papiergeldzeitalter als Epoche der Täuschung kaschiert Gewalt und gibt ihr ein ökonomisches Alibi. Darum ist die Trennung, die in der Hochphase der Wiener Schule noch etwas Berechtigung hatte, nicht mehr aktuell. Der Streit darum, wer sich noch Unternehmer nennen dürfte, wäre unfruchtbar. Er würde zur Relativierung oder Aufgabe des Etiketts führen müssen.

Damit das Unternehmertum eine positive Kraft sein kann, gelten also durchaus ethische Voraussetzungen. Es sind diejenigen, die eine Marktwirtschaft ermöglichen: Ehrlichkeit, Friedlichkeit, Sparsamkeit und die Bereitschaft zur Sanktionierung von verbrecherischem und parasitärem Verhalten. Im bürgerlichen Zeitalter war der Unternehmer auch Inbegriff bürgerlicher Tugenden und bürgerlicher Selbstdisziplinierung. Das Tragen von Ungewissheit setzt innere Gewissheiten voraus. Obwohl der Unternehmer ein pragmatischer Mustererkenner sein kann, helfen ihm innere Überzeugungen bei seiner Aufgabe.

Das Problem von inneren Gewissheiten – ob Überzeugungen, Glaubenssätzen oder Werthaltungen – ist, dass sie falsch sein können. Realistische Ökonomik, die beim menschlichen Handeln den Irrtum als Regel und nicht als Ausnahme erkennt, muss stets von der Möglichkeit falscher Überzeugungen ausgehen und in diesem Sinn wertneutral sein. Doch innere Gewissheiten haben eine klar positive Auswirkung auf die Überzeugungskraft und Frustrationstoleranz. Müssen sie dazu auch richtig sein? Nicht notwendig, aber es hilft, und je langfristiger unsere Perspektive, desto wichtiger wird der Wahrheitsgehalt von Gewissheiten. Natürlich gibt es ethische Überzeugungen, die näher an der Wahrheit sind, und solche, die weiter davon entfernt sind. Der Mensch ist nicht völlig beliebig formbar. Doch leider dauert es bei manchen Irrtümern zu lange, bis sie aufgedeckt werden. Darum ist eine wesentliche gesellschaftliche Frage, wie man die Aufdeckung von Irrtümern beschleunigen und ihren Schaden minimieren kann. Friedrich von Hayek erkannte als einer der wenigen Ökonomen und Sozialphilosophen die Bedeutung dieser Frage.

Bei der Beschäftigung mit dieser Frage zeigt sich ein Unterschied zwischen dem politischen und ökonomischen Unternehmertum. Ein Unternehmer, der eine neue Gemeinschaft gründet und führt, kann das auf der Grundlage einer falschen Gewissheit tun, wenn diese geglaubt wird und Zuversicht weckt. Wenn die Gewissheit falsch ist, wird in aller Regel die Gemeinschaft daran zugrunde gehen. Das liegt an der menschlichen Natur, die sich irgendwann gegen Täuschung und Beschneidung auflehnt – sei es auch nur unbewusst, durch schwindende Motivation, Frustration, Depression, Krankheit, Überalterung, moralische Degeneration etc. Damit diszipliniert die menschliche Natur falsche Gewissheiten. Hehre Überzeugungen brechen an der Realität. Doch diese realistische Erdung kann eben lange, manchmal eine Generation dauern. Unternehmer, die ein neues Unternehmen gründen, das in Märkte eingebettet ist, erhalten schnelleres Feedback über die Richtigkeit ihrer Gewissheiten. Unternehmen scheitern schneller als Gemeinschaften, da der Markt mit seiner formalen Reziprozität und Anonymität ein viel schnellerer Regelmechanismus ist. Ob ein Unternehmen aktuell einen Mehrwert erzeugt, indem es Kunden dient, erfährt der Unternehmer oft schneller, als ihm lieb ist. Dadurch führt der Markt aber auch schneller in die Irre, er drängt zur Imitation des Erfolgreichen. Die Marktdisziplin ist ein Erkenntnisinstrument, das anderem menschlichen Feedback jedenfalls an Geschwindigkeit, Direktheit und Verbindlichkeit überlegen ist.

Eben deshalb aber sind Überzeugungen, eigene Gewissheiten, für den Marktunternehmer umso wichtiger. Er muss dem Markt manchmal standhalten und die Ungewissheit wagen. Ein Unternehmer ist von etwas überzeugt, das nicht allgemein geteilt wird und daher auf den Märkten noch nicht eingepreist ist – und sich daher auch nicht unmittelbar aus dem Marktfeedback ergeben kann. Einem politischen Unternehmer fehlt dieser unmittelbare Feedbackmechanismus, weshalb er oft an Hybris erkrankt: gefährliche Selbstüberschätzung, die keinen Platz für Selbstzweifel lässt. Der ökonomische Unternehmer hingegen leidet eher an Selbstzweifeln, weil er dem unerbittlicheren Markt standhalten muss.

Warum ist das Marktfeedback unmittelbarer und härter als das persönliche Feedback im direkten menschlichen Umgang? Einerseits führt die Marktrationalität strenger Reziprozität zur Deckungspflicht von Versprechen, zur Entpersönlichung und damit Reduktion der Bedeutung von Sympathie und Antipathie und zum Steigen der Interaktionsfrequenz. Andererseits herrschen auf Märkten starke Anreize zur Irrtumskorrektur, da andere Marktteilnehmer von der Aufdeckung von Fehlallokationen, falschen Versprechen und Missverständnissen profitieren.

Wenn wir es allerdings mit verzerrten Märkten zu tun haben, krankt der Irrtumsaufdeckungsmechanismus. Es gibt einen Aufdeckungsrückstau, der immer wieder in krisenhaften Schüben aufgeräumt werden muss. Auf Phasen des Überoptimismus folgen Phasen des Überpessimismus. Schon ohne Verzerrung benötigt der ökonomische Unternehmer innere Entschiedenheit und Überzeugung, um der Ungewissheit der Unternehmung und den Marktzweifeln standzuhalten. Unter Bedingungen verzerrter Märkte nimmt die Bedeutung innerer Überzeugungen zu, allerdings leider nicht in simpler Weise: In der Hausse sind Überzeugungen ein Nachteil, weil sie die Fähigkeit einschränken, schnell auf Massenphänomene zu reagieren. Vor der Baisse hingegen sind Überzeugungen, die näher an der Realität sind als der Markt, der zentrale Marktvorteil. Das Problem ist, dass niemand wissen kann, wann sich das Blatt wendet – sobald dies sichtbar wird, ist es meist schon zu spät für unternehmerisches Handeln, wenn man zur Kurskorrektur erst auf sichtbare Zeichen gewartet hat.

Führen oder Verführen

Der Typus, der sprachlich am ehesten mit dem Begriff des Unternehmers erfasst wird und auch heute noch in den Assoziationen dominiert, ist derjenige des Führers. Joseph Schumpeter betonte diesen Aspekt, doch seine ökonomische Interpretation war fehlerhaft. Eigentlich nahm Schumpeter dabei eine soziologische Perspektive ein und legte letztlich eine soziologische Elitentheorie vor, welche Funktion und Dynamiken von Führungsfiguren analysiert, die sich um die Durchsetzung von Neuem verdient machen.

Die gegenteilige Perspektive, die im Unternehmer letztlich den Diener des Konsumenten sieht, das heißt im Konsumenten den eigentlichen Führer der Wirtschaftsstruktur, passt leider nicht allzu gut zum historischen Unternehmertypus. Daher findet sie nur wenige Anhänger. Im Konflikt zwischen Führen und Dienen in der Debatte um die Bewertung des Unternehmers schreiben die meisten dem Unternehmer eher die Machtposition zu. So auch Schumpeter: Für ihn ist die Essenz des Unternehmers nicht die Befriedigung einer Nachfrage, sondern das Schaffen einer Nachfrage:

> Eisenbahnen sind nicht gebaut worden, weil irgendwelche Verbraucher die Initiative ergriffen haben und eine wirksame Nachfrage nach Eisenbahnen unter der Zurücksetzung von Postkutschen geschaffen haben. Ebenso wenig zeigten die Verbraucher von sich aus den Wunsch, elektrische Lampen oder kunstseidene Strümpfe zu besitzen, oder mit dem Auto oder im Flugzeug zu reisen, Rundfunk zu hören oder Kaugummi zu kauen. Es liegt offenbar kein Mangel an Realismus in dem Satz, dass die Mehrzahl von Veränderungen bei Verbrauchsgütern von Seiten der Produzenten den Verbrauchern aufgezwungen wurde, die in den meisten Fällen Widerstand gegen die Veränderung leisteten und durch eine raffinierte Reklamepsychotechnik erst erzogen werden mussten.[115]

Das ist eine starke Aussage, die paradoxerweise den Unternehmer fast zum Übermenschen hochstilisiert und gleichzeitig den Markt im schlechtesten Licht erscheinen lässt. Dieses Paradoxon taucht immer wieder auf. Der französische Denker Saint-Simon zeichnete ein ebenso übertriebenes Bild des heldenhaften Unternehmers. Er behauptete in einer »Parabel« von 1819, dass sich das Verschwinden der Politiker und Beamten auf das Leben in Frankreich nicht wesentlich auswirken würde, während das Verschwinden der führenden Unternehmer und selbständig Erwerbstätigen (darunter Wissenschaftler, Künstler und Ingenieure) es zugrunde richten würde.[116] Wahre Politik war für Saint-Simon bloß die Wissenschaft der Produktion, und er sagte voraus, dass sie eines Tages vollständig von der Wirtschaft übernommen werden würde. Saint-Simon war allerdings kein geringerer als der bedeutendste Vordenker des totalitär-technokratischen Flügels des Sozialismus.

Dieses paradoxe Muster wiederholte sich, als der bedeutendste intellektuelle Fürsprecher des Marktes im 20. Jahrhundert, Ludwig von Mises, das genau gegenteilige Bild vom Unternehmer zeichnete: Mises' Unternehmer ist ein Diener, kein Befehlsgeber, allenfalls ist er Vorreiter dabei, besser zu dienen. Dabei widerspricht er wie so oft seinem Landsmann Schumpeter diametral – und doch werden beide oft leichtfertig derselben ökonomischen Schule zugerechnet. Eine ironische Fußnote der Geschichte ist es, dass Schumpeter, der Fürsprecher des Führens, als Intellektueller ein großer Opportunist war, während Mises stets als kompromissloser Verfechter seiner Prinzipien auftrat und sich intellektuell nirgends andiente, sondern stets führte. Mises beschreibt den dienenden Unternehmer so:

> Was sich der Verbraucher wünscht, kümmert dabei Unternehmer und Kapitalisten nicht. Sie sind nur die gehorsamen Diener des Verbrauchers und dienen ohne Widerrede seinen Befehlen. Es ist nicht ihres Amtes, dem Verbraucher vorzuschreiben, was er genießen soll. Sie liefern ihm, wenn er es wünscht, Gift und Mordwaffen. Es ist ihnen als Produzenten ganz gleichgültig, was ihr Herr, der Verbraucher, von ihnen fordert. [...] Die Menschen trinken nicht Alkohol, weil es Bierbrauereien, Schnapsbrennereien und Weinbau gibt; man braut Bier, brennt Schnaps und baut Wein, weil die Menschen geistige Getränke verlangen. Das »Alkoholkapital« hat weder die Trinksitten noch die Trinklieder geschaffen. Die Kapitalisten, die Aktien von Brauereien und Brennereien besitzen, hätten lieber Aktien von Verlagsbuchhandlungen erworben, die Erbauungsbücher vertreiben, wenn die Nachfrage nach geistlichen Büchern stärker wäre als die nach geistigen Getränken. Nicht das »Rüstungskapital« hat den Krieg erzeugt, sondern die Kriege das »Rüstungskapital.«[117]

Ökonomisch liegt Mises wesentlich näher an der Wahrheit. Historisch und psychologisch womöglich nicht. Die wenigsten Unternehmer werden wohl den Konsumenten tatsächlich als ihren Herren und Befehlsgeber betrachten. Mises' Unternehmer ist Pragmatiker, dem man vorwerfen könnte, überhaupt keine eigenen Überzeugungen zu haben. Er dient sich dem Konsumenten an und liefert ihm jeden Schund, jedes Gift und jedes Mordinstrument, wenn dieser danach verlangt. So wie Schumpeter schießt Mises über das Ziel hinaus, bloß in entgegengesetzter Richtung. Bei zwei Extremen liegt es nahe, einen realistischen Mittelweg zu suchen. Es ist Steve Jobs, einer der bedeutendsten

Unternehmer unserer Zeit, der eine solche Synthese auf den Punkt bringt:

> Einige Leute sagen: »Gib den Kunden, was sie wollen.« Aber das ist nicht mein Ansatz. Unsere Aufgabe ist es, herauszufinden, was sie wollen, ehe sie es selbst herausfinden. Ich glaube, dass Henry Ford einmal gesagt hat: »Hätte ich meine Kunden gefragt, was sie haben wollten, hätten sie mir geantwortet: Ein schnelleres Pferd!« Die Leute wissen gar nicht, was sie wollen, bis man es ihnen zeigt. Deshalb verlasse ich mich nicht auf Marktforschung. Unsere Aufgabe ist es, Dinge zu lesen, die noch gar nicht geschrieben sind.[118]

Für Jobs ist der Kunde, wie bei Mises, Ausgangs- und Zielpunkt. Allerdings könne der Kunde dem Unternehmer keine Befehle erteilen, da er diese selber noch nicht kenne. Vielmehr müsse eben der Unternehmer die Bedürfnisse der Kunden erkennen, bevor diese es selbst tun und ihnen im Zweifel auch ihre Bedürfnisse klarmachen. Der Unternehmer müsse, ganz im Sinne Schumpeters, bewusst Bedürfnisse befriedigen, die zuvor noch nicht bestanden. Er wird allerdings ebenso, und das ist vielleicht die noch entscheidendere Komponente, unbewusst durch sein Handeln, durch das Produzieren von Gütern und Dienstleistungen, die Realität seiner Kunden und damit deren Bedürfnisse beeinflussen. Dies geschieht allerdings nicht gegen, sondern mit dem Kunden.

Schumpeters Extremperspektive ist mit einem spezifisch unternehmerischen Laster verbunden: Narzissmus. Dieses Laster bedeutet Selbstüberschätzung und Voreingenommenheit von den eigenen Vorstellungen. Mises' Extremperspektive führt zu einem anderen Laster: Prinzipienlosigkeit. Diese bezeichnete Erich Fromm etwa als »Marketing-Charakterstruktur«:

> Das oberste Ziel des Marketing-Charakters ist die vollständige Anpassung, um unter allen Bedingungen des Persönlichkeitsmarktes begehrenswert zu sein. Der Mensch dieses Typus hat nicht einmal ein Ich (wie die Menschen des 19. Jahrhunderts), an dem er festhalten könnte, das ihm gehört, das sich nicht wandelt. Denn er ändert sein Ich ständig nach dem Prinzip: »Ich bin so, wie du mich haben möchtest.« Menschen mit einer Marke-

> ting-Charakterstruktur haben kein Ziel, außer ständig in Bewegung zu sein und alles mit größtmöglicher Effizienz zu tun. Fragt man sie, warum alles so rasch und effizient erledigt werden muss, erhält man keine echte Antwort, nur Rationalisierungen wie: »Um mehr Arbeitsplätze zu schaffen« oder: »Damit die Firma weiter expandiert.«[119]

Dieser Typus könne durchaus intelligent sein, doch mangle es ihm an Vernunft. Es handle sich um manipulative Intelligenz, die ein bloßes Instrument zur Erreichung vorgegebener Zwecke sei. Freilich ist Fromm nicht sonderlich unternehmerfreundlich und übersieht die Vorzüge dieser pragmatischen Intelligenz, die undogmatisch und lösungsorientiert ist.

Das Zusammenspiel von übersteigertem Selbstbewusstsein und Pragmatismus bietet eine Grundlage unternehmerischen Erfolgs. Insofern sind beide Pole wichtig, es kommt bloß auf das rechte Maß an. Der Unternehmer steht vor dem schwierigen Manöver, weder Mitläufer noch Einzelläufer zu werden. Steve Jobs' Selbstbewusstsein hatte womöglich das emotional gesunde Maß überschritten, beschrieben wird er eher als Narzisst. Das ökonomisch gesunde Maß scheint er aber erwischt zu haben. Das mag wiederum an den Rahmenbedingungen liegen: Je verzerrter die Märkte, desto wichtiger werden eben Überzeugungen. So mag es eine weitere Folge das Papiergeldzeitalters sein, dass der »Arschloch-Faktor« im Unternehmertum an Bedeutung gewinnt. Auf der anderen Seite helfen die besten Überzeugungen nichts, wenn sie sich nicht rechtzeitig bewahrheiten. Eine Investorenweisheit besagt: »Märkte können länger irrational bleiben als man liquide bleiben kann.« Pragmatismus verhindert ideologische Scheuklappen. Niemand ist allwissend, und die besten Prinzipien können an kleinsten Details in der Realität scheitern. Meiner Einschätzung nach wird allerdings mit dem Ende des Papiergeldzeitalters eine Phase übertrieben pragmatischen Unternehmertums zu Ende gehen, und Standhaftigkeit wird wieder an Bedeutung gewinnen.

Gutes Unternehmertum muss die Spannung zwischen Selbstgewissheit und Pragmatismus halten. Leider ist heute eher das Kompromittieren von Polen in falschen Kompromissen die Regel. Dann ergänzen sich Narzissmus und Prinzipienlosigkeit zu einem pathologischen Verhalten, das zwar gewinnmehrend, aber nicht mehr wertschöpfend ist. Dann biedern sich Unternehmer aufgrund von Geltungsdrang an die Verhältnisse an und versuchen, durch falsche Schönrederei doch noch irgendwo als Profiteure durchzukommen. Denn im Kampf um Aufmerksamkeit ist es profitabel, sich an die künstlich überhöhte Aufmerksamkeit für Politiker anzuhängen. Es hat überhaupt nichts mit politischen Vorlieben oder Prinzipien zu tun, wenn heute Politikern für Vorträge auf Events satte Gagen gezahlt werden. Es geht schlicht um Aufmerksamkeit, und zum Beispiel hat ein Bill Clinton dank seiner Eskapaden höchste Aufmerksamkeitswerte und damit höchste Vortragsprofitabilität. Wer viele Besucher bei seinen Werbeveranstaltungen möchte, tut gut daran, dem Publikum die aus Funk und Fernsehen bekannten Visagen vorzusetzen. Das erklärt auch die erschreckenden Marktwerte dieser Visagen. Gleichzeitig verhelfen Kontakte zur Politik zu profitablen Regulierungen und Subventionen. Ein großer Teil von Regulierungsinitiativen entstammt der Lobby von Großunternehmen, die Regulierung für Kartelleffekte nutzen.

An den Polen des Unternehmertums, die Gefahr laufen, zu einem Charakterfehler zu verschmelzen, findet sich auch die unbequeme Erklärung, warum die pragmatische »Generation Y« scheinbar unternehmer- und marktfreundlicher als die Vorgängergeneration ist. Aufgewachsen in einer Ära des Kapitalkonsums verbinden sich in dieser Generation Narzissmus und Prinzipienlosigkeit in besonderer Weise und besonderer Verdichtung. Das ist eine psychologisch verständliche Gegenreaktion auf die falschen Gewissheiten früherer Generationen und man darf sie den jungen Menschen nicht allzu übel nehmen. Vielleicht haben sie dadurch wirklich das Potential, einmal unternehmerischer zu agieren, indem sie die Widersprüchlichkeiten der Zeit und ihrer Persönlichkeit in eine fruchtbare Spannung überführen. Freilich fehlt dafür noch meist der Biss aufgrund der verbreiteten Wohlstandsverwahrlosung, aber es nicht gesagt, dass dieser mit einem möglichen Ende des Papiergeldzeitalters nicht geweckt werden könnte.

Überschreiten diese eher politischen Worte die Grenzen einer sachgerechten Darstellung des Unternehmertums? Ist dies ein Plädoyer für den Schumpeter'schen Führer-Unternehmer, der eher der Politik als der Wirtschaft zuzurechnen ist? Diese Zurechnung ist plausibel, wenn man in der Politik den Bereich der Präferenzveränderung und in der Wirtschaft den Bereich der Präferenzbefriedigung sieht. Dann wäre das Auftreten des erfolgreichen Wirtschaftsunternehmers allerdings eben nicht das eines Führers, dem Menschen folgen, sondern das eines Dieners, der den Wünschen der Menschen besser als andere zu folgen vermag. Entsprechend hatte sich ja auch Schumpeters Augenmerk von der Wirtschaft auf die Politik verschoben. Natürlich bringt auch ein Unternehmer im engeren Sinn Veränderungen hervor, aber er ist eher der *Promoter,* der Veränderungen zum Ausdruck verhilft, die bereits in den Präferenzen der Menschen ablaufen. Und wenn er Menschen vermeintlich verändert, indem er sie informiert, aufklärt, scheinbar gar erzieht, so muss er sich doch damit zufriedengeben, was im Ansatz schon an Einsicht und Bereitschaft da ist; er ist nur die Hebamme der Veränderung. Denn als wirtschaftender Akteur, der im engsten Mises'schen Sinne Finanzmittel für Produktionsmittel einsetzt, ist er auf die freiwillige Zahlungsbereitschaft seiner Mitmenschen angewiesen, die er richtig antizipieren muss.

Bedeutet dies, dass der Unternehmer in seiner heroischsten Ausprägung eher als Politiker betrachtet werden sollte? Dies wäre ein Missverständnis. Zunächst muss klar sein, dass keine Rede von Parteipolitikern heutigen Zuschnitts sein kann; deren Führungsfunktion ist reines Schauspiel. Sodann ist es wichtig, keine künstliche Trennung zwischen Gesellschaft und Wirtschaft zu konstruieren. Jemand, der hilft, eine Veränderung auszulösen, tut dies in der Regel durch sein besonders überzeugendes Vorbild. Dieser Typus zeichnet sich durch die Tugend der *fortitudo* aus – standhaften Mut. Nötig ist allerdings auch Überzeugungskraft. Diese Überzeugungskraft bedeutet Autorität, und diese kann physischer Kraft, Beziehungen, eigenen Verdiensten, Zufällen, privilegierten Positionen geschuldet sein, kann langsam aufgebaut werden oder plötzlich gegeben sein – alleine durch die besonders eindrückliche Wirkung des mutigen Vorbilds. Es ist möglich, dass dieser Anführer einer Veränderung auch jener Unternehmer im engeren Sinn ist, der diese Veränderung richtig antizipiert und sein Vermögen dafür einsetzt, den Menschen bei der Umsetzung dieser Veränderung in ihrem Leben behilflich zu sein. Dies fällt nicht notwendigerweise zusammen, denn Veränderungen geschehen meist durch kleine Minderheiten und drücken sich in der Regel nur durch eine generationenlange Abfolge winziger Änderungen aus, die unzählige Veränderer erfordern.

Führung und Verführung ist nicht immer leicht auseinanderzuhalten. Besonders unter Bedingungen einer verzerrten Wirtschaftsstruktur wird die normative Bewertung des Unternehmertums schwierig. Aufschlussreich hierzu ist ein Widerspruch in Ayn Rands Werk *The Fountainhead* (deutscher Titel: »Der Ursprung«)[120], den bislang nur wenige erkannt haben. Rand gilt als jene Schriftstellerin, die in ihren Romanen dem Unternehmertum ein Denkmal setzte. Paradoxerweise ist der Held im erwähnten Buch, Howard Roark, aber unternehmerisch eher erfolglos. Er ist ein idealistischer Architekt, dem künstlerische Integrität mehr bedeutet als Geschäftserfolg. Einer seiner Gegenspieler ist hingegen der erfolgreiche Medienunternehmer Gail Wynand. Wynands Medienimperium lebt davon, das zu schreiben, was die Menschen lesen wollen. Und dies ist in jeder Hinsicht Mittelmäßigkeit.

Der gesamte Roman beschreibt den Widerstreit zwischen der neiderfüllten Mittelmäßigkeit der Masse und dem einsamen Genie, das nach Höherem strebt und deshalb verachtet wird. Gail Wynand hält sich für ungeheuer mächtig, und sein Erfolg scheint dies zu bestätigen. Als er jedoch versucht, seine Macht wider den Appetit der Masse einzusetzen, stellt er mit Schrecken fest, dass er vollkommen machtlos ist: er würde alles verlieren, sobald er aufhörte, der Masse zu dienen.

Gail Wynand ist der Typus des Verführers, der nicht einmal verführt, sondern Dynamiken der Verführung ausnützt und sich selbst verführen lassen muss, um obenauf zu schwimmen. Diese Art von Unternehmertum wäre kaum von Politik im übelsten Wortsinne zu unterscheiden. Ein solcher Zugang erinnert an den angeblichen Ausspruch des französischen Revolutionärs Alexandre Auguste Ledru-Rollin. Er soll einmal ausgerufen haben: »Da marschieren meine Leute; ich muss herausfinden, wohin sie gehen, damit ich sie anführen kann!« Genau das machen heutige Politiker. Sie richten sich nach Meinungsumfragen und folgen den Launen der Masse, die wiederum nach diesen Meinungsumfragen geformt werden. Noch nie haben sich Politiker mehr an der Masse ausgerichtet, doch auch noch nie genossen sie weniger Vertrauen als heute.

Dieser Typus des Verführers läuft der Masse nach. Um scheinbar voranzugehen, muss er aber doch ein wenig voraus sein. Wie lässt sich der Widerspruch auflösen? Auf unternehmerische Art und Weise: Sehen, wohin die Masse rennt, und früher dort sein, wo der Tross vorbeikommen wird. Freilich lässt sich das auch positiv darstellen. Ist eine Meinungsumfrage nicht bloß eine Marktstudie? Liegt nicht genau hier die Aufgabe des Unternehmers: zu antizipieren, was die Menschen wollen werden, wenn sie es sehen? In einer vermassten Gesellschaft, deren Bewusstsein so stark gekoppelt ist, dass man schon fast von einem Schwarm sprechen kann, ist natürlich unternehmerischer Erfolg am ehesten dem beschieden, der die Massenpsychologie richtig einzuschätzen vermag. Die Dynamik des Kapitalismus wird zur Trägheit der Masse.

Die Massenpsychologie auszunützen ist eben Aufgabe der »Reklamepsychotechnik«, wie Schumpeter formulierte. Interessanterweise wurde diese in den USA zu einer Wissenschaft gemacht. Begründer dieser Wissenschaft war Edward Bernays, ausgerechnet ein Neffe des österreichischen Psychoanalytikers Sigmund Freud. Bernays kombinierte die Theorie der Masse nach Gustave Le Bon mit der Freudianischen Tiefenpsychologie. Er gilt als Begründer der *PR (Public Relations)* als Profession in den 1920ern. Besonders aufschlussreich ist eine Passage aus seinem Buch *Propaganda*:

> Die bewusste und intelligente Manipulation der organisierten Angewohnheiten und Meinungen der Massen ist ein wichtiges Element in einer demokratischen Gesellschaft. Jene, die diesen unsichtbaren Mechanismus der Gesellschaft manipulieren, konstituieren eine unsichtbare Regierung, die das wahre Machtzentrum eines Landes darstellt. […] Wir werden regiert, unser Geist wird geformt, unsere Geschmäcker geprägt, unsere Ideen vorgegeben, großteils durch Menschen, von denen wir nie etwas gehört haben. Dies ist die logische Folge der Weise, in der unsere demokratische Gesellschaft organisiert ist. Große Mengen von Menschen müssen in dieser Weise kooperieren, um in einer reibungslos funktionierenden Gesellschaft zusammenzuleben. […] Bei nahezu jedem Akt unseres Alltagslebens, ob in der Sphäre der Politik oder Wirtschaft, in unserem Sozialverhalten oder bei unseren Werturteilen, werden wir durch die relativ kleine Zahl von Personen dominiert, die die geistigen Prozesse und sozialen Muster der Massen verstehen. Sie sind es, die die Fäden ziehen, welche das öffentliche Bewusstsein kontrollieren.[121]

Unternehmertum kann, zumindest kurzfristig, sehr erfolgreich dabei sein, dem Nächsten die billigste, schnellste, umfassendste Befriedigung zu verschaffen. Gut ist es dadurch noch lange nicht. Wer bloß willenlos der Nachfrage folgt, ist auch im rein ökonomischen Sinne weniger unternehmerisch als jener, der den Mut aufbringt, momentane Wünsche und Erwartungen seiner Mitmenschen zu enttäuschen, ihnen dafür aber einen nachhaltigeren Dienst zu erweisen. Dieser Weg ist mit mehr Ungewissheit verbunden, gerade heute aber oft der Königsweg des erfolgreichen und zugleich verantwortlichen Unternehmertums.

Das prinzipienlose, manipulative Führen steht in deutlichem Gegensatz zur traditionellen Auffassung des Führens, die den Führer eher als statischen Ruhepol sieht. Während der Verführer hektisch voranläuft, ruht der Führer inmitten. Die gesamte Symbolik des Königtums weist traditionell diese Konnotation auf. Der ideale Führer ist die Sonne, um die eine Gesellschaft kreist. Diese Idealisierung kann natürlich sehr gefährlich werden, wenn die Führung zur Verführung verkommt. Wenn sich der Gottkönig als Mensch herausstellt, geraten Gesellschaft und Religion in freien Fall. Doch akzeptieren wir für einen Moment diese Symbolik, um die Prinzipien besser verstehen und kontrastieren zu können.

Laozi gilt als erster Vertreter des *Laissez-faire*, prägte er doch das Prinzip des *Wu Wei*, das sich so übersetzen lässt. Doch die taoistische Tradition scheint damit andere Vorstellungen verbunden zu haben als moderne Menschen. *Wu Wei* bezeichnet wörtlich das *[Tun] ohne Tun*. Es ist zwar auch eine Empfehlung an den Herrscher, aber wohl vielmehr noch eine Beschreibung seiner Herrschaft. Wirkliche Autorität ist statisch. Sie muss kein Mikromanagement betreiben. Sie bildet ein natürliches Gravitationszentrum in der Mitte der Gesellschaft – erfüllt von königlicher *gravitas*. Den Usurpator hingegen erkennt man an seiner Ohnmacht, und diese Ohnmacht drückt sich durch ohnmächtiges Intervenieren aus. Der Ohnmächtige steht ständig kurz davor, die Kontrolle zu verlieren, darum macht sich seine »Führung« als andauerndes, widersprüchliches, kurzfristiges Eingreifen in die Kreise der Gesellschaft bemerkbar. Diese Ohn-Macht stiftet Chaos, während legitime Autorität die Ordnung aufrechterhält. Der wahre König rührt keinen Finger mehr, er ruht auf seinem Thron, *Wu Wei*, er regiert ohne zu regulieren.

So wie Regierung und Regulierung eigentlich Widersprüche sind, ist es auch das Führen und das Intervenieren – letzteres wird im Unternehmenskontext meist als Mikromanagement bezeichnet. Man könnte auch Führen und Organisieren unterscheiden. Ludwig von Mises hält letzteren Begriff für einen Ausdruck des Interventionismus und zitierte Balzac:

> »Dies ist ein neumodischer napoleonischer Begriff. Er bedeutet, dass du alleine der Diktator bist und mit Individuen so umgehst, wie der Baumeister mit Steinen.«[122]

Auf Englisch ist die etymologische Grundbedeutung des Begriffs »regieren« noch deutlicher sichtbar: *to rule. Rule* ist auch die Regel und Regelmäßigkeit, die dem Altgriechischen *nomos* entspricht. Die Regulierung unterscheidet sich von der Regel so wie die Flussregulierung vom Fluss: Erstere ist die zwangsweise Änderung von natürlichen Strömen. Der Usurpator, der kein legitimer Führer ist, behilft sich mit der Regulierung: Er versucht, die Gesellschaft aufzulösen und eine neue künstlich zu schaffen. Seine Macht reicht jedoch nicht dazu aus, dem Strom schlicht ein neues Bett zu konstruieren. Er kann nur versuchen, das natürliche Bett zu schwächen und sich die Trägheit des Stromes zunutze zu machen. Diese (Ohn-)Macht ist stets bedroht, es setzt ein Wettbewerb darum ein. Eine Heerschar an Möchtegern-Machthabern surft um die Wette, jeder versucht durch Antizipation der Flut oben auf der Welle voranzuschwimmen. Der moderne Typus des Politikers ist geboren.

Insbesondere in Krisenzeiten setzt das panische Regulieren und Intervenieren ein. Dann überwiegt der Eindruck, der Komplexität menschlicher Institutionen nicht mehr Herr zu werden. Groß ist die Sehnsucht nach einem einfacheren Leben und nach Orientierung. Die Überforderung durch die Komplexität führt zu einer Nachfrage nach Verführern, die einfache und klare Antworten bieten. Doch die Verführer verstricken sich meist in den von ihnen selbst geschaffenen Widersprüchen. Da einfache Antworten selten in Übereinstimmung mit der Realität sind, kommt es zu einer Interventionsspirale. Dies ist das häufigste Schicksal vermeintlicher »Politunternehmer«, deren entschlossene Rhetorik mit dem mutigen Schultern komplexer Ungewissheiten verwechselt wird.

Tatsächlich sind gesellschaftliche und wirtschaftliche Krisen meist Folgen der Hybris, Komplexität durch Herrschaft bändigen und damit vereinfachen zu wollen. Dieser verhängnisvollen Anmaßung liegt ein Missverständnis zugrunde, das durch eine sprachliche Differenzierung vermieden werden kann. Zu »einfach« lassen sich zwei Gegenteile bilden: »komplex« und »kompliziert«. Kompliziert sind auf bewusste Handlungen zurückgehende Komplikationen, im schlimmsten Fall unheilvolle Verstrickungen. Komplex hingegen ist das Leben an sich. Die Flucht vor der Komplexität ist Lebensfeindlichkeit. Die Flucht in Komplikationen jedoch oft nur eine Scheinlösung.

Wenn Menschen die Komplexität der Welt für ihre Zwecke nutzen wollen, stellen sie Pläne an und konstruieren Institutionen, die auf Nachahmung beruhen. Unser Leben wird dadurch komplizierter. Doch das komplikationslose »einfache« Leben würde dem Menschen viel Komplexität, also Vielfalt, vorenthalten und dadurch der Komplexität den Wert nehmen.

Unternehmen sind Versuche, die Komplexität der Welt zum Nutzen und zur Freude von Menschen zu erschließen. Der Nachteil der dadurch nötigen Komplikationen ist, dass diese bald die lebendige Komplexität verdrängen und sich als Ersatz anbieten. Organisationen gewinnen ein Eigenleben und verringern die natürliche Vielfalt zu kontrollierbarer Einfalt. Je größer diese Komplikationen, desto mehr rufen sie nach weiteren komplizierten Hilfsmitteln: Technik und Statistik der Überwachung werden nötig, die Sehnsucht nach vollständiger Information wächst. Der Trend zu *Big data* ist verlockend. Doch überall wo Algorithmen wachen, werden sich Menschen algorithmischer verhalten. Daher sind diese Komplikationen nur Scheinlösungen, sie werden der Komplexität nicht gerecht, sondern ersetzen sie so lange, bis sie bersten.

Komplexität bedeutet stets innere Verbundenheit und gegenseitige Wechselwirkung der Teile. Doch nicht darin liegt das Problem. Komplexere Systeme sind in aller Regel elastischer und weisen dadurch größere Resilienz auf. Erst durch immer kompliziertere Steuerungsversuche frieren einzelne Reaktionsmuster ein und versteifen dadurch die Verbindungsglieder. Die innere Spannung dieser künstlichen Steifheit, die meist mit Feigheit und gedankenlosem Nachahmen verbunden ist, macht sich dann als »Krise« bemerkbar, und das Unternehmen, die Organisation, Institution oder Gesellschaft bildet Bruchlinien aus. Leider ist diese Phase selbstverstärkend: Das Bersten der

Strukturen führt zu immer panischerer Kontroll-, Regulier- und Überwachungswut und damit zu immer schlimmeren Komplikationen, bis jene endgültig an der Komplexität der Welt brechen.

Die korrekte Antwort auf Komplexität ist Demut, nicht Hybris. Es macht einen großen Unterschied, ob man eine Gruppe von Menschen als komplexes System betrachtet aus Demut gegenüber ihrem freien Willen, ihren Beziehungen, ihrer Vielfalt – oder weil man diese Gruppe kontrollieren und manipulieren möchte und deshalb auf der Suche nach vermeintlichen Systemgesetzen ist. Ersterer Zugang respektiert die Komplexität des betrachteten Organismus oder Sozialgebildes und hütet sich vor dessen Reduktion. Die abgeleiteten oder empfohlenen Regeln sind deshalb sehr bescheiden und einfach. Letzterer Zugang hingegen sieht die Komplexität als Problem. Die abgeleiteten oder vorgeschlagenen Regeln sind entsprechend kompliziert. Allein an der Wertschätzung der Komplexität wächst jene Demut, die uns vor den hektischen Komplikationen in der gerade wieder ausbrechenden Komplexitätspanik bewahren kann.

Nach dem traditionellen Verständnis ist der *ruler* eher ein *code setter*. *Code* meint keine Gesetze im modernen Sinn, sondern überlieferte Normen des Zusammenlebens und ein Ethos der Herrschaft selbst. Der Krieger ist selbst der strengste Hüter seines eigenen Codes, der sein Handeln beschränkt und damit gesellschaftsfähig, gar gesellschaftsstiftend machen kann. Das moderne Gegenstück zum *code setter* ist der *trend setter*. Der Verführer setzt Trends, indem er als erster einer neuen Mode anhängt. Diejenigen, die zu früh sind, machen sich lächerlich. Das richtige Timing wird allesentscheidend – in der Politik wie in der Wirtschaft. Wann wird die Masse bereit sein für den nächsten Wahnsinn? Welchem der unzähligen kleinen Rinnsale wird der Hauptstrom folgen? Der Rinnsal-Surfer, den die Welle dann hochspült, gilt im Nachhinein als *trend setter*. Hat er den Trend gesetzt oder der Trend ihn?

Gibt es also so etwas wie politisches Unternehmertum? Politik ist heute eher die Antithese des Unternehmertums; ersteres ist verantwortungsloses Intervenieren auf Kosten anderer, letzteres eigenverantwortliches Wagnis auf eigene Rechnung. Politik in der ursprünglichen Bedeutung jedoch bezeichnet die Kunst, eine Gemeinschaft aufzubauen oder zu führen.

Peter Drucker etwa bemerkte einen solchen politischen Aspekt des Unternehmertums, der Lücken schließen könnte, welche die heutige Politik erzeugt und verstärkt. Drucker hatte die Hoffnung, dass Unternehmen in einer sich auflösenden Gesellschaft zu Orten des Sinns werden könnten. Die Aufgabe des Unternehmensgründers und Unternehmensführers sah er demnach insbesondere im Aufbau von Gemeinschaften. Die hart erarbeitete und verdiente Autorität des Gemeinschaftsunternehmers könne, so hoffte Drucker zudem, nach und nach die Sinnlücken füllen, die illegitime Macht in die Gesellschaft geschlagen habe. Illegitim war für ihn, so scheint es, die allein auf Gewalt und Manipulation beruhende Macht falscher Staatsführer:

> Keine Gesellschaft kann als Gesellschaft funktionieren, wenn sie dem individuellen Mitglied nicht sozialen Status und Funktion verleiht und wenn die entscheidende soziale Macht nicht legitime Macht ist. Ersteres schafft den grundlegenden Rahmen des sozialen Lebens: Zweck und Sinn der Gesellschaft. Letzteres schafft den Raum innerhalb des Rahmens: Es konkretisiert die Gesellschaft und schafft ihre Institutionen. Wenn dem Individuum nicht sozialer Status und Funktion zugestanden werden, kann es keine Gesellschaft geben, nur eine Masse sozialer Atome, die ohne Ziel und Zweck durch den Raum fliegen. Und wenn die Macht nicht legitim ist, kann es kein soziales Gewebe geben, nur soziales Vakuum, das bloß durch Sklaverei oder Trägheit zusammengehalten wird.[123]

So verstanden ist die Funktion des Unternehmensführers im Gegensatz zum bloßen Selbständigen eine politische (im besten und ursprünglichen Wortsinn). Es handelt sich um Projekte, Inseln des Sinns zu schaffen, auf denen Schiffbrüchige Lebensraum finden können. Nicht viele solcher Projekte überleben länger als eine Generation. In einer Zeit der Illusionen besteht oft keine andere Wahl, als auch allerlei Unfug auszuprobieren und aus dem eigenen Scheitern zu lernen, was einem die Lehrbücher und Medien verschwiegen haben. Oft muss man bei null anfangen. Michael Gerber deutet die menschlichen Sehnsüchte, die Unternehmensführung beantworten können, mit leicht übertriebenem Pathos wie folgt:

> Etwas fehlt in den meisten unserer Leben. Teil dessen, was fehlt, ist Sinn. Werte. Sinnvolle Maßstäbe, an denen wir unsere Leben messen können. Teil dessen, was fehlt, ist ein Spiel, das es wert ist, gespielt zu werden. Was ebenfalls fehlt, ist ein Gefühl von Gemeinschaft. [...] Was die meisten Menschen brauchen, ist daher ein Ort der Gemeinschaft, der Sinn und Ordnung bietet. [...] Ein Ort, an dem das im Allgemeinen ungeordnete Denken, das unsere Kultur durchzieht, organisiert und klar auf ein spezifisches sinnvolles Resultat fokussiert wird. Ein Ort, an dem Disziplin und Wille als das geschätzt werden, was sie sind: die Grundlage des Unternehmertums und Handelns, um absichtlich und nicht bloß zufällig das zu sein, was man ist. Ein Ort, der das Zuhause ersetzt, das die meisten von uns verloren haben. Das ist es, was ein Unternehmen leisten kann; es kann ein Spiel schaffen, das es wert ist, gespielt zu werden. Es kann dieser Ort von Gemeinschaft werden.[124]

Um Menschen zu koordinieren, die bereits festen Boden unter den Füßen haben, wissen, wer sie sind, was ihre Aufgabe ist und wie sie ihren Mitmenschen am besten dienen können, eignen sich Märkte besser als Gemeinschaften. Wenn Unternehmer in ihren Unternehmen unselbständigen Mitarbeitern einen Platz bieten, so handelt es sich um eine besondere Organisationsaufgabe. Ohne die Verzerrungen zugunsten von Großunternehmen wäre eine solche Form der Zusammenarbeit dann ratsam, wenn ein Unternehmer in diesem Sinne in diesen Menschen im konkreten Kontext der aufgebauten Kapitalstruktur ein größeres Potential zu sehen vermag als sie selbst und als andere Mitbewerber. Diese Zusammenarbeit muss immer auch Sinnkoordination sein: Menschen einen eigenen Ort in diesem Unternehmen zu bieten, der ihrer Existenz jenen Sinn verleiht, den sie auf eigene Faust noch nicht entdeckt haben. Letztlich geht es um das Schaffen eines Lebensunterhalts im weitesten, nicht bloß materiellen Sinne – das, was man auf Englisch so schön *livelihood* nennt. Dies für andere zu bewerkstelligen, ist eine riesige Aufgabe, die nur wenigen vorbehalten ist. Die meisten scheitern ja schon daran, ihre eigene Berufung zu finden und zu leben. Im Gegensatz zu Gemeinschaften bietet die Markteinbettung von Unternehmen hierzu eine äußere Richtschnur, indem sie Berufungen am Dienst für andere Menschen erdet – einen Dienst, der freiwillig honoriert wird und daher nicht bloß gute Intention ist.

Allerdings schränken die aktuellen Verzerrungen die Möglichkeiten sinnerfüllter Berufstätigkeit als Angestellter stark ein. Aufgrund des falschen Arbeitnehmerschutzes kommt es dazu, dass nur noch Hochproduktive eine Anstellung finden können; Menschen niedrigerer Produktivität werden systematisch aus dem Arbeitsmarkt gedrängt. Deren »Selbständigkeit« ist dann oft eine Farce, manchmal spricht man gehässig von der »Ich-AG«. So finden sich sinnerfüllte Formen unselbständiger Tätigkeit oft nur noch im nicht-gewinnorientierten oder gar gänzlich ehrenamtlichen Bereich, da dieser noch Regulierungs- und Steuerlücken nützen kann.

Zwar ist die Selbständigkeit eine Alternative zu sinnleeren Jobs, doch sie ist der schwierigere, unbequeme Weg. Kleine Selbständige finden in unserer Wirtschaftsstruktur nur noch wenig Atemluft. Oft bietet sich für diese Selbständigkeit nur der hochskalierte Vertrieb von massenproduziertem Gerümpel oder »Informationsprodukten« an, wozu eine Partizipation am absurden Wettbewerb um Aufmerksamkeit der *Couch potatoes*, der passiven Konsumenten vom Sofa aus, notwendig wird.

Selbständigkeit hat wenig Heroisches an sich, die meiste Zeit handelte es sich um einen ganz selbstverständlichen Aspekt des menschlichen Lebens, den man nicht sonderlich betonen musste. Darum verwendete man dafür auch keinen großen, neuen Begriff. Als das Wort vom Unternehmer aufkam, da war diese Selbständigkeit schon im Schwinden begriffen. Heute ist diese Selbständigkeit nicht mehr so selbstverständlich, darum darf sie betont werden. Obwohl sie mit Unternehmertum im eigentlichen und engeren Sinn wenig zu tun hat, ist Selbständigkeit doch ein oft sinnbringender Lebensentwurf, der dem Unternehmertum im weiteren Sinn, zu dem jeder Mensch fähig und berufen ist, einen idealen Weg weist.

Warum ist Selbständigkeit ein Ideal? Weil sie die Identifikation mit einem eigenen Werk ermöglicht und Menschen zu eigener Verantwortung animiert – ihnen also Eigenes anstelle von Fremdem bietet und somit das beste Rezept gegen die vielbeklagte Entfremdung darstellt. Zudem bedeutet eine größere Zahl von Selbständigen eine geringere durchschnittliche Unternehmensgröße. Kleinere Einheiten bieten in der Regel einen menschlicheren, weil menschennäheren Bezug. Der Lebensweg des Massenmenschen, der in überdimensionierten Schlafburgen wohnt, in überdimensionierten Betrieben arbeitet und an überdimensionierten Gesellschaften partizipiert, ist ein besonders trostloser und nicht nachhaltiger. Zu dieser Existenz des Proletariers ohne Eigenes, ohne Sinn und ohne Hoffnung, ist ein selbständiges Leben und Wirken in menschlicheren Einheiten die einzige Alternative.

Dies ist ein Aspekt und noch keine eigene Berufung. Wenn man möchte, kann man von einem unternehmerischen Zugang zum Leben, vielleicht vom Lebensunternehmer sprechen. Dabei darf man sich aber vom historischen Kontext des Begriffs nicht zu falschen Assoziationen und Schlüssen verleiten lassen. Selbständigkeit ist ein Weg, konkrete Berufungen zu leben. Das Ausüben eines bestimmten Werkes, als Handwerker, Landwirt oder Händler, kann eine solche Berufung darstellen. Selbständigkeit erleichtert es, eine ganz persönliche Berufung zu finden, zu entwickeln und auszuüben. Der Weg zum Leben dieser – wenn man so möchte, unternehmerischen – Berufung ist theoretisch einfach und praktisch unendlich schwer. Er ist hinreichend simpel, sodass man kein großes Aufhebens darum machen muss. Dieser Realtypus ist zu langweilig für Hochglanzmagazine, sein Lebensweg ein zu naheliegender. Doch heute ist das Nächstliegende oft das Entfernteste und Schwierigste. Viele Selbständige leisten mehr und Besseres für ihre Mitmenschen als manche Unternehmensführer im Papiergeldzeitalter. Unternehmertum ist kein Selbstzweck, Selbständigkeit kann es aber durchaus sein.

Geben oder Nehmen

Leider ist im Papiergeldzeitalter die Grenze längst erreicht, ab der Unternehmertum nicht bloß Wohlstand schafft, sondern in gleichem Maße Wohlstandszerstörung finanziert. Angesichts der hohen Steuerquoten nährt der geschaffene Wohlstand Verschwendung, Propaganda, Manipulation, Kriege und subventionierten Konsum. Das ist ein grundsätzliches Dilemma, dem sich Unternehmer stellen müssen. Ihre Bedeutung für den Staat ist immer mehr, *human farmers* – Menschenwirte – zu sein, so wie die *tax farmers* der Vergangenheit, die erwähnten »Geldmänner«. Die fruchtbarsten Menschenwirte mit größtem BIP-Beitrag sind diejenigen, die Kredite in Zinserträge umwandeln, indem sie aus Bankkrediten und Staatskrediten (Subventionen) Arbeitsplätze machen. Arbeitsplätze sind eigentlich Steuerplätze, der Unternehmer übernimmt heute die Aufgabe des Steuereintreibers und überweist den größten Teil der menschlichen Produktivität direkt an den Staat und einen kleineren Teil an die Banken, womit dann die Zinsen erwirtschaftet werden, die notwendig sind, um aus Schuldtiteln Wertanlagen zu machen. Steuern haben heute nur mehr sekundär und indirekt die Funktion der Staatsfinanzierung – und nur ein winziger Teil dient der die Steuern in der öffentlichen Wahrnehmung legitimierenden Umverteilung. Ohne Steuern hätten Staatsanleihen keinen Wert mehr, damit würden die Bilanzen der Zentralbanken implodieren und das Finanzsystem würde sich in Luft auflösen.

Viele Unternehmer entgehen diesem Dilemma, indem sie beide Augen zudrücken und sich in den Stolz flüchten, große Steuerzahler zu sein und damit einen großen Beitrag zum Gemeinwohl zu leisten. Auch die mangelnde Anerkennung kompensieren sie durch diesen Zahlerstolz, oder sie ergänzen oder kompensieren – je nach Perspektive – die Steuerzahlungen noch durch Philanthropie. Der Philosoph Peter Sloterdijk stößt daher bei vielen Unternehmern auf offene Ohren, wenn er ein Lob der Großzügigkeit zur Reform des Steuerstaates fordert.[125] Unternehmer sollten mehr Anerkennung für die von ihnen erwirtschafteten Beiträge erfahren. Dazu bräuchte es aber Freiwilligkeit. Der gemolkene Untertan kann sich auf die Großzügigkeit nicht ausreden. Vielmehr ist es ein verschärfender Umstand, dass Wertschöpfung durch die Steuerlast immer mehr zur Unwertschöpfung wird und der organisierten Kriminalität, die sich meist hinter heutiger »Politik« verbirgt, immer neue Mittel zuführt. Wirklich nachhaltiges Unternehmertum muss sich daher zunehmend von den klassischen Formen lösen. Das ist freilich extrem schwierig; die Profitorientierung ist eine wichtige Disziplinierung und Bewertungsgrundlage. Ersetzen kann sie nur die Wertsteigerung, die allerdings auch nicht direkt für Konsum entnommen werden darf.

Sloterdijk regt an, für diejenigen Menschen, die ihren Geltungsdrang sozial einsetzen, den Begriff Unternehmer heranzuziehen. Mit dem Unternehmer in diesem Sinne kontrastiert er den Rentier. Diesen Geltungsdrang empfiehlt er durch Lob und Auszeichnungen bei Laune zu halten. Doch wenn der Rahmen das Vertrauen nicht mehr wert ist, das er voraussetzt, hat auch das Lob keinen Wert mehr. Freilich könnte man Unternehmer bei der Stange halten, in einem unternehmerfeindlichen Umfeld weiter Ungewissheit zu tragen, indem man sie in eine Art Adelsstand von Wohltätern erhebt. Doch Adelstitel, die von Nicht-Adeligen verliehen werden, sind wertlos. Es braucht gewiss nicht noch mehr Unternehmergalas mit Preisen und schönen Reden von Politdarstellern. Es gibt für Unternehmer daher nur noch zwei Möglichkeiten: Ihre Anerkennung zu erkaufen oder ganz darauf zu pfeifen – zusätzlich zur Steuerlast zu geben oder in den Unternehmerstreik zu treten. Sehen wir uns diese zwei Alternativen nun näher an.

Bill Gates und Warren Buffett machten es vor, Mark Zuckerberg, Richard Branson, Elon Musk und zahlreiche andere Milliardäre folgten und verpflichteten sich, einen großen Teil ihres Vermögens für philanthropische Zwecke zu stiften. Ist dies plötzlicher Einsicht geschuldet? Gar ein Eingeständnis, dass nur Umverteilung die Ungerechtigkeiten unserer Zeit lindern könnte? In ihrem Appell bezogen sich Gates und Buffett auf »Das Evangelium des Reichtums« von Andrew Carnegie. Darin hatte Carnegie gewarnt, dass die öffentliche Meinung über Vermögende das Urteil fällen würde: »Der Mann, der so reich stirbt, stirbt in Schande.«[126]

Die Aufforderung zu geben, ist jedoch wenig originell, sie durchzieht die Sonntagspredigten und wird von Spendenwerbern reichlich plakatiert. Oft sind solche Aufrufe nur ein Alibi für die eigene Gier zu nehmen. Denn das Geben und die Philanthropie werden, wie die Worte Carnegies, meist missverstanden – sogar durch die vermögenden Philanthropen von heute.

Die *philanthropía* tauchte das erste Mal in Aischylos' Tragödie »Der gefesselte Prometheus« auf. Dieser erste Menschenfreund Prometheus war kein Zuteiler sicherer Geldbeträge. Er brachte den Menschen das Feuer als gefährliches Werkzeug und als Licht der Erkenntnis – also Kultur. Prometheus ist der Archetyp des Individualisten, Unternehmers und Querulanten. Er erhielt für sein Wagnis keine Anerkennung und scheiterte tragisch an höherer Gewalt. Auch der Philanthrop, den Carnegie beschrieb, ist ein Individualist, der unbequeme Entscheidungen zu treffen hat, kein Verteiler von Almosen, sondern ein Kulturunternehmer.

Das Geben wird meist missverstanden als Aufgeben des Privaten, als Verteilen, das der Gleichheit etwas Freiheit opfern soll. Genährt wird diese Interpretation durch die vermeintliche Übersetzung des lateinischen *privatus* als »geraubt«. Tatsächlich ist eine Nebenbedeutung von *privare* »rauben«, ebenso wie »befreien«. Die *privatio* ist zugleich Befreiung und Mangel. Die eigentliche Bedeutung zeigt sich an *privus* – eigen, für sich bestehend: *privare* bedeutet aneignen und entziehen. Manchmal eignen sich Menschen Dinge zu Unrecht an. Doch nach dem antiken Verständnis ist das Private der Menschen heilig, gerade weil es Raub und öffentlicher Verschwendung entzogen ist. Dieses Entziehen des Privaten zeigt sich auch im älteren deutschen Begriff Sondereigentum, der die Absonderung des Besonderen und Individuellen und damit Vielfalt bezeichnet.

Geben ist keine Tugend der Gleichheit, sondern eine der Freiheit. Auch das verrät die Sprache: Die Freigebigkeit bezieht sich im Deutschen, im Griechischen – *eleutheriotés* – und im Lateinischen – *liberalitas* – direkt auf die Freiheit. Nur freiwilliges Geben kann tugendhaft sein, setzt also Privates voraus. Es geht bei dieser Tugend um das rechte Maß im Umgang mit materiellen Gütern, nämlich um Nachhaltigkeit: Sie ist eingegrenzt von den aristotelischen Polen Verschwendung und Geiz. Beide Untugenden sind Kennzeichen der Kurzfristigkeit; tugendhaftes Geben hingegen ist langfristiger Aufbau.

Großzügigkeit ist Freiheit im Umgang mit materiellen Gütern. Unfreiheit hingegen entsteht durch die Angst vor materiellem Verlust, die sich im Geiz ausdrückt: die Angst zu kurz zu kommen, nicht »auf die Rechnung« zu kommen, das panische Festhalten an der Materie. Während Sparsamkeit die Voraussetzung realer Freigiebigkeit ist, macht übertriebener Geiz arm. Gleiches gilt für die Verschwendung, bei der es sich um eine ebenso freiheitsfeindliche Gegenübertreibung handelt. Viele Menschen glauben, dass die Ablehnung von Ökonomik schon ein Indiz für höhere Moral wäre. Tatsächlich ist Antiökonomik unmoralisch, weil die Verschwendung materieller Güter eine Verschwendung und damit Geringschätzung menschlicher Energie, Kreativität und Lebenszeit bedeutet.

Die Voraussetzung, großzügig sein zu können, ist es, Ersparnisse gebildet zu haben. Sparen kommt von einem alten indogermanischen Wort für »retten« und »bewahren«. Es geht darum, Wertvolles für alternative Verwendungen zu erhalten, anstatt es in der direktesten Verwendung aufzubrauchen. Dieses Sparen hat zunächst hortenden Charakter, es geht darum Werte über die Zeit zu bewahren, bis man den rechten Zeitpunkt und Kontext gefunden hat, sie für Besseres und Höheres einzusetzen. Dieser Einsatz, der das Ziel das Sparens darstellt (abgesehen von der Vorsorge), ist der investive Aspekt des Sparens. Investieren bedeutet wörtlich »einkleiden«, das meint, den bewahrten Werten eine Funktion zu geben. Diese Funktion besteht darin, Wertvolleres hervorzubringen, was eine so schwierige Aufgabe ist, dass sie in der Regel misslingt. Ohne Menschen, die diese Funktion erfüllen, lebt eine Gesellschaft im wahrsten Sinne des Wortes nur von der Hand in den Mund. Kapitalaufbau ist Wohlstandsaufbau. Dafür ist die Tugend der *temperantia* die Voraussetzung. Gemeint ist jene Mäßigung, die sehr langfristiges Handeln, Ersparnisbildung, Kapitalaufbau und damit auch die langfristigsten Investitionen – Stiftungen ohne direkte Konsumabsicht – ermöglicht.

Leider ist Großzügigkeit alleine manchmal zu wenig. Daher steht hinter dem Stiften in Wirklichkeit auch eine andere Tugend, wie man bereits in der Antike erkannte. Die deutsche Wortherkunft zeigt die besondere Dimension des Stiftens auf: Die »Stifte«, die gesetzt werden, sind im ursprünglichen Wortsinn Pfähle. Die Großzügigkeit reicht allenfalls dazu aus, die Löcher in den Fundamenten zu flicken, wenn mal hier, mal dort edel gespendet wird. Doch damit Fundamente im Sumpf des Allzumenschlichen gelegt werden und nachhaltig bestehen können, sind Pfähle zu setzen. Diese unterscheiden sich darin, dass sie nicht stückweise aufgebaut werden können, sondern nur im Ganzen, in einem entschiedenen und großen Akt sinnvoll gesetzt werden können. Es handelt sich um Werke, die von Dauer sind; das Stiften unterscheiden sich vom Spenden vor allem durch die Langfristigkeit.

Die Großzügigkeit reicht für das Bewahren des Guten nicht aus, weil auch das Böse nicht kleckert, sondern klotzt. Wahn, Zerstörung, Dummheit, Verschwendung kommen schubweise, gleichen Sturzfluten. Das Böse ist *megalomanisch*, es gedeiht in der Masse und im allzu Großen, darum steht ihm der kleine Mann mit seinen kleinen Bemühungen oft ohnmächtig gegenüber und würde allzu schnell frustriert alle Hoffnung fahren lassen.

Darum würdigten die antiken Philosophen eine andere, seltenere Tugend: die *megaloprepeia*, lateinisch *magnificentia*, deutsch ungefähr »Großgeartetheit«. Diese Tugend ist selten, weil sie einerseits nicht allen möglich ist, andererseits jenen, die sie üben könnten, meist misslingt. Die Großgeartetheit ist von vier Abgründen umgeben: Über die Großzügigkeit hinauswachsend, muss sie zuerst an Geiz und Verschwendung vorbei, um dann meist an Engherzigkeit oder Geschmacklosigkeit zu scheitern. Geschmacklos ist der Aufwand als Selbstzweck, der Protz und Kitsch, insbesondere der Gesinnungskitsch, der gefallen will und eben deshalb nicht gefällt. Engherzig hingegen ist das Stiften mit versuchtem Minimalaufwand, das über das vermeintlich Notwendigste nicht hinausreicht und dabei Wahrheit, Schönheit und Mut dem engherzigen Kalkül opfert. Diese zwei Abgründe abseits des rechten Maßes sind allerdings keine Schande, zumindest wenn die Grundlage der Großgeartetheit Freiwilligkeit ist (ohne diese wäre sie ja auch nicht freigiebig), da sie dem Nächsten nicht schaden. Schade ist es trotzdem, denn tugendhaft ist der Aufwand nur, wenn ihn einerseits das Ergebnis wert ist, und dieses andererseits nicht durch engherzige Pedanterie eingeschränkt ist.

Weil die Großgeartetheit eine der schwierigsten Tugenden ist, schloss Aristoteles, dass der Großgeartete ein besonderer »Kenner« sei. Lange hielt man diese Kenntnis für ein Wissensproblem. Tatsächlich handelt es sich um ein Entscheidungsproblem. Ein heute zu Unrecht in Vergessenheit geratener österreichischer Ökonom fand die Antwort, warum die Großgeartetheit insbesondere dann so oft misslingt, wenn sie nicht von eigenem Geld getragen ist. Ludwig von Mises erkannte das Kalkulationsproblem: Nur wenn private Mittel eingesetzt und verantwortet werden, kommunizieren die veränderten Preise reale Knappheiten und verantwortliche Entscheidungen. *Skin in the game*, wie man auf Englisch sagt, erhöht die Entscheidungsqualität. Fehlt die persönliche Verantwortung, sieht man das dem Ergebnis an. Darum sind die meisten »öffentlichen« Projekte sowohl geschmacklos als auch engherzig, sowohl im Schlechten verschwenderisch als auch mit Gutem geizend.

Andererseits ist bei der Tugend der Großgeartetheit auch der Anreiz am größten, sich mit ihr zu schmücken, ohne die Kosten dafür zu tragen. Die Großgeartetheit war immer schon jene Tugend, welche die Obrigkeit gewaltsam an sich riss und unduldsam bei sich zu zentralisieren versuchte. Dahinter steht die Großmannssucht der wenigen, die man eben leicht mit Großgeartetheit verwechseln kann, und der

Neid der vielen. Schon in der Antike wich private Freigiebigkeit zuerst sozialem Druck und dann politischer Gewalt. Cicero notierte: *Odit populus Romanus privatam luxuriam, publicam magnificentiam diligit* – das römische Volk hasst privaten Luxus und schätzt öffentliche Großgeartetheit. So wird die Stiftung oft nur als Refugium vor Neid und Enteignung angesehen, als Fassade oder Konstrukt. Doch der Öffentlichkeit kommt das Stiften gerade dann und deshalb zugute, wenn es aus privaten Mitteln in persönlicher Verantwortung aufgebracht wird und sich nicht in von außen vorgegebenen, vermeintlich »öffentlichen« Aufwendungen erschöpft.

Die erstarkende philanthropische Gesinnung ist wohl teilweise eine Gegenreaktion auf die Kurzfristigkeit unserer Zeit. Warren Buffett kontrastiert in seinem Spendengelöbnis einerseits das Geben mit seinem privaten Konsum, der ihm in diesem Ausmaß keine Freude mehr bereiten könne. Andererseits kontrastiert er die scheinbar unverhältnismäßigen Verdienste seiner Spekulation mit den kargen Verdiensten von Soldaten und Lehrern. Diese Vermischung grundverschiedener Aspekte führt die meisten philanthropischen Vermögenden in die Irre. Der Kontrast zu Carnegie ist deutlich und sagt einiges über die aktuelle Wirtschaftslage aus.

Dass Freigebigkeit ein altruistischer Gegensatz zu egoistischen Entscheidungen wäre, verkennt den Menschen. Der negativ assoziierte Egoismus im narzisstischen Zeitgeist ist schlicht rücksichtslose Kurzfristigkeit. Langfristiges Streben nach persönlichem Wohlergehen bringt stets eine Nächstenorientierung mit sich, wie schon Francis Hutcheson erkannte: »die wahrste, dauerhafteste und lebendigste Freude, der glücklichste Lebensgenuss, besteht in der Zuneigung zu unseren Mitmenschen«. Die heute virulente Unkultur des Nehmens, die sich gerade hinter dem Missverständnis von Philanthropie verstecken kann, ist nichts als kurzfristiger Kapitalkonsum. Das Gegenteil davon ist nicht Konsum durch Fremde, sondern Investition. Während sich Carnegie noch Sorgen um die moralische Verschlechterung der Beschenkten machte, nämlich seiner Kinder und potentieller Almosenempfänger, scheint es heutigen Philanthropen mehr darum zu gehen, »gerecht« zu erscheinen.

Allerdings kann auch Altruismus kurzfristig sein und damit zur Untugend verzerrt. Der kurzfristige Egoismus sucht die sofortige Befriedigung und macht langfristig unzufrieden. Der kurzfristige Altruismus sucht sofortige Anerkennung und definiert sich damit nach den momentanen Zwecken und Wünschen der Masse. Heutige Probleme sind Folgen vergangenen Versagens; wer etwas langfristig verbessern möchte, muss künftige Probleme antizipieren – eine Unternehmeraufgabe. Doch wer die Zukunft gestalten will, bleibt in der Gegenwart oft verkannt, belächelt, gar verhasst.

Im schlimmsten Fall kann auch das Geben aus kurzfristigem Altruismus Kapitalkonsum sein, nämlich vorgezogener Konsum aktueller Anerkennung anstatt langfristige Investition in kulturelles oder soziales Kapital. Wie schon Bernard Mandeville erkannte, gibt es kaum ein besseres Alibi für Laster als vorgeschobenen Altruismus: »der Allerschlechteste sogar fürs Gemeinwohl tätig war«, dichtete er in der Bienenfabel. Langfristiger Eigennutz hingegen ist von wahrem Altruismus kaum zu unterscheiden. Eine Investition in ein Unternehmen bei laufender Reinvestition der Profite ist nicht von einer Stiftung zu unterscheiden. Die gesetzliche Kategorie der »nicht gewinnorientierten Organisationen« (NPO) ist dabei irreführend. Gewinn ist im Wesentlichen nicht Motiv des Unternehmertums, sondern limitierender Faktor. Gewinn ist ein Residuum, das jede Unternehmung, sei sie noch so karitativ, erzielen muss, um nicht zu schwinden und letztlich zu verschwinden. Gemeint ist vielmehr unter der Kategorie der NPO die Nichtausschüttung von Gewinnen, was als Thesaurierung aber altes Prinzip nachhaltigen Unternehmertums ist. Die steuerrechtliche Eingrenzung solcher angeblich philanthropischer Organisationen auf willkürliche Zwecke führt noch weiter in die Irre: Warum sollte eine Kulturinitiative per se gemeinwohlorientierter sein als ein Technologieunternehmen?

Wenn schon die Vermögenden ihr Vermögen nur noch als Konsumvorrat ansehen, als angehäufte Mittel, die aufzubrauchen sind, anstatt als Potential für Investitionen, welche die Welt verbessern können, dann überrascht es nicht, dass ihnen Neid entgegenschlägt. Die breite Masse ist heute zu Konsumenten aufgestiegen. Der Wohlstandsaufbau, der das immense materielle Konsumniveau ermöglicht, wird selten gewürdigt. Viel augenfälliger sind die Unterschiede im Konsumniveau. Diese sind entgegen der landläufigen Meinung nicht größer, sondern geringer geworden. Die Folge dieser Annäherung ist paradoxerweise wachsender Neid. Wie der Soziologe Helmut Schoeck erkannte, ist Neid eine Erscheinung der sozialen Nähe, wie sich schon am Geschwisterneid zeigt. Je weniger bedeutsam die Unterschiede, desto drastischer erscheinen sie.[127]

Die letzte Philanthropiewelle öffentlicher Gelöbnisse könnte Reaktion auf diesen Neid sein. Neid verstärkt allerdings Kapitalkonsum, er drängt zur Entscheidungsabnahme und begünstigt die Verantwortungsverwässerung. Damit droht der Neid die Kurzfristigkeit der Zeit, wogegen die Philanthropie eigentlich antritt, noch zu verstärken. Neid ist kein neues Laster, es ist eines der ältesten. Andrew Carnegie wusste noch, dass es Grundlage des Wohlstandsaufbaus war, gegen den Neid anzukämpfen und diesen nicht zu nähren. Sein Plädoyer für das nachhaltige Stiften triefte nicht von schlechtem Gewissen, sondern war unternehmerisch und individualistisch.

Dass die heute Vermögendsten dem schlechten Gewissen so leicht nachgeben, könnte durchaus ein Hinweis darauf sein, dass es teilweise berechtigt ist. Womöglich ist die linke Kritik nicht so falsch, dass öffentliche Selbstenteignungsappelle Trostpflaster und Ablenkungen sind, um systemische Ungerechtigkeit und Missverhältnisse zu überdecken. Die Schwerreichen unserer Zeit dürften spüren, dass ihr Vermögen immer weniger durch unternehmerisches Wagnis gedeckt ist und immer mehr bloßes Symptom der Vermögenswertinflation durch die Verzerrung des Geldwesens ist. Der falsche Geberstolz ist letztlich ein Ventil in einer Zeit künstlich verstärkter Kurzfristigkeit. Aufgrund der verzerrten Markt-, insbesondere Kapitalmarktsituation, erscheinen langfristige Investitionen immer mehr als Altruismus oder persönliche Narretei. Dabei sind Unternehmertum und Nachhaltigkeit eng miteinander verbunden. Wie der österreichische Ökonom Eugen Böhm von Bawerk deutlich machte, ist die Voraussetzung für Kapitalaufbau eine niedrigere Zeitpräferenz.

Angesichts des Kapitalmangels bei scheinbarem Kreditüberfluss, der die Gegenwart kennzeichnet, verändert sich auch das Unternehmertum. Ein aktuelles Phänomen ist der Trend in Richtung *lean start-ups* und *bootstrapping*. Diese Begriffe bezeichnen Versuche, die Lernprozesse im Zuge einer Unternehmensentwicklung möglichst günstig zu halten und möglichst schnelles Markt-Feedback einzuholen. Eine solche Entwicklung ist verständlich. Leider verhindert das ängstliche

Balancieren entlang der Marktgrenze tieferen Kapitalaufbau, sofern *lean start-up* als reaktives Skalieren auf der Grundlage momentaner Marktsignale interpretiert wird. Sparsamkeit und Effizienz in der Unternehmensführung ermöglichen größere Unabhängigkeit, die gerade angesichts der künstlich aufgeblähten Ungewissheit wichtiger wird. Oft ist es aber nur feige Knausrigkeit, die vor der Ungewissheit des Kapitalaufbaus zurückschreckt und dann zur Kompensation des schlechten Gewissens Alibis der »Wirtschaftsethik« und der Spenden für zeitgeistige Agenden ohne jede Lösungsverantwortung sucht.

Die Gier nach möglichst schnellen Erträgen oder Anerkennung läuft dem Unternehmertum eigentlich zuwider, weil sie innovative Kapitalstrukturen in der Ungewissheit abseits aktueller Marktdaten verunmöglicht. Diese Gier ist eine Nehmereinstellung, die Konsum bedeutet. Kapitalkonsum kann sich wie Produktion anfühlen. Unternehmer haben den »Nehmer« leider schon im Namen, eine weitere unschöne Seite der historischen Erblast von Privilegiennehmern, Steuereinnehmern und Subventionsnehmern. So ist es reines Profitstreben, das *Venture Capitalists* heute dazu bewegt, ausschließlich in Unternehmensgründungen einzusteigen, die schon alle Förderungen »abgeholt« haben.

Im Zuge des immer panischeren Versuchs, die Wirtschaft zu steuern, fluten Zentralbanken die Welt mit Geld. Doch diese reflationäre Politik kann ihr Ziel nur dann erreichen, wenn die hineingepumpten Geldmittel auch in der Realwirtschaft ankommen. Der Zweck freilich ist niemals erreichbar, nämlich den Markt vorübergehend mit Liquidität zu versorgen und diese dann zeitgerecht abzuziehen. Wie die Wiener Schule so präzise erklärt, ist dies bloß Hybris der Zentralbanker, denn die entstehenden Verzerrungen können durch zentrale Steuerung über die Geldpolitik nicht mehr behoben werden. Genauso wie ein Organismus am regelmäßigen Vollfressen und Nachhungern eingehen kann, nimmt die Realwirtschaft an dieser wenig nachhaltigen monetären Bulimie Schaden.

Doch warum wird nun selbst das kurzfristige Ziel der monetären Zwangsernährung der Wirtschaft nicht erreicht? Nur wenn das neugeschöpfte, virtuelle Geld für realwirtschaftliche Werte mit geringerer Liquidität eingesetzt wird, kann es in der Realwirtschaft ankommen. Wird es jedoch für Werte ausgegeben, die hochliquide sind, werden die neuen Mittel schlicht »geparkt« und gelangen nicht in den Wirtschaftskreislauf. Das führt zu einem Paradoxon, das die Steuerungsabsicht der Zentralbanken hintertreibt: Je inflationärer die Politik, desto größer die Prämien für das Halten reiner Finanzwerte. Geht der Realzins gegen null, steigen die Preise von Finanzwerten scheinbar endlos in die Höhe. Für das Parken von Geldern ist nun keine Gebühr zu bezahlen, sondern man verdient noch eine Prämie dafür. Immer neue Felder werden zu monetären Parkplätzen. Umlaufende Mittel werden aus realer Wirtschaftstätigkeit entzogen, um scheinbar risikolose Prämien zu erzielen. Daher erzeugt inflationäre Politik, sobald sie absehbar geworden ist, einen deflationären Sog, der reales Kapital und reale Ersparnisse absaugt und in Finanzwerte führt.

Die einzige Möglichkeit, die Wirtschaftsmanipulation aufrechtzuerhalten, ist dann direkte Staatsintervention. Der Staat nimmt die geschaffenen Kredite bei den Zentralbanken auf und pumpt das Geld durch staatliche Projekte in die Wirtschaft. So entsteht eine Parallelstruktur Potemkinscher Unternehmungen, welche die reale Kapitalstruktur weiter zerstören. Unternehmer stehen vor dem Dilemma, sich entweder durch dieses Staatsunternehmertum den Boden unter den Füßen abgraben zu lassen oder daran zu partizipieren. Die Anreize sind klar. Der neue Staatsunternehmer des Papiergeldzeitalters unterscheidet sich von dem des feudalen Zeitalters. Es handelt sich um Projektemacher mit staatlichen Apanagen, die von Nachhaltigkeit schwafeln und von Gala zu Gala wandern, um *Networking* zu betreiben und Auszeichnungen abzuholen. Letztere sind keine Orden und Medaillen mehr wie damals, sondern Prämien für zeitgeistige Ansichten und *coole* Inszenierungen von Themen, Technologien und Moden, die gerade *hypen*. Für willige Nehmer gab es noch nie so viel zu nehmen wie heute, und ein bisschen dafür zu geben, tut nicht sehr weh.

Widerstand oder Opportunismus

Die Möglichkeit eines Unternehmerstreiks als Alternative zum Ausnehmen oder Ausnehmen-Lassen beschrieb Ayn Rand fiktiv in ihrem berühmten Roman *Atlas Shrugged* (deutscher Titel: »Wer ist John Galt?«). Dabei handelt es sich um eine literarische Dystopie eines Wirtschaftsraums, der sich durch Kapitalkonsum, schwindendes Unternehmertum und wachsende Unachtsamkeit auflöst. Der Held des Romans, John Galt, ein Unternehmer, der die Nase voll hat, macht die politischen Eliten und die mitlaufenden Massen dafür verantwortlich und tadelt sie:

> Ihr schlagt vor, eine soziale Ordnung auf den folgenden Grundsätzen zu errichten: dass ihr unfähig seid, euer eigenes Leben zu führen, doch fähig, das Leben anderer zu regieren; dass ihr unfähig seid, in Freiheit zu leben, doch fähig, allmächtige Herrscher zu werden; dass ihr unfähig seid, euren Lebensunterhalt durch eure eigene Intelligenz zu verdienen, doch fähig, Politiker zu beurteilen und sie in Ämter zu wählen, die ihnen absolute Macht verleihen über Künste, die sie nie erlernt haben, über Wissenschaften, die sie nie studiert haben, über Leistungen, von denen sie keine Ahnung haben, über gigantische Industrieunternehmungen, in denen sie, gemessen an eurer eigenen Definition eurer Fähigkeiten, unfähig wären, auch nur den Posten eines Hilfsarbeiters zufriedenstellend auszufüllen.[128]

Nach und nach ziehen sich die Unternehmer in den Untergrund zurück und verlassen ihre Unternehmen, um den Zerstörern ihrer Gesellschaft nicht mehr dienen zu müssen. Sie treten in den Unternehmerstreik und leisten dadurch Widerstand. Galt spricht dazu persönlich Unternehmer an und überzeugt sie, mit dem Establishment zu brechen und sich nicht länger ausnehmen und ausbeuten zu lassen. Er ruft sie zum Heldentum auf gegen eine Welt, die den produktiven Menschen als Opfertier und Sündenbock missbraucht. Den Stolz nennt er eine Tugend und rühmt Verstand und Entscheidungskraft als Essenz des Menschseins.

Das Pathos mag etwas übertrieben sein. Es steht Unternehmern des Papiergeldzeitalters auch nicht wirklich zu. Für die überzeichneten industriellen Helden, die Ayn Rand beschreibt, finden sich nicht viele reale Entsprechungen. Wenige Erfinder wurden zu großen Unternehmern, und das Wachstum der Großindustrie ist allzu eng mit Politik und Banken verbunden. Dennoch war Rands Roman prophetisch: Er zeigte er die Folgen des Kapitalkonsums auf, als ihn noch niemand spürte – sie sagte korrekt die Deindustrialisierung der USA voraus. Natürlich ist Industrie nicht gleichbedeutend mit Kapital, doch diese Entwicklung hängt eindeutig mit der Umstellung der amerikanischen Wirtschaft zusammen: Von realer Güterproduktion ging es in Richtung Dollar- und Schuldenproduktion, die aufgrund des Leitwährungsstatus und der militärischen Dominanz eine Konsumorgie bei sinkender Eigenproduktion ermöglichte. Andererseits sagte Rand die Entstehung einer Parallelwelt des Unternehmertums voraus: auf der einen Seite die staatstragenden Systemgünstlinge, auf der anderen Seite das Entfliehen unternehmerischer Begabung in weniger regulierte Bereiche. Insbesondere das Internet eröffnete hier neue Möglichkeiten. Es hat zwar staatliche Wurzeln, entzieht sich aber bis heute völliger staatlicher Kontrolle. Die digitalen Freiräume sind auch aktuell das spannendste Grenzland *(frontier)* des Unternehmertums. Ayn Rand beschrieb die unternehmerische Parallelwelt in einem durch Technik unsichtbar gemachten Refugium: *Galt's gulch* nach dem Romanhelden.

Solche unternehmerischen Parallelwelten sind unvermeidbar. Der Unternehmer zeichnet sich gerade dadurch aus, Entwicklungen zu sehen, die anderen verborgen bleiben, und im Geiste die Vision einer alternativen Welt, einer alternativen Struktur zu erkennen. Er transzendiert das Bestehende und lebt im Möglichen, das anderen unmöglich erscheint. In einer Marktwirtschaft, in der alternative Wertschöpfung durch innovative Neuordnung von Ressourcen kein Verbrechen ist, in der Ehrlichkeit am längsten währt und Verlässlichkeit der Regeln, des Geldwerts, der Versprechen gilt, fließt die meiste unternehmerische Energie in den Dienst am Nächsten. In einer solchen Bürgergesellschaft wird das industrielle Unternehmertum ergänzt um soziales und kulturelles Unternehmertum, das neben dem materiellen Dienst, der manchmal zu kurz greift, die Mitmenschen auch in geistige Höhen mitträgt.

Sobald der Bürger nicht mehr bürgt, sondern borgt, sobald er versucht, auf Kosten aller anderen zu leben, und produktives, soziales und kulturelles Kapital nicht mehrt und bewahrt, sondern konsumiert, wird die unternehmerische Energie in andere Bereiche abgedrängt. Der *Entrepreneur* wird zum *Contrepreneur*, um der französischen Sprache eine schöne Analogie zu entleihen. Die englische Analogie sieht darin nur den *con man*, den Gauner und Schwindler, die Franzosen nennen das Arschloch *con*. Der Narzissmus und Pragmatismus der unternehmerischen Seele können unter verzerrten Bedingungen das

Maß verlieren, wodurch der Unternehmer zum *undertaker* wird, zum Totengräber des Unternehmertums. Der Unternehmer wird dann zum *Promoter* der Verzerrung.

Ein anschauliches Beispiel liefert der Kobra-Effekt, wie realistische Ökonomen in der Tradition der Wiener Schule das unternehmerische Reagieren auf falsche Anreize nennen. Die (nicht belegte) Geschichte aus Britisch-Indien geht so: Als politische Intervention gegen eine Schlangenplage verspricht ein Amt eine Prämie für jede abgelieferte tote Kobra. Diese auf den ersten Blick gute Idee, die private Energie und Kreativität für gemeinschaftliche Zwecke nutzen soll, hat einen schwerwiegenden Haken: Die Anreize stellen nicht auf eine Reduktion der Schlangenpopulation an sich ab, sondern auf die Maximierung toter Schlangen. Und da jede tote Schlange vorher lebendig war, bedeutet eine Maximierung toter Schlangen zugleich eine Maximierung der Schlangenpopulation. Somit besteht nun ein klarer Anreiz zur geheimen Schlangenzucht, um dann hohe Prämien zu kassieren.

Dieses Muster erkennt nicht jeder. Bei manchen führen moralische Prinzipien zu einer Denkblockade über solche »Ausnutzungsmöglichkeiten«. Der unternehmerische Pragmatismus erscheint dabei als prinzipienlos, so wie die Ökonomik, die solche Dynamiken prognostiziert, als zynisch interpretiert wird. Es braucht für die Nutzung jener beschriebenen Schlangenopportunität die typisch unternehmerische Kombination von Renitenz – jene Selbstgewissheit, die im Extremfall narzisstisch sein mag – und pragmatischem Opportunismus – jene Mustererkennung ohne Denkverbote und Vorbehalte. Statt Narzissmus und Prinzipienlosigkeit können wir auch von Rückgrat und Empathie sprechen, um aufzuzeigen, dass die zwei Pole nicht eindeutig negativ sind, sondern jeweils eine sehr wichtige positive Seite haben.

Wo sind Rückgrat und Empathie im Schlangenbeispiel? Ohne Einfühlungsvermögen keine Mustererkennung, die schließlich auf der Antizipation der Dynamiken menschlichen Handelns beruht. Im konkreten Fall ist es die Einfühlung, dass der jeweilige Beamte sich de facto nicht weniger Schlangen, sondern mehr tote Schlangen wünscht. Natürlich treten hierbei zwei Schwierigkeiten auf, welche den Begriff Empathie an seine Grenzen bringen und Opportunismus als bessere Bezeichnung erscheinen lassen: Einerseits ist der entstehende »Schlangenmarkt« künstlich geschaffen und resultiert nicht aus realer

Nachfrage. Tatsächliche Kunden für Schädlingsbekämpfung geben kein »Kopfgeld« aus, sondern erwarten eine reale Reduktion oder Beseitigung eines konkreten Übels. Andererseits stammen die Mittel für die Prämien nicht aus produktiver Tätigkeit oder Ersparnissen, sondern aus Zwangsgebühren, die andere, ob sie wollen oder nicht, abliefern müssen. Die Situation ist also zweifach verzerrt: Die Konsumentensouveränität tritt hinter ein Primat der Politik, und die Menschen folgen offenbar mehrheitlich der Illusion, nicht als Akteure oder Kunden Lösungen für ihr Schlangenproblem finden zu können, sondern durch eine auf Gemeinschaftsentscheidung basierende, simulierte Marktlösung. Das führt zur Kombination des Schlechtesten zweier Welten. Dann ist es fast unvermeidlich so, dass Unternehmer als Schlangenzüchter auftreten, dass diejenigen, die als Profiteure der Verzerrung dieselbe vorantreiben, eben die überdurchschnittlich unternehmerischen sind.

Darf man die Schlangenzüchter Unternehmer nennen? Würde ein echter Unternehmer nicht den Menschen dienen, die ein Interesse an effektivem Schlangenschutz haben? Diese moralische Aufladung des Unternehmerbegriffs ist nicht sinnvoll. Am Markt gilt: Wer zahlt, schafft an. Natürlich kann sich der Unternehmer als Mensch seine Kunden aussuchen und auf Vorteile verzichten. In einer Marktwirtschaft, in der sich durch erfolgreiche Wertschöpfung mehr als durch Gewalt und Täuschung ver*dienen* lässt, wird der tugendhafte Unternehmer eher Erfolg haben. Doch die Ökonomik ist wertneutral und damit auch das Unternehmertum als ökonomische Funktion.

Der Schlangenzüchter ist ein Beispiel für den Typus des Projektemachers, wie ihn Daniel Defoe beschrieb. Auf Neudeutsch könnte man vom *Checker* sprechen. Dabei handelt es sich um jene besonders geschickten Akteure, die aufgrund ihrer Netzwerke und ihrer Schlauheit (bis hin zur Gerissenheit) allerlei Lücken als erste zu schließen und auszunützen vermögen. Dieser Unternehmertypus übernimmt zwar durchaus eine wichtige Funktion; das Überhandnehmen dieses Typus ist aber stets ein negatives Zeichen. Denn er gedeiht besonders, wenn der gesellschaftliche Rahmen zerstört ist. Der Spielfilm *Der dritte Mann* ist beispielsweise ein gelungenes Porträt jener Zeit, als in Wien diese spezifische Unternehmerkultur florierte. Es handelt sich um die Besatzungszeit nach dem Zweiten Weltkrieg, die teils unentschlossene Planwirtschaft, teils chaotische Mangelwirtschaft war. Ein ähnliches Überhandnehmen der Projektemacher kann man stets im real existierenden Sozialismus beobachten. Dort wurden bis zu 40 Prozent aller Güter über den Schwarzmarkt besorgt. Freilich ist diese Güterversorgung gutes und wertschöpfendes Unternehmertum, doch je totalitärer die Verhältnisse, desto mehr ist die Gunst des Systems für die Ausnützung seiner Lücken nötig. Dann verdienen zynische Systemgünstlinge am künstlich geschaffenen Mangel, führen Parteigranden ein Luxusleben mit Devisen, und Erpressung, Abhängigkeitsverhältnisse sowie Kontakte nach oben werden zu notwendigen »Produktionsfaktoren«.

Leider kann es sich eben durchaus um schlechte Projekte handeln, die der Projektemacher unternimmt, weil sie unter den Verhältnissen einerseits einen Vorteil versprechen, andererseits von anderen übersehen werden. Da seine Funktion einen eiskalten Opportunismus voraussetzt, darf man sich auf seinen moralischen Kompass nicht verlassen. Der Projektemacher, zu dem viele heute erfolgreiche Unternehmer zu zählen sind, würde auch seine Großmutter verkaufen. Er nützt Beziehungen und Zugang zu Informationen, Krediten und Aufträgen zu seinem Vorteil, der in einer verzerrten Volkswirtschaft leider allzu oft der Nachteil seiner Mitmenschen ist.

Ein diesem ähnlicher Realtypus, aber mit anderer Betonung, ist jener Unternehmer, der dem historisch am häufigsten anzutreffenden Wortsinn entspricht und uns demnach in der historischen Darstellung vorwiegend begegnete: der Staatsunternehmer. Bei diesen Betriebsführern handelt es sich *de facto* um ausgelagerte Beamte mit Führungsfunktion, denn ihre Haupteinnahmequelle sind Steuermittel oder Inflationsmittel (Inflation ist eine versteckte Steuer). Ihre Unternehmen werden direkt über Staatsaufträge oder Subventionen finanziert, sie leben von den Aufträgen anderer Staatsunternehmen oder aber sie partizipieren durch besondere Bankennähe an der Inflationierung – entweder durch eigene Kreditvergabe, durch Aufträge von Kreditgebern oder durch überwiegende Kreditfinanzierung. Diese Unternehmen sind in der Regel besonders groß, weisen Managergehälter in absurder Höhe auf und betreiben Lobbying.

Eine andere Art des *Contrepreneurship* ist das Unternehmertum jenseits der offiziellen und legalen Wege, sofern diese zu eng werden. Ayn

Rands Vision der unternehmerischen Parallelwelt abseits zu Tode regulierter Pfade mag von ihrer russischen Herkunft inspiriert sein. *Contre* bedeutet dann »gegen« – als Benennung für das, was der amerikanische Anarchist Samuel Edward Konkin III Gegenökonomie (*Counter-Economy*) nannte. Wie Rand würdigte Konkin diese Parallelwelt im wirtschaftlichen Untergrund als wichtige Widerstandsbewegung gegen die politische Instrumentalisierung des Unternehmertums. Seine Definition lautete wie folgt:

> Die Gegenökonomie ist die Summe aller nichtaggressiven menschlichen Handlungen, die durch den Staat verboten sind. Gegenökonomik ist das Studium der Gegenökonomie und ihrer Praktiken. Die Gegenökonomie umfasst den freien Markt, den Schwarzmarkt, die »Untergrundwirtschaft«, alle Akte zivilen und sozialen Ungehorsams, alle Akte verbotener Vereinigung [...] und alles sonstige, was der Staat zu irgendeiner Zeit an irgendeinem Ort zu verbieten, kontrollieren, regulieren, besteuern oder verzollen gedenkt. Die Gegenökonomie schließt alle staatlich genehmigten Handlungen (den »Weißmarkt«) und den »Rotmarkt« (nicht durch den Staat genehmigte Gewalt und Diebstahl) aus.[129]

Ein großer Teil der vergangenen *Contrepreneurships* auf Schwarzmärkten war auf die staatliche Verfolgung freien Unternehmertums zurückzuführen. Die Gründe waren stets Neid oder Kontrollwahn. Der real existierende Sozialismus führte zu Massenmord an Unternehmern, folgte dabei aber bloß dem Vorbild der Französischen Revolution. Damals schon wurden Vermögende guillotiniert, um sie zu enteignen. Das Revolutionsgericht erfand für sie ein eigenes Delikt – den *négociantisme,* nach dem französischen Wort *négociant* für Händler oder Kaufmann. So mussten sogar mehr Unternehmer als Aristokraten den Gang auf das Schafott antreten.

Leider ist Konkins Definition etwas irreführend, suggeriert sie doch, dass ein staatliches Verbot das Verbotene per se moralisch aufwerte. Aber sein Gedanke ist nicht ganz falsch, wenn wir das Beispiel von zwei Unternehmern vergleichen, eines »schwarzen« und eines »weißen«, eines *Contrepreneurs* und eines *Entrepreneurs:* Der eine verkauft illegal selbst angebautes Marihuana, der andere legal Benzin. Die Folgen der ersten Transaktion sind das Verdienst, der Kundennutzen, der potentielle Kundenschaden und potentielle Externalitäten. Die Folgen der zweiten Transaktion unterscheiden sich von der ersten dadurch, dass ca. 80 Prozent des Verdienstes an den Staat gehen. Die Externalitäten betrachten wir der Einfachheit halber als ungefähr gleich (Emissionen, evtl. Belastung Dritter durch Beeinträchtigung bzw. Straßenverkehr). Die Bewertung hängt nun am Vergleich des Kundennutzens oder -schadens durch Marihuana auf der einen Seite und des potentiellen Nutzens oder Schadens durch die Mittelvermehrung des Staates. Ein typischer Staatsbürger käme wohl zum Schluss, dass dieser Vergleich klar zuungunsten des *Contrepreneurs* ausginge: auf der einen Seite gesundheitliche Beeinträchtigung, auf der anderen gemeinwohlfördernde (z.B. volksgesundheitssteigernde) Aufwendungen. Doch die staatsskeptische Gegenperspektive ist nicht minder plausibel: auf der einen Seite freiwilliger Konsum eines relativ harmlosen Rauschmittels, auf der anderen Verfolgung solcher freiwilliger Akte, Unterdrückung, bis hin zum Massenmord im Krieg. Einer der berühmtesten Steuerstreikenden der Geschichte, Henry David Thoreau, führte letzteres als einen der Gründe für seinen zivilen Ungehorsam an: dass der per Steuer eingetriebene Dollar einen Mann und ein Gewehr kaufen könne, um jemanden zu erschießen.[130]

Heute wird über Staatsaufwendungen mehr Gemeinwohl-Schädliches als Gemeinwohl-Nützliches finanziert. Das Ausmaß an staatlich begünstigter Verzerrung, Drangsalierung, Kapitalvernichtung und damit Armutsproduktion überwiegt die positiven Effekte politischer Bemühungen. Das bedeutet aber noch längst nicht, dass jede »weiße« Unternehmung schädlicher wäre als jede »schwarze« Unternehmung. Noch ist es, wenn auch immer schwieriger, in Europa durchaus noch möglich, auf legalem Wege Wert für andere Menschen zu schaffen.

Leider schwindet der Sinn des Unternehmertums mit dem Schwinden der Werte. Wenn wir den subjektiven Wertschätzungen, die der Markt vermittelt, nicht mehr vertrauen können, sehnen wir uns stärker nach objektiven Maßstäben. Das steht hinter der Mode der »Wirtschaftsethik«, die allerdings meist bloß eine Fassade schöner Worte errichtet, hinter der Akademiker für sich Einkommensposten abseits der Marktdisziplin suchen. Schon Carl Menger, der sich wie kaum ein anderer darum verdient gemacht hat, den ökonomischen Wertbegriff von falschen Objektivismen zu befreien, quälten einige Vorbehalte hinsichtlich subjektiver Irrtümer, die zu Scheingütern führen könnten. Seine Schüler sollten ihn dereinst für die Vorbehalte rügen, denn sie stellen bemerkenswerte Widersprüche dar. Doch Widersprüche sind manchmal wertvoller als zurechtgefeilte Systematik, wenn sie die Widersprüchlichkeit der Wirklichkeit abbilden. Menger beobachtete folgende »Eigentümlichkeit«, die zu seinen überraschend normativen Vorbehalten führte:

> Ein eigenthümliches Verhältniss ist überall dort zu beobachten, wo Dinge, die in keinerlei ursächlichem Zusammenhange mit der Befriedigung menschlicher Bedürfnisse gesetzt werden können, von den Menschen nichts destoweniger als Güter behandelt werden. Dieser Erfolg tritt ein, wenn Dingen irrthümlicherweise Eigenschaften, und somit Wirkungen zugeschrieben werden, die ihnen in Wahrheit nicht zukommen, oder aber menschliche Bedürfnisse irrthümlicherweise vorausgesetzt werden, die in Wahrheit nicht vorhanden sind. [...] Zu den Dingen der ersteren Art gehören die meisten Schönheitsmittel, die Amulette, [...], Wünschelruthen, Liebestränke u. dgl. m. [...]. Zu den Dingen der zweiten Art gehören Medicamente für Krankheiten, die in Wahrheit gar nicht bestehen, die Geräthschaften, Bildsäulen, Gebäude [... für Götzendienste ...]. Solche Dinge nun, welche ihre Güterqualität lediglich aus eingebildeten Eigenschaften derselben, oder aber aus eingebildeten Bedürfnissen der Menschen herleiten, kann man füglich auch eingebildete Güter nennen.[131]

Menger bezieht sich hierbei auf Aristoteles, der in seiner Schrift über die Seele den Appetit dem Geist gegenüberstellt. Je nachdem, welchem Beweggrund die Menschen folgen, seien die von ihnen präferierten Güter zu beurteilen:

Nun liegt der Geist immer richtig, doch der Appetit und die Einbildung können auch falschliegen. Obwohl es stets das Objekt des Appetits ist, das die Bewegung hervorruft, kann dieses Objekt folglich entweder das reale oder das eingebildete Gut sein.[132]

Freilich hat das »Gut«, von dem Aristoteles spricht, wenig mit dem ökonomischen Gut zu tun, das Menger analysiert. Moderne *Austrian Economists* versuchen diese schlampige Lücke in der vermeintlichen Wertneutralität meist durch die normative Annahme des Individualismus zu stopfen. Wann sind *goods bads*, wann sind Güter Ungüter?

»Wenn sie von den handelnden Individuen nicht freiwillig gewählt werden« – das ist eine durchaus plausible Antwort, beseitigt die Schlampigkeit aber nicht.

Interessant ist jedenfalls, dass Menger in seiner normativen »Entgleisung« (wie Ludwig von Mises nicht ganz zu Unrecht klagte) eine ideengeschichtliche Pointe verpackt. Das zugrunde liegende Verständnis des »Guten« wird bei ihm nämlich auf den Kopf gestellt. Bei Aristoteles und nahezu allen abendländischen Denkern wurden als Scheingüter die materiellen Verlockungen der realen Welt gesehen, während die wahren Güter metaphysischen Charakter hätten und der Ewigkeit gewidmet seien. Bei Menger ist es genau umgekehrt: Er rückt die Religion verdächtig nahe zu den Scheingütern – die wahren Güter hingegen seien praktischer Natur, sie funktionieren, indem sie helfen, unsere Ziele zu erreichen. Menger ist mit diesem Zugang überraschend modern und damit in unserer Postpostmoderne schon wieder Schnee von gestern. Es genügt der Hinweis auf das »wissenschaftlich erwiesene« Placebo, um seine Argumentation auszuhebeln. Der Glaube, und damit leider auch die Einbildung, versetzt manchmal doch Berge. Sein Fortschrittsglaube verging dem alten Menger spätestens dann, als er ansehen musste, wie groteske Einbildungen plötzlich bittere Realität wurden, bequeme Bedürfnisbefriedigung für eine Weile beiseitewischten und seine Welt zerstörten. Ludwig von Mises teilte diese bittere Erfahrung und auch den Fortschrittsglauben, der sich nicht enttäuschen lassen wollte, doch das »Bewerten« war ihm gehörig vergangen. Daher die Kritik an seinem großen Lehrmeister.

Menger bot eine sehr brauchbare Definition des Gutes an, doch er ahnte, dass allerlei »untaugliche Güter« nachgefragt werden. Mises zog die Konsequenz, dass es keinen Sinn ergebe, manche Güter zu »Scheingütern« zu erklären, denn das könnte man letztlich von allen Gütern sagen. Wann ist denn ein Gut untauglich? Es geht hier nicht um den einmaligen Irrtum, der schnell korrigiert werden kann. Das Getränk, das man ausprobiert, weil man noch nicht weiß, dass es einem nicht schmecken wird, wäre kein »Scheingut«. Das Wässerchen ohne Wirkstoff, das wiederholt als Heilmittel nachgefragt wird, hingegen nach Menger schon.

Was wäre nun eine mögliche Warte, von der aus sich Wertungsmuster kritisch betrachten ließen? Ein altes Vorurteil ist es, dass die »Realwirtschaft« im Gegensatz zur Scheinwirtschaft an ihrer physischen Grundlage erkennbar wäre. Dieser Zugang entstammt der Schule der Physiokraten, die großartige Ökonomen hervorbrachte. Leider aber eben auch den Irrtum, dass der »Boden« und alles ihm mit echtem Schweiß Abgerungene ökonomisch »realer« wären als unsere nachgelagerten Dienste und Tauschakte. Momentan scheint sich diese Perspektive gerade zu bewahrheiten. Der virtuellen Scheinökonomie der Dienstleistungsgesellschaft geht die Luft aus und es drängt zum Physischen. Doch Carl Menger warnte einst vor der Konzentration auf das rein Physische:

> Die Meinung, dass lediglich die physischen Bedürfnisse Gegenstände unserer Wissenschaft seien, ist irrig, die Auffassung unserer Wissenschaft als einer bloßen Theorie der physischen Wohlfahrt der Menschen unhaltbar. Wir vermöchten, wie wir sehen werden, die Erscheinungen der menschlichen Wirtschaft nur in höchst unvollständiger Weise, zum Teile überhaupt nicht zu erklären, falls wir uns auf die Betrachtung der physischen Bedürfnisse der Menschen beschränken wollten.[133]

Die alchemistische Kunst des guten Unternehmers, Wertvolleres aus weniger Wertvollem hervorzubringen, ist der Funktion des Künstlers nahe verwandt. Nicolas G. Hayek, der verstorbene Präsident der Swatch-Group, bestätigte dies. In einem Interview antwortete er auf die Frage, warum er als nüchterner und knallharter Geschäftsmann so viel übrig habe für so Romantisches wie Kunst:

> Nennen Sie mich nie mehr Geschäftsmann oder knallhart – das sind zwei Attribute, die gar nicht zu mir passen. Schon das Wort Geschäftsmann lässt meine Haare zu Berge stehen. Ich bin Unternehmer und Künstler in Gedanken. [...] Jeder echte Unternehmer ist ein Künstler. [...] Ich möchte jungen Menschen die Botschaft vermitteln, dass Unternehmertum etwas Kreatives ist [...]. Das ist kein knallhartes Paff-Paff. Unternehmertum ist nicht für Harvard-Absolventen und Philosophen reserviert. Die meisten glauben noch immer, dass es nur darauf ankommt, bis Ende des Jahres möglichst viel Geld zu verdienen. [...] Wenn Sie erfolgreich sein wollen, müssen Sie sich aber vor allem die Fantasie eines Sechsjährigen bewahren. Ich habe, seit ich jung war, immer nur gehört, was alles nicht geht.

> Man muss die Gesellschaft aber hinterfragen, sie provozieren, und das habe ich mein Leben lang getan. Ich bin bis heute ein Rebell geblieben.[134]

Wenn es keine Objektivitäten im Subjektiven gäbe, keine menschliche Natur, keine Schönheit, keine Wahrheit, dann wären der Unternehmer und der Künstler nichts als Täuscher. In unserer Wirklichkeit realer, fehlbarer Menschen wird es immer Täuschungen geben. Doch können sie für immer Bestand haben? Sollen wir in unserem Leben auf die Karte der Täuschung oder die der Ent-Täuschung setzen?

Scheingüter in diesem Sinne zeigen einen interessanten Wellencharakter. Ihre vermeintliche, plötzlich bewusste, besonders bequeme und rasche Tauglichkeit führt zu anfänglicher Euphorie. Doch die Tauglichkeit hat einen flüchtigen Charakter: Die Euphorie wird immer atemloser, steigert sich zur Panik, die verheißenen Tauglichkeiten bloß nicht zu versäumen. Sodann stellt sich heraus, dass sich die besonders taugliche Wirksamkeit auf untaugliche Ziele bezog. Pseudo-Ziele, bei denen es sich um schnelle Substitute für das eigentlich Wertvolle handelt. Die Ent-Täuschung wird langsam spürbar. Man will es nicht wahrhaben, versucht zu ignorieren und zu verdrängen. Die Zweifel nehmen zu und steigern sich wiederum zur Panik. Niemand will der letzte Dumme sein. Dieser Illusionszyklus spiegelt den Konjunkturzyklus im Kleinen wieder. Darum mehren sich im Papiergeldzeitalter die Scheingüter.

Jörg Guido Hülsmann kritisiert die Theorie von Ludwig von Mises, der davon ausging, dass Inflation jene Verzerrung sei, welche Unternehmer in die Irre führen würde. Doch erfolgreiche Unternehmer, so argumentiert Hülsmann, zeichnen sich gerade dadurch aus, Veränderungen antizipieren zu können. Auch Inflation lässt sich antizipieren, so wie jede andere Preis- und Wertänderung. Er schloss, dass die Essenz des Konjunkturzyklus sein muss, das Ausmaß der Veränderung nicht zu erkennen – weil man darüber getäuscht wurde. Er verwendet gar das harte Wort vom Betrug:

> Wir sind hier mit einer zweiten Art von Konjunkturzyklus konfrontiert. Die erste Art, die die traditionelle Misesianische oder Österreichische Konjunkturzyklustheorie umfasst, entspricht der Beobachtung des Hausverstandes, dass glatter Betrug letztlich entdeckt werden muss. Die zweite Art

> hingegen legt einen Schluss nahe, den wir aus der Analyse des Sozialismus kennen, nämlich, dass ungerechte Institutionen nicht ewig bestehen können. Aufgrund der Logik des Handelns selbst müssen sie entweder wachsen und die Gesellschaft zerstören oder in einer krisenartigen Situation zerstört werden.[135]

Die Ent-Täuschung erfolgt niemals sofort, sondern zeigt eben jenes typische Zyklenverhalten, das im Kleinen bei Scheingütern und im Großen bei Scheininstitutionen auftritt. Denn zwischen der Fehlentscheidung, so Hülsmann, und der Entdeckung, dass sie falsch war, liegt stets eine gewisse Zeitspanne. Nach dem Aufdecken der Irrtümer kommt eine Phase der Er-Nüchterung, in der das Ausmaß des in der Vergangenheit angerichteten Schadens erkannt wird. Nach der Einsicht über die realen Möglichkeit werden die Handlungen wieder auf eine vernünftige Grundlage gestellt – bis zum nächsten Irrtum.

Was aber unterscheidet Schein und Irrtum von der Realität? Das Problem, das der Subjektivismus der Wiener Schule betont, liegt eben darin, dass niemand im Vorhinein vollkommen sicher sein kann, ob seine Werte nicht bloß Scheinwerte sind. Erst im Nachhinein lässt sich manchmal absehen, was wahr und was falsch, was gut und was schlecht, was schön und was hässlich war. Diese Einsicht ist niemals vollständig und manchmal braucht sie Generationen. Wir wissen noch nicht, was als realer Boden nach dem Papiergeldzeitalter übrig bleiben wird. Welche Werke, welche Ideen, welche Bauten, welche Güter werden von heutigen Unternehmern bleiben? Das was bleibt, sind in der Regel Werke, die zeitloser sind, weil sie in der Realität wurzeln und so abseits momentaner Hypes Bedeutung haben. Weder Ökonomik noch Geschichte können hierzu klare Vorgaben machen, es bleibt dem Mut und der Klugheit des Unternehmers überlassen, Besseres zu wagen. Ein kurzfristiges Verständnis des Unternehmertums, dass das Bessere jenseits aktueller Konsumentennachfrage und jenseits des gegenwärtig Möglichen negiert, das sich nur momentanen Wünschen andient und die momentan einfachsten Wege wählt, ist selten lange von Bestand. Es ist der Wettbewerb nach unten anstelle der unternehmerischen Veränderung nach oben.

Das ist der schönste mögliche Wortsinn des *Contrepreneurship*. Nicht nur opportunistisches Ausnützen von aktuellen Möglichkeiten (*con men*), nicht nur Gegenwirtschaft (*counter-economy*), sondern visionäres Arbeiten an einer Gegenwirklichkeit, die besser ist, weil sie den wirklichen Wünschen und Zielen realer Menschen langfristig eher entspricht und deren verstecktem Potential eher angemessen ist. Doch ist es wirklich sinnvoll, den eher negativen Begriff *Contrepreneur* positiv zu besetzen? Sollten wir diesen nicht für die Pseudo-Unternehmer reservieren und im Gegensatz zu diesen den wahren *Entrepreneur* loben? Diesen Gefallen macht uns die Sprache leider selten. Wörter bleiben stets am dominanten Gebrauch hängen, neue Differenzierungen benötigen stets neue Wörter. Sprache ist so wie Wirtschaft eine spontane Ordnung, sie beruht auf dem Handeln der Menschen. Gebote und Verbote setzen Macht und damit Gewalt voraus. Wer ohne Gewalt verändern möchte, muss neue Vorschläge machen und neue Wege beschreiten.

Dieses eigentliche Unternehmertum im ökonomischen Sinn der Wiener Schule ist *Contrepreneurship*, weil es gegen die vorherrschenden Meinungen, gegen die aktuellen Machbarkeiten, gegen politische Widerstände, gegen bequeme Nachfrage, gegen knappe Mittel, gegen falsche Verlockungen, gegen modische Irrtümer gerichtet ist. Der Begriff *Entrepreneurship*, so zeigt die Geschichte, hat unser Augenmerk auf das Falsche gerichtet. Wir haben die Großen unserer Zeit beklatscht, anstatt die Großen von Morgen zu würdigen, wir haben den Hut vor Privilegierten und Profiteuren der bestehenden Verhältnisse gezogen, anstatt Andersmachern und Visionären den nötigen Freiraum zu lassen. Aufgrund der Begriffsunschärfe hat sich die Ökonomik verdächtig gemacht als Alibi der Prinzipienlosigkeit. Der positive Kern des Unternehmertums passt wesentlich besser zum Begriff *Contrepreneur*. Es sind die Visionäre, deren Visionen über die Zukunft besser, richtiger, stimmiger sind und die sich diese Gewissheit nicht austreiben lassen, sondern in mutige Entschlossenheit ummünzen, mit der sie die Ungewissheit der Zukunft schultern können und sie so gestalten. Im Nachhinein sind alle Besserwisser, im Vorhinein sind die Bessermacher aber von den Spinnern kaum zu unterscheiden. Deshalb sind die Betriebsführer und Manager sichtbarer als die Pioniere.

Unternehmertum beruht auf der seltenen Kombination von Renitenz und Empathie. In einer Zeit falscher Überzeugungen und mangelndem Marktzugang kann die Renitenz zum Problem werden. Dann kann die kreative Zerstörung reale Werte vernichten. Diese Übertreibung droht dann, wenn mächtige Narzissten über große Mittel verfügen können und von Marktsignalen zu abgeschirmt sind. Dann entstehen große Projekte, die der Zeitgeist bejubelt, die aber letztlich den Aufwand nicht wert sind. Der narzisstische Unternehmer mag große Visionen haben und diese renitent vorantreiben, weil er von sich absolut überzeugt ist. Doch diese Visionen müssen durch Empathie für diejenigen, die dafür zahlen sollen oder müssen, gemildert und diszipliniert werden, sonst können sie grandiose Alpträume werden.

In einer Zeit fehlenden Rückgrats und schwacher Überzeugungen, bei instantanen und verstärkten Marktsignalen durch eine digitale Massennachfrage kann jedoch auch die Empathie zum Problem werden. Dann ist die Kreativität nicht mehr störend, sondern gefällig. Dann wird Unternehmertum zum Wettlauf im Aufmerksamkeitszyklus, zum anbiedernden Verramschen. Der Unternehmer unterbietet sich selbst, bis die bequeme Nachfrage nach Illusionen dazu führt, dass billige bis kostenlose Scheingüter reale Güter verdrängen. Die vermeintliche Empathie, die keine Maßstäbe mehr setzt, verfällt der Masse. Dies geht Hand in Hand mit dem universalistischen Missverständnis von Empathie, das auch das politische Denken bestimmt: Anstelle des Forderns tritt das Fördern, das alle Menschen unterschiedslos mit einer Gießkanne falscher Empathie überschüttet, anstatt sich wirklich auf die Menschen einzulassen und auch ihre Fehler anzuerkennen. Am Ende dieser Entwicklung steht der »soziale Unternehmer«, der mit guten Intentionen um billige Anerkennung hausieren geht, anstatt reale Lösungen hervorzubringen, die den Menschen etwas wert sind. Damit sind nicht *Contrepreneure* gemeint, die auf kurzfristigen Gewinn verzichten, um im Bereich der Kultur oder Armenhilfe neue Wege zu beschreiten. Sondern jene Zeitgeist-Unternehmer, die ein passives Publikum von *social media*-Konsumenten mit immer neuen, frischen und *coolen* Illusionen beliefern, dass medial hochgeschaukelte Weltprobleme mühelos durch ein bisschen Geltungskonsum und ein bisschen *Like* und *Share* vom Sofa aus zu lösen sind.

Der *Contrepreneur* ist nicht der Vermittler zwischen dem gegenwärtigen Konsumenten und der Welt, wie der rückgratlose Unternehmer, der kurzfristig und schnell auf einer Welle mitreiten möchte, sondern der Vermittler zwischen künftigen Kunden, die nicht nur Konsumenten sind, und dem heutigen Ressourceneinsatz. Darum ist auch seine Empathie renitent, sie ist ein Sprachrohr der noch nicht gehörten und vielleicht noch gar nicht artikulierten Stimmen. Deshalb ist er vom Spinner, der Stimmen hört, die es gar nicht gibt und gar nie geben wird, im Vorhinein nicht zu unterscheiden. Doch ohne dieses empathische Gespür für die zukünftigen Wünsche, Bedürfnisse und Möglichkeiten realer Menschen und ohne das nötige Rückgrat, um gegen die Verlockungen und Widerstände der Gegenwart anzukommen, könnte die ökonomisch relevante Funktion des Unternehmertums nicht erfüllt werden. Das Unternehmertum in diesem Sinne, das renitent-empathische *Contrepreneurship*, ist notwendig, um eine Wirtschaft über die Zeit zu koordinieren. Das bedeutet, das dynamische Ungleichgewicht, das der Freiheit, Lernfähigkeit und Verschiedenheit realer Menschen entspringt, nicht tödlichem Chaos oder noch tödlicherem Plan auszuliefern, sondern die Ungewissheit der Zukunft in Gelegenheiten realer Verbesserung zu übersetzen. Ohne diese unternehmerische Energie gäbe es zwar auch Veränderung, aber es wäre kein positiver Wandel, sondern plötzlicher Schrecken. Der *Contrepreneur* nimmt der Zukunft den Schrecken, indem er sie ein wenig vorwegnimmt und vorsichtig mit der Gegenwart einen *Deal* aushandelt. Diese Art von Unternehmertum würdigte die Wiener Schule der Ökonomik, während die anderen nur die Privilegierten, Profiteure und Mächtigen sahen.

Vielleicht hat die Wiener Schule der Ökonomik bloß den falschen Begriff verwendet. Der Begriff hatte das feudale Zeitalter überlebt, das Papiergeldzeitalter wird er aber womöglich nicht mehr überleben. Dann werden die *Entrepreneure* nur noch als Arbeitsplatzbewirtschafter, als Menschenwirte und Wirtschaftsräte, als Betriebsführer und Subventionsempfänger, als Funktionäre und Alibi der Politik gesehen, und die eigentlichen Träger der Ungewissheit, die Pioniere des Erahnten und Verdrängten, die Visionäre werden sich vielleicht eher als *Contrepreneure* verstanden fühlen.

Unternehmer stehen heute unter dem immer stärkeren Druck einer scheinbar unausweichlichen Wahl: Sie können den einfacheren Weg gehen und versuchen, Macht, Massenhype und Täuschung zur Veränderung zu nutzen. In aller Regel werden sie dann zu Schurken, wie die Geschichte zeigt, weil sie ihren Gewissheiten und Interessen die Empathie opfern. Oder sie opfern sich selbst für ihre Gewissheiten auf und können als Helden in die Geschichte eingehen – meist aber wird ihr Wirken übersehen und sie werden vergessen. Der *Contrepreneur* als Visionär eröffnet einen dritten Weg auf einem ganz schmalen Grat, der viel Balance erfordert. Zu pragmatisch für den Helden, zu empathisch für den Schurken, und so renitent wie beide, nimmt er die Zukunft in machbarer, gangbarer, nützlicher und rentabler Weise vorweg. Dieser Weg wird immer schwieriger, weil die Kakophonie der Gegenwart immer lauter wird – zwischen der Panikmache der Verlierer und der Schönfärberei der Profiteure ist die Stimme der Zukunft kaum mehr zu hören. Es braucht viel Wachsamkeit, um sie zu vernehmen. Je schwieriger es wird, desto lohnender wird es aber auch, denn desto geringer ist der Wettbewerb. Abseits des Wettbewerbs, dort trainieren die *Contrepreneure* für ein ungewisses Morgen. Viele werden am morgigen Wettbewerb nicht bestehen, werden sich als Spinner erweisen – und alle anderen haben es dann natürlich besser gewusst. Doch kratzt man ein wenig am Helden, kommt manchmal auch nur ein Schurke zum Vorschein. Daher: Freiheit für Spinner – auf ihre eigenen Kosten –, denn es könnte sich so mancher als *Contrepreneur* entpuppen und uns etwas günstiger und unblutiger, das heißt um den Preis von weniger Heldentum und weniger Schurkerei, in die Ungewissheit der Zukunft hinüberhelfen.

Literatur

Andics, Helmut (1985): *Gründerzeit – Das schwarzgelbe Wien 1867*. Wien: Jugend und Volk.

Aristoteles (1998): *Über die Seele*. Hg. Horst Seidl. Hamburg: Meiner.

Bauman, Zygmunt (2000): »Vereint in Verschiedenheit«, in: J. Berggold, E. Menasse und K. Ottomeyer (Hrsg.), *Trennlinien. Imagination des Fremden und Konstruktion des Eigenen*. Klagenfurt: Drava.

Bernays, Edward L. (1928): *Propaganda*. New York: H. Liveright.

Boettke, Peter J. (1993): *Why perestroika failed: the politics and economics of socialist transformation*. London-New York: Routledge.

Braudel, Fernand (1979/1986): *Sozialgeschichte des 15.–18. Jahrhunderts. Bd. 2: Der Handel*. München: Kindler.

Breycha-Vauthier, Arthur (1972): *Österreich in der Levante*. Wien/München: Herold.

Cantillon, Richard (1755), *Essai sur la Nature du Commerce en Général*. London: Fletcher Gyles.

Carlyle, Thomas (1840/1858): *Chartism*. London: Chapman and Hall.

Carlyle, Thomas (1843/1858): *Past and Present*. London: Chapman and Hall.

Carlyle, Thomas (1849/1853): *Occasional Discourse on the Nigger Question*. London: Thomas Bosworth.

Carnegie, Andrew (1889): »Wealth« (»The Gospel of Wealth«), in: *North American Review*, Nr. 391.

Chang, Ha-Joon (2002): *Kicking Away the Ladder: Development Strategy in Historical Perspective*. London: Anthem Press.

Coase, Ronald H. (1937): »The Nature of the Firm«, in: *Economica*, Bd. 4 (16), S. 386–405.

Defoe, Daniel (1697): *An Essay Upon Projects*, London (u.a.): Cassel & Company, Ltd.

Drucker, Peter F. (1942/1995): *The Future of Industrial Man*. New Brunswick-London: Transaction Publishers.

Drucker, Peter F. (1954), *The Practice of Management*. New York: Harper.

Drucker, Peter F. (1973/2009): *Management*. Komplett überarbeitet und erweitert. 2 Bde. Frankfurt/M.: Campus.

Drucker, Peter F. (1994): »The Age of Social Transformation«, in: *The Atlantic Monthly*, November 1994, S. 53–80.

Ferguson, Niall (1998): *The House of Rothschild: Money's Prophets, 1798–1848*. New York: Viking Penguin.

Fischer, Robert-Tarek (2006): *Österreich im Nahen Osten. Die Großmachtpolitik der Habsburgermonarchie im Arabischen Orient 1633–1918*. Wien-Köln: Böhlau.

Foss, Nicolai J.; Klein, Peter G. (2012): *Organizing Entrepreneurial Judgment: A New Approach to the Firm*. New York: Cambridge University Press.

Frankl, Viktor (1946/2005): *Ärztliche Seelsorge*. Wien: Deuticke/Paul Zsolnay Verlag.

Franklin, Benjamin (1834): *Memoirs of Benjamin Franklin*. Philadelphia: McCarty & Davis.

Friedell, Egon (1927/1965): *Kulturgeschichte der Neuzeit*. München: C.H. Beck.

Fromm, Erich (1976/2009): *Haben oder Sein: Die seelischen Grundlagen einer neuen Gesellschaft*. München: dtv.

Furetière, Antoine (1691): *Dictionnaire universel, contenant généralement tous les mots françois tant vieux que modernes: T. 1*. La Haye & Rotterdam: Leers.

Galbraith, John Kenneth (1977): *Money. Whence It Came, Where It Went*. Boston: Houghton Mifflin.

Gerber, Michael E. (1995): *The E-Myth Revisited. Why Most Small Businesses Don't Work and What to do About it*. New York: HarperCollins.

Griffin, G. Edward (2006): *Die Kreatur von Jekyll Island. Die US-Notenbank Federal Reserve – Das schrecklichste Ungeheuer, das die internationale Hochfinanz je schuf*. Rottenburg: Kopp.

Hayek, Friedrich A. (1945): »The Use of Knowledge in Society«, in: *American Economic Review*, Bd. 35 (4), S. 519–530.

Hayek, Friedrich A. (1968): *Der Wettbewerb als Entdeckungsverfahren.* Kieler Vorträge, 56. Kiel: Universität/Institut für Weltwirtschaft.
Herman, Arthur (2010): *How the Scots Invented the Modern World. The True Story of How Western Europe's Poorest Nation Created Our World and Everything in It.* New York: Three Rivers Press.
Hülsmann, Jörg Guido (1998): »Toward a General Theory of Error Cycles«, in: *The Quarterly Journal of Austrian Economics,* Bd. 1 (4), S. 1–23.
Hülsmann, Jörg Guido (2002): »A Theory of Interest«, in: *The Quarterly Journal of Austrian Economics,* Bd. 5 (4), S. 77–110.
Isaacson, Walter (2011): *Steve Jobs.* München: Bertelsmann.
Jouvenel, Bertrand de (1997): *Sovereignty.* Chicago: University of Chicago Press.
Kirzner, Israel M. (1978): *Wettbewerb und Unternehmertum.* Tübingen: Mohr Siebeck.
Knight, Frank H. (1921): *Risk, Uncertainty, and Profit.* Boston: Boughton Mifflin Co.
Landes, David S. (1999): *The Wealth and Poverty of Nations. Why Some Are So Rich and Some So Poor.* New York: W. W. Norton.
Mangoldt, Hans von (1855): *Die Lehre vom Unternehmergewinn. Ein Beitrag zur Volkswirthschaftslehre.* Leipzig: Teubner.
Marx, Karl; Engels, Friedrich (1848/1959): *Manifest der Kommunistischen Partei,* in: dies.: *Werke* (MEW 4). Berlin/DDR: Dietz. S. 459-493.
Menger, Carl (1871, 2. Aufl.: 1923): *Grundsätze der Volkswirthschaftslehre.* Wien: Wilhelm Braumüller.
Mises, Ludwig von (1922): *Die Gemeinwirtschaft – Untersuchungen über den Sozialismus.* Jena: Fischer.
Mises, Ludwig von (1940): *Nationalökonomie – Theorie des Handelns und Wirtschaftens.* Genf: Editions Union.
Mises, Ludwig von (1944/1997): *Die Bürokratie.* Sankt Augustin: Academia.
Mises, Ludwig von (1949/1996): *Human Action. A Treatise on Economics.* Irvington: Foundation for Economic Education.
Mises, Ludwig von (2006): *Marxism Unmasked. From Delusion to Destruction.* Irvington: Foundation for Economic Education.
Osterhammel, Jürgen (2009): *Die Verwandlung der Welt. Eine Geschichte des 19. Jahrhunderts.* München: C.H. Beck.

Pinto, Isaac de (1771): *Traité de la circulation et du crédit*. Amsterdam: Marc Michel Rey.

Rand, Ayn (1997): *Wer ist John Galt?* Hamburg: GEWIS.

Rand, Ayn (2000): *Der Ursprung*. Hamburg: GEWIS.

Rand, Ayn (2016): *Für den neuen Intellektuellen: Eine Streitschrift gegen die pseudointellektuellen Verführer in den Medien und Universitäten*. Mises.at.

Redlich, Fritz (1964): *Der Unternehmer*. Göttingen: Vandenhoeck & Ruprecht.

Rosenzweig, Phil (2008): *Der Halo-Effekt*. Offenbach: GABAL.

Rothbard, Murray N. (1995): *An Austrian Perspective on the History of Economic Thought. Bd. 1: Economic Thought before Adam Smith*. Hants-Brookfield: Edward Elgar.

Schäfer, Max (1972): *Die Mächtigen der Wirtschaft*. Würzburg: Arena.

Scheu, René; Sloterdijk, Peter (2012): »Die verborgene Grosszügigkeit«. Interview mit Peter Sloterdijk, in: *Schweizer Monat*, Sonderthema 7, November 2012.

Schmitt, Carl (1940/1994): *Positionen und Begriffe im Kampf mit Weimar – Genf – Versailles 1923–1939*. Berlin: Duncker & Humblot.

Schoeck, Helmut (1966): *Der Neid. Eine Theorie der Gesellschaft*. Freiburg: Alber.

Schumpeter, Joseph A. (1912/1934): *Theorie der wirtschaftlichen Entwicklung*. Berlin: Duncker & Humblot.

Schumpeter, Joseph A. (1939/1961): *Konjunkturzyklen. Eine theoretische, historische und statistische Analyse des kapitalistischen Prozesses*. 2 Bde. Göttingen: Vandenhoeck & Ruprecht.

Schumpeter, Joseph A. (1942/2005): *Kapitalismus, Sozialismus und Demokratie*. Stuttgart: UTB.

Sedillot, René (1989): *Hat sich die Revolution gelohnt?* Göttingen: Steigl.

Shane, Scott A. (2008): *The Illusions of Entrepreneurship. The Costly Myths That Entrepreneurs, Investors, and Policy Makers Live By*. New Haven-London: Yale University Press.

Simmel, Georg (1900/2001): *Philosophie des Geldes*. Köln: Parkland.

Simmel, Georg (1908): »Exkurs über den Fremden«, in: ders.: *Soziologie: Untersuchungen über die Formen der Vergesellschaftung*. Berlin: Duncker & Humblot.

Skorman, Stuart (2007): *Confessions of a Serial Entrepreneur, Why I Can't Stop Starting Over*. San Francisco: Jossey-Bass.

Smiles, Samuel (1859/1866): *Selbsthilfe*. Halle/Saale: Otto Hendel.

Smith, Adam (1759/1985): *Theorie der ethischen Gefühle*. Hamburg: Meiner.

Smith, Adam (1776/1999): *Untersuchungen über Wesen und Ursachen des Reichtums der Völker*. 2 Bde. Düsseldorf: Verlag Wirtschaft und Finanzen.

Somary, Felix (1994): *Erinnerungen eines politischen Meteorologen*. München: Matthes & Seitz.

Sombart, Werner (1913): *Der Bourgeois. Zur Geistesgeschichte des modernen Wirtschaftsmenschen*. München-Leipzig: Duncker & Humblot.

Sombart, Werner (1902a/1924): *Der moderne Kapitalismus. Erster Band: Die vorkapitalistische Wirtschaft*. Zweiter Halbband. München-Leipzig: Duncker & Humblot.

Sombart, Werner (1902b/1928): *Der moderne Kapitalismus. Zweiter Band: Das europäische Wirtschaftsleben im Zeitalter des Frühkapitalismus, vornehmlich im 16., 17. und 18. Jahrhundert*. Erster Halbband. München-Leipzig: Duncker & Humblot.

Szmydke, Paulina; Hayek, Nicolas G.: Interview mit Swatch-Group-Präsident Nicolas G. Hayek, in: *Business Kurier*, 30. Juli 2009.

Taghizadegan, Rahim; Stöferle, Ronald; Valek, Mark (2014): *Österreichische Schule für Anleger. Austrian Investing zwischen Inflation und Deflation*. München: FinanzBuch.

Thiel, Peter (2014): *Zero to one. Wie Innovation unsere Gesellschaft rettet*. Frankfurt/M.: Campus.

Thoreau, Henry David (1849/1996): *Über die Pflicht zum Ungehorsam gegen den Staat*. Zürich: Diogenes.

Wallace, David Foster (1993): »E Unibus Pluram: Television and U.S. Fiction«, in: *Review of Contemporary Fiction*, 13:2.

Über den Autor

RAHIM TAGHIZADEGAN ist Wirtschaftsphilosoph, Unternehmer und Rektor des scholarium (scholarium.at) in Wien. Nach zahlreichen Lehraufträgen, u. a. an der Universität Liechtenstein, der Wirtschaftsuniversität Wien und der Universität Halle, ist er derzeit Dozent an der University of Applied Sciences in Krems und der Internationalen Akademie für Philosophie in Liechtenstein. Er ist mehrfacher Bestseller-Autor und gefragter Redner, insbesondere zum Thema Unternehmertum und der Österreichischen Schule der Ökonomie. Mit seinem Titel »Österreichische Schule für Anleger« war er für den Deutschen Finanzbuchpreis 2015 nominiert.

Nachweise

1 Rosenzweig (2008), S. 174f.
2 Sombart (1913), S. 95.
3 Sombart (1902a/1924), S. 674.
4 Braudel (1979/1986), S. 395f.
5 Smith (1759/1985), S. 264.
6 Sombart (1902a/1924), S. 838f.
7 Osterhammel (2009), S. 937.
8 Sombart (1902a/1924), S. 843.
9 Redlich (1964), S. 319.
10 Ebd., S. 256.
11 Chang (2002), S. 34.
12 Carlyle (1843/1858), S. 192.
13 Carlyle (1840/1858), S. 14 (eigene Übersetzung).
14 Carlyle (1849/1853) (eigene Übersetzung).
15 Ebd., S. 235.
16 Sombart (1902a/1924), S. 802, 806f.
17 Ebd., S. 803.
18 Ebd., S. 815.
19 Braudel (1979/1986), S. 554.
20 Ebd., S. 562f.
21 Sombart (1902a/1924), S. 844.
22 Braudel (1979/1986), S. 595ff.
23 Sombart (1902b/1928), S. 171.
24 Osterhammel (2009), S. 203.
25 Furetière (1691) (eigene Übersetzung).
26 Landes (1999), S. 143 (eigene Übersetzung).
27 Braudel (1979/1986), S. 492f.
28 Ferguson (1998), S. 15 (eigene Übersetzung).
29 Sedillot (1989), S. 275.
30 Redlich (1964), S. 315
31 Sombart (1902a/1924), S. 872.
32 Sombart (1913), S. 121.
33 Defoe (1697) (eigene Übersetzung).
34 Ebd.

35 Ebd.
36 Smith (1776/1999), S. 781.
37 Simmel (1908), S. 509.
38 Bauman (2000), S. 39.
39 Friedell (1927/1965), S. 307.
40 Sombart (1902a/1924), S. 840.
41 Simmel (1900/2001), S. 220f.
42 Redlich (1964), S. 320.
43 Franklin (1834), Bd. 1, S. 27 (eigene Übersetzung).
44 Sombart (1913), S. 162.
45 Ebd., S. 237.
46 Ebd., S. 213.
47 Ebd., S. 173, S. 191f.
48 Schmitt (1940/1994), S. 18.
49 Marx/Engels (1848/1959), S. 464.
50 Fromm (1976/2009), S. 95.
51 Braudel (1979/1986), S. 445f.
52 Rothbard (1995), S 418f.
53 Smiles (1859/1866), IX. Kapitel.
54 Herman (2010), S. 176.
55 Ebd., S. 405 (eigene Übersetzung).
56 Knight (1921), S. 228.
57 Mangoldt (1855).
58 Mises (1949/1996), S. 107 (eigene Übersetzung).
59 Cantillon (1755) (eigene Übersetzung).
60 Skorman (2007), S. 111, 114 (eigene Übersetzung).
61 Schumpeter (1939/1961), Bd. 1, S. 107.
62 Schumpeter (1942/2005), S. 137f.
63 Schumpeter (1939/1961), Bd. 1, S. 103.
64 Schumpeter (1912/1934), S. 128.
65 Schumpeter (1939/1961), Bd. 1, S. 110.
66 Schumpeter (1912/1934), S. 138.
67 Menger (1871), S. 136 (Fußnote).
68 Drucker (1994) (eigene Übersetzung).
69 Drucker (2009), Bd. 1, S. 127.
70 Hayek (1945), S. 519–530 (eigene Übersetzung).
71 Drucker (2009), Bd. 1, S. 87.
72 Hayek (1968), S. 249.
73 Hayek (1945), S. 519–530 (eigene Übersetzung).
74 Drucker (1954), S. 33 (eigene Übersetzung).
75 Hülsmann (1998), S. 1 (eigene Übersetzung).
76 Kirzner (1978), S. 28.
77 Ebd., S. 54.
78 Drucker (1954), S. 35 (eigene Übersetzung).

79 Hülsmann (2002), S. 77–110.
80 Kirzner (1978), S. 67.
81 Mises (1940), S. 531.
82 Ebd., S. 265.
83 Shane (2008), S. 3f. (eigene Übersetzung).
84 Frankl (1946/2005), S. 66.
85 Ebd., S. 107.
86 Foss/Klein (2012).
87 Thiel (2014).
88 Coase (1937), S. 386–405.
89 Andics (1985), S. 22f.
90 Andics (1985), S. 29.
91 Breycha-Vauthier (1972), S. 78.
92 Ebd., S. 94.
93 Fischer (2006), S. 237.
94 Andics (1985), S. 308.
95 Ebd., S. 278.
96 Ebd., S. 40ff.
97 Ebd., S. 235.
98 Ebd., S. 97f.
99 Ebd., S. 99.
100 Taghizadegan (2014), S. 35f.
101 Somary (1994), S. 261.
102 Ebd., S. 431f.
103 Pinto (1771), S. 161 (eigene Übersetzung).
104 Somary (1994), S. 145f.
105 Ebd., S. 203.
106 Ebd., S. 210.
107 Galbraith (1977), S. 121 (eigene Übersetzung).
108 Griffin (2006), S. 504.
109 Griffin (2006), S. 630, 655ff.
110 Boettke (1993), S. 65f. (eigene Übersetzung).
111 Mises (1944/1997), S. 44.
112 Wallace (1993), S. 162.
113 Shane (2008), S. 98ff.
114 Jouvenel (1997), S. 36 (eigene Übersetzung).
115 Schumpeter (1939/1961), Bd. 1, S. 80.
116 Henri de Saint-Simon, *L'Organisateur (1819–1820), Abschnitt veröffentlicht 1832 als Parabole de Saint-Simon.*
117 Mises (1922), S. 438f.
118 Isaacson (2011), S. 661f.
119 Fromm (1976/2009), S. 181.
120 Rand (2000).
121 Bernays (1928), S. 9f. (eigene Übersetzung).

122 Mises (2006), S. 45 (eigene Übersetzung).
123 Drucker (1942/1995), S. 28 (eigene Übersetzung).
124 Gerber (1995), S. 207 (eigene Übersetzung).
125 Scheu, Sloterdijk (2012), S. 12.
126 Carnegie (1889).
127 Schoeck (1966).
128 Rand (1997), S. 1128. Eine gute Zusammenfassung der wesentlichen Aussagen von Ayn Rand findet sich in: Rand (2016).
129 http://agorism.xyz/docs/Counter-Economics.pdf (eigene Übersetzung).
130 Thoreau (1849/1996), S. 77
131 Menger (1871), S. 4.
132 Aristoteles (1998), III. Buch, 10. Teil.
133 Menger (1871/1923), S. 5.
134 Szmydke, Hayek (2009), S. 4f.
135 Hülsmann (1998), S. 8f. (eigene Übersetzung).

Wirtschaft wirklich verstehen

Rahim Taghizadegan

Wenn es etwas Gutes an Krisen gibt, so zumindest, dass man – posthum – darüber nachdenkt, ob und wie die Katastrophe hätte verhindert werden können. Die jüngste Wirtschaftskrise wurde zumindest vorhergesehen, und das sehr präzise. Vollbracht hat das kein bekannter Prophet wie George Soros, sondern ein kleiner akademischer Kreis von Volksökonomen in den USA. Diese besinnen sich seit den Siebzigerjahren aus guten Gründen zurück auf die sogenannte Österreichische oder Wiener Schule.

In seinem grundlegenden Werk zeigt der Wirtschaftsphilosoph Rahim Taghizadegan, welche Faktoren für eine Fortsetzung der Forschung in der Tradition von Carl Menger, Eugen von Böhm-Bawerk, Ludwig van Mises und Friedrich August von Hayek sprechen.

288 Seiten | Hardcover | 24,99 € (D) | ISBN 978-3-89879-624-8

Österreichische Schule für Anleger

Rahim Taghizadegan

Die Lehren der Österreichischen Schule sind nicht nur zur ganzheitlichen Beurteilung des Währungs- und Finanzsystems äußerst sinnvoll, auch für Anleger bieten sie die Möglichkeit, Anlagestrategien abzuleiten. Denn konventionelle Anlageexperten übersehen oftmals wirtschaftliche Entwicklungen, die zur Gefahr für den Mainstreaminvestor werden können.

Rahim Taghizadegan, Ronald Stöferle und Mark Valek zeigen erstmalig, wie »Austrian Investing« in der Praxis funktioniert. Anleger lernen, wie sie die scheinbar komplexen und kaum durchschaubaren Zusammenhänge erkennen und wie sie davon profitieren. Die Autoren demonstrieren, wie Anleger in unterschiedlichen Szenarien – Inflation, Deflation oder Reflation – Gewinne erzielen.

250 Seiten | Hardcover | 24,99 € (D) | ISBN 978-3-89879-856-3

Warum andere auf Ihre Kosten immer reicher werden

Andreas Marquar | Philipp Bagus

Deutschland hat wie alle Länder der Welt ein reines Papiergeldsystem, in dem neues Geld quasi aus dem Nichts entsteht. Andreas Marquart und Philipp Bagus zeigen spannend und für jeden verständlich, wie Geld entsteht und warum unser jetziges Geld schlechtes Geld ist. Der Leser erfährt, wie wichtig gutes Geld für eine Volkswirtschaft ist und welchen Einfl uss schlechtes Geld auf jeden Einzelnen in der Gesellschaft hat. Welche Rolle zudem Staat, Regierung und Politik bei der Umverteilung zugunsten Superreicher spielen und warum die naive Staatsgläubigkeit keine Zukunftsstrategie für den einzelnen Bürger ist, zeigen Marquart und Bagus anhand vieler Beispiele. Wer hingegen Politikern – und sei es nur aus einem Bauchgefühl heraus – noch nie vertraut hat, wird den Beleg dafür erhalten, dass er mit diesem Gefühl richtig liegt. Ein leicht verständlicher Einstieg in die Frage, warum Geld für viele Missstände in unserer Gesellschaft verantwortlich ist.

192 Seiten | Broschur | 16,99 € (D) | ISBN 978-3-89879-857-0

Ludwig von Mises

Prof. Dr. Thorsten Polleit

Ludwig von Mises (1881–1973) gehört zusammen mit Friedrich August von Hayek zu den wichtigsten Vertretern der Österreichischen Schule der Nationalökonomie. Er gilt als bedeutendster Wirtschafts- und Geldtheoretiker des zwanzigsten Jahrhunderts.

Erstmals geben vier profilierte und ausgewiesene Kenner der Arbeiten von Mises' einen Einstieg in die Lehren und Sichtweisen des großen Ökonomen. Hans-Hermann Hoppe gibt eine Einführung in Ludwig von Mises' Leben, sein Werk sowie den Liberalismus. Jörg Guido Hülsmann beleuchtet Mises' Geldtheorie. Philipp Bagus widmet sich seiner Staats- und Interventionismuskritik und Herausgeber Thorsten Polleit erläutert von Mises' wissenschaftliche Methode.

160 Seiten | Broschur | 14,99 € (D) | ISBN 978-3-89879-824-2